MySQL 数据库应用案例课堂
(第 2 版)

刘春茂　编著

清华大学出版社

北京

内 容 简 介

本书是针对零基础读者研发的 MySQL 入门教材,侧重案例实训,并提供扫描二维码来讲解当前热点案例。

本书分为 21 章,内容包括 MySQL 基础知识,安装与配置 MySQL 环境,操作数据库,创建、修改和删除数据表,数据类型与运算符,索引的操作,插入、更新与删除数据记录,视图的操作,MySQL 系统函数,精通数据的查询,存储过程与存储函数,MySQL 触发器,MySQL 用户权限管理,数据备份与还原,管理 MySQL 日志,MySQL 的性能优化,使用软件管理 MySQL 数据库,PHP 操作 MySQL 数据库,设计论坛管理系统数据库,新闻发布系统数据库设计,开发网上订餐系统。

本书通过精选热点案例,让初学者快速掌握 MySQL 数据库应用技术;通过微信扫码看视频,读者可以随时在移动端学习技能对应的视频操作;通过综合实战训练营可以检验读者的学习情况。

图书在版编目(CIP)数据

MySQL 数据库应用案例课堂/刘春茂编著. —2 版. —北京:清华大学出版社,2023.5
ISBN 978-7-302-63325-9

Ⅰ. ①M… Ⅱ. ①刘… Ⅲ. ①SQL 语言—数据库管理系统 Ⅳ. ①TP311.132.3

中国国家版本馆 CIP 数据核字(2023)第 060514 号

责任编辑: 张彦青
装帧设计: 李 坤
责任校对: 么丽娟
责任印制: 刘海龙
出版发行: 清华大学出版社
　　　　　　网　　址:http://www.tup.com.cn, http://www.wqbook.com
　　　　　　地　　址:北京清华大学学研大厦 A 座　　　邮　　编:100084
　　　　　　社 总 机:010-83470000　　　　　　邮　　购:010-62786544
　　　　　　投稿与读者服务:010-62776969, c-service@tup.tsinghua.edu.cn
　　　　　　质量反馈:010-62772015, zhiliang@tup.tsinghua.edu.cn
印 装 者: 三河市春园印刷有限公司
经　　销: 全国新华书店
开　　本: 190mm×260mm　　　印　张:24.5　　　字　数:592 千字
版　　次: 2016 年 1 月第 1 版　2023 年 5 月第 2 版　印　次:2023 年 5 月第 1 次印刷
定　　价: 85.00 元

产品编号:096267-01

前　言

本书是专门为 MySQL 数据库初学者量身定做的学习用书，其具有以下特点。

- 前沿科技

精选的是较为前沿或用户最多的领域，可帮助大家认识和了解最新的 MySQL 技术动态。

- 权威的作者团队

组织国家重点实验室和资深应用专家联手编著本套图书，融入了丰富的教学经验与优秀的管理理念。

- 学习型案例设计

以技术的实际应用过程为主线，全程采用图解和多媒体同步结合的教学方式，生动、直观、全面地剖析了使用过程中的各种应用技能，降低难度，提升学习效率。

- 扫码看视频

通过微信扫码看视频，可以随时在移动端学习技能对应的视频操作。

为什么要写这样一本书

MySQL 被设计为一个可移植的数据库，几乎能在当前所有的操作系统上运行，如 Linux、Solaris、FreeBSD、Mac 和 Windows 等。MySQL 数据库发展到今天已经具有非常广泛的用户基础，市场表现已经证明，MySQL 具有性价比高、灵活、使用广泛和支持良好的特点。通过本书的实训，读者可以很快上手流行的工具，提高职业化能力，从而帮助解决公司的需求问题。

本书特色

- 零基础、入门级的讲解

无论你是否从事计算机相关行业，是否接触过 MySQL 数据库设计，都能从本书中找到最佳起点。

- 实用、专业的范例和项目

本书在编排上紧密结合深入学习 MySQL 数据库设计的过程，从 MySQL 基本操作开始，逐步带领读者学习 MySQL 的各种应用技巧，侧重实战技能，使用简单易懂的实际案例进行分析和操作指导，让读者学起来简单轻松，操作起来有章可循。

- 随时随地学习

本书提供了微课视频，通过手机扫描二维码即可观看，可随时随地解决学习中的困惑。

■ 全程同步教学录像

教学录像涵盖了本书所有的知识点，详细讲解每个实例与项目的过程及技术关键点，比阅读更能轻松地掌握书中所有的 MySQL 开发知识，而且扩展的讲解部分能使读者获得比书中更多的知识。

■ 超多容量王牌资源

赠送大量王牌资源，包括实例源代码、教学幻灯片、本书精品教学视频、MySQL 常用命令速查手册、数据库工程师职业规划、数据库工程师面试技巧、数据库工程师常见面试题、MySQL 常见错误及解决方案、MySQL 数据库经验及技巧大汇总等。

如何获取本书配套资料和帮助

为帮助读者高效、快捷地学习本书知识点，我们不仅为读者准备了与本书知识点相关的配套素材文件，而且还设计并制作了精品视频教学课程，同时还为教师准备了 PPT 课件资源。购买本书的读者，可以扫描下方的二维码获取相关的配套学习资源。

精美教学幻灯片.rar　　　附赠电子书.rar　　　本书案例源代码.rar

读者在学习本书的过程中，使用 QQ 或者微信的"扫一扫"功能，扫描本书各标题右侧的二维码，在打开的视频播放页面中可以在线观看视频课程，也可以下载并保存到手机中离线观看。

读者对象

本书是一本完整介绍 MySQL 数据库应用技术的教程，内容丰富、条理清晰、实用性强，适合以下读者学习使用。

- 零基础的数据库自学者。
- 希望快速、全面掌握 MySQL 数据库应用技术的人员。
- 高等院校或培训机构的教师和学生。
- 参加毕业设计的学生。

创作团队

本书由刘春茂主编，参加编写的人员还有张华。在编写过程中，由于编者水平有限，书中难免存在疏漏和不妥之处，敬请读者不吝指正。

编　者

目　录

第 1 章

初识 MySQL

　　MySQL 是一个开放源代码的数据库管理系统(DBMS)，它由 MySQL AB 公司开发、发布并提供支持。MySQL 是一个跨平台的开源关系型数据库管理系统，广泛地应用于 Internet 上的中小型网站开发中。本章主要介绍数据库的基础知识，通过本章的学习，读者可以了解数据库的基本概念、数据库的构成和 MySQL 的基本知识。

本章要点(已掌握的在方框中打勾)

☐ 了解数据库的基本概念
☐ 掌握什么是表、数据类型和主键
☐ 熟悉数据库的技术构成
☐ 熟悉什么是 MySQL
☐ 掌握常见的 MySQL 工具

1.1　数据库的基本概念

　　数据库是由一批数据构成的有序集合，这些数据被存放在结构化的数据表里。数据表之间相互关联，反映了客观事物间的本质联系。数据库系统提供对数据的安全控制和完整性控制。本节将介绍数据库中的一些基本概念，包括数据库的概念、数据表的定义和数据类型等。

1.1.1　数据库的概念

　　数据库的概念诞生于 20 世纪 60 年代，随着信息技术和市场的快速发展，数据库技术层出不穷，随着应用的拓展和深入，数据库的数量和规模越来越大，其诞生和发展给计算机信息管理带来了一场巨大的革命。

　　数据库的发展大致划分为 4 个阶段：人工管理阶段、文件系统阶段、数据库系统阶段、高级数据库阶段。其种类主要有 3 种：层次式数据库、网络式数据库和关系式数据库。不同种类的数据库按不同的数据结构来联系和组织。

　　对于数据库的概念，没有固定的定义，随着数据库历史的发展，定义的内容也有很大的差异，其中一种比较普遍的观点认为，数据库(Database，DB)是一个长期存储在计算机内的、有组织的、可共享的、统一管理的数据集合。它是一个按数据结构来存储和管理数据的计算机软件系统。数据库包含两层含义：保管数据的"仓库"、数据管理的方法和技术。

　　数据库的特点包括实现数据共享，减少数据冗余；采用特定的数据类型；具有较高的数据独立性；具有统一的数据控制功能。

1.1.2　数据表

　　在关系数据库中，数据表是一系列二维数组的集合，用来存储数据和操作数据的逻辑结构。它由纵向的列和横向的行组成，行被称为记录，是组织数据的单位；列被称为字段，每一列表示记录的一个属性，都有相应的描述信息，如数据类型、数据宽度等。

　　例如，一个有关作者信息的名为 authors 的表中，每列包含所有作者的某个特定类型的信息，比如"姓名"，而每行则包含了某个特定作者的所有信息：编号、姓名、性别、专业，如图 1-1 所示。

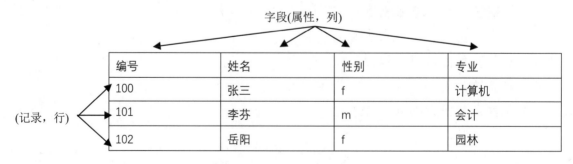

图 1-1　authors 表结构与记录

1.1.3　数据类型

数据类型决定了数据在计算机中的存储格式，代表不同的信息类型。常用的数据类型有：整数数据类型、浮点数数据类型、精确小数类型、二进制数据类型、日期/时间数据类型、字符串数据类型。

表中的每一个字段就是某种指定的数据类型，如图 1-1 中"编号"字段为整数数据，"性别"字段为字符型数据。

1.1.4　主键

主键(PRIMARY KEY)又称主码，用于唯一地标识表中的每一条记录。可以定义表中的一列或多列为主键，主键列上不能有两行相同的值，也不能为空值。假如，定义 authors 表，该表给每一个作者分配一个"编号"，该编号作为数据表的主键，如果出现相同的值，将提示错误，系统不能确定查询的究竟是哪一条记录；如果把作者的"姓名"作为主键，则不能出现重复的名字，这与现实不相符合，因此"姓名"字段不适合作为主键。

1.2　数据库技术构成

数据库系统由硬件部分和软件部分共同构成，硬件主要用于存储数据库中的数据，包括计算机、存储设备等。软件部分则主要包括 DBMS、支持 DBMS 运行的操作系统，以及支持多种语言进行应用开发的访问技术等。本节将介绍数据库的技术构成。

1.2.1　数据库系统

数据库系统有 3 个主要的组成部分。
- 数据库(Database)：用于存储数据的地方。
- 数据库管理系统(Database Management System，DBMS)：用于管理数据库的软件。
- 数据库应用程序(Database Application)：为了提高数据库系统的处理能力所使用的管理数据库的软件补充。

数据库提供了一个存储空间用以存储各种数据，可以将数据库视为一个存储数据的容器。一个数据库可能包含许多文件，一个数据库系统中通常包含许多数据库。

数据库管理系统是用户创建、管理和维护数据库时所使用的软件，位于用户与操作系统之间，对数据库进行统一管理。DBMS 能定义数据存储结构，提供数据的操作机制，维护数据库的安全性、完整性和可靠性。

数据库应用程序虽然已经有了 DBMS，但是在很多情况下，DBMS 无法满足对数据管理的要求。数据库应用程序的使用可以满足对数据管理的更高要求，还可以使数据管理过程更加直观和友好。数据库应用程序负责与 DBMS 进行通信，访问和管理 DBMS 中存储的数据，允许用户插入、修改、删除数据库中的数据。

数据库系统如图 1-2 所示。

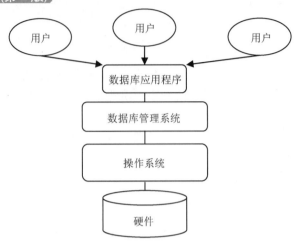

图 1-2　数据库系统

1.2.2　结构化查询语言

对数据库进行查询和修改操作的语言叫作 SQL。SQL 的含义是结构化查询语言 (Structured Query Language)。SQL 有许多不同的类型,主要有 3 个标准:ANSI(美国国家标准学会)SQL;对 ANSI SQL 修改后在 1992 年采纳的标准,称为 SQL-92 或 SQL2;SQL-99 标准,它从 SQL2 扩充而来并增加了对象关系特征和许多其他新功能。各大数据库厂商提供了不同版本的 SQL,这些版本的 SQL 不但能包括原始的 ANSI 标准,而且在很大程度上也支持 SQL-99 标准。

SQL 包含以下 4 个部分。

(1)　数据定义语言(DDL):DROP、CREATE、ALTER 等语句。

(2)　数据操作语言(DML):INSERT(插入)、UPDATE(修改)、DELETE(删除)等语句。

(3)　数据查询语言(DQL):SELECT 语句。

(4)　数据控制语言(DCL):GRANT、REVOKE、COMMIT、ROLLBACK 等语句。

下面是一条 SQL 语句的例子,该语句声明创建一个 students 表:

```
CREATE TABLE students
(
    student_id INT UNSIGNED,
    name VARCHAR(30),
    sex CHAR(1),
    birth DATE,
    PRIMARY KEY (student_id)
);
```

students 表包含 4 个字段,分别为 student_id、name、sex、birth,其中 student_id 定义为表的主键。

现在只是定义了一张表格,但并没有任何数据,接下来这条 SQL 声明语句,将在 students 表中插入一条数据记录:

```
INSERT INTO students (student_id, name, sex, birth)
VALUES (41048101, 'Lucy Green', '1', '1990-02-14');
```

执行完该 SQL 语句之后，students 表中就会增加一行新记录，该记录中字段 student_id 的值为 41048101，name 字段的值为 Lucy Green，sex 字段的值为 1，birth 字段的值为 1990-02-14。

再使用 SELECT 查询语句获取刚才插入的数据，代码如下：

```
SELECT name FROM students WHERE student_id = 41048101;

+-------------+
| name        |
+-------------+
| Lucy Green  |
+-------------+
```

上面简单列举了常用的数据库操作语句，在这里给读者留下一个直观的印象，读者可能还不能理解，接下来会在学习 MySQL 数据库的过程中详细介绍这些知识。

1.2.3　数据库访问技术

不同的程序设计语言会有各自不同的数据库访问技术，程序语言通过这些技术执行 SQL 语句，进行数据库管理。主要的数据库访问技术有以下几种。

1. ODBC

ODBC(Open Database Connectivity，开放数据库互连)技术为访问不同的 SQL 数据库提供了一个共同的接口。ODBC 使用 SQL 作为访问数据的标准。这一接口提供了最大限度的互操作性：一个应用程序可以通过共同的一组代码访问不同的 SQL 数据库管理系统(DBMS)。

一个基于 ODBC 的应用程序对数据库的操作不依赖任何 DBMS，不直接与 DBMS 打交道，所有的数据库操作由对应的 DBMS 的 ODBC 驱动程序完成。也就是说，不论是 Access、MySQL 还是 Oracle 数据库，均可用 ODBC API 进行访问。由此可见，ODBC 的最大优点是能以统一的方式处理所有的数据库。

2. JDBC

JDBC(Java Database Connectivity，Java 数据库连接)用于 Java 应用程序连接数据库的标准方法，是一种用于执行 SQL 语句的 Java API，可以为多种关系数据库提供统一访问，它由一组用 Java 语言编写的类和接口组成。

3. ADO.NET

ADO.NET 是微软在.NET 框架下开发设计的一组用于和数据源进行交互的面向对象类库。ADO.NET 提供了对关系数据、XML 和应用程序数据的访问，允许和不同类型的数据源及数据库进行交互。

4. PDO

PDO(PHP Data Object，PHP 数据对象)为 PHP 访问数据库定义了一个轻量级的、一致性的接口，它提供了一个数据访问抽象层。这样，无论使用什么数据库，都可以通过一致的函数执行查询和获取数据。PDO 是 PHP 5 新加入的一个重大功能。

针对不同的程序语言，MySQL 提供了不同数据库访问连接驱动，读者可以在下载页面(http://dev.mysql.com/downloads/)下载相关驱动。

1.3　MySQL 的特点

MySQL 是一个小型关系数据库管理系统，与其他大型数据库管理系统如 Oracle、DB2、SQL Server 等相比，MySQL 规模小、功能有限，但是它体积小、速度快、成本低，且提供的功能对稍微复杂的应用来说已经够用，这些特性使得 MySQL 成为世界上最受欢迎的开放源代码数据库。本节将介绍 MySQL 的特点。

1.3.1　客户端—服务器软件

主从式架构(Client-server model)或客户端—服务器(Client/Server)结构，简称 C/S 结构，是一种网络架构，通常在该网络架构下软件分为客户端(Client)和服务器(Server)。

服务器是整个应用系统资源的存储与管理中心，多个客户端则各自处理相应的功能，共同实现完整的应用。在客户端—服务器结构中，客户端用户的请求被传送到数据库服务器，数据库服务器进行处理后，将结果返回给用户，从而减少了网络数据的传输量。

用户使用应用程序时，首先启动客户端，通过有关命令告知服务器进行连接以完成各种操作，而服务器则按照此请示提供相应的服务。每一个客户端软件的实例都可以向一个服务器或应用程序服务器发出请求。

客户端—服务器系统的特点就是，客户端和服务器程序不在同一台计算机上运行，这些客户端和服务器程序通常归属不同的计算机。

主从式架构通过不同的途径应用于不同类型的应用程序，例如，现在人们最熟悉的在互联网上使用的网页。例如，当顾客想要在当当网上买书的时候，电脑和网页浏览器就被当作一个客户端，同时，组成当当网的电脑、数据库和应用程序就被当作服务器。当顾客的网页浏览器向当当网请求搜寻数据库相关图书时，当当网服务器从当当网的数据库中找出所有该类型的图书信息，结合成一个网页，再发送回顾客的浏览器。服务器端一般使用高性能的计算机，并配合使用不同类型的数据库，比如 Oracle、Sybase 或 MySQL 等；客户端需要安装专门的软件，比如浏览器。

1.3.2　MySQL 版本

针对不同用户，MySQL 分为两个不同的版本。

- MySQL Community Server(社区版服务器)：该版本完全免费，但是官方不提供技术支持。
- MySQL Enterprise Server(企业版服务器)：它能够以很高性价比为企业提供数据仓库应用，支持 ACID 事务处理，提供完整的提交、回滚、崩溃恢复和行级锁定功能。但是该版本需付费使用，官方提供电话技术支持。

提示　MySQL Cluster(集群版)主要用于架设集群服务器，需要在社区版或企业版基础上使用。

MySQL 的命名机制是由 3 个数字组成的版本号。例如，mysql-8.0.17。

(1)　第一个数字(8)是主版本号，描述了文件格式，所有版本 8 的发行版都有相同的文件格式。

(2)　第二个数字(0)是发行级别，主版本号与发行级别合在一起便构成了发行序列号。

(3)　第三个数字(17)是在此发行系列的版本号，随每个新分发版本递增。通常选择已经发行的最新版本。

每一个次要的更新，版本字符串的最后一个数字递增。当有主要的新功能或有微小的不兼容性，版本字符串的第二个数字递增；当文件格式变化，第一个数字递增。

在 MySQL 开发过程中，同时存在多个发布系列，每个发布处在成熟度的不同阶段。

(1)　MySQL 8.0 是最新开发的稳定(GA)发布系列，是将执行新功能的系列，目前已经可以正常使用。

(2)　MySQL 5.7 是比较稳定(GA)的发布系列。

提示　　　对于 MySQL 4.1、4.0 和 3.23 等低于 5.0 的老版本，官方将不再提供支持。而所有发布的 MySQL 版本已经经过严格标准的测试，可以保证其安全可靠地使用。针对不同的操作系统，读者可以在 MySQL 官方下载页面(http://dev.mysql.com/downloads/)下载到相应的安装文件。

1.3.3　MySQL 的优势

MySQL 的主要优势如下。

(1)　速度：运行速度快。

(2)　价格：MySQL 对多数个人使用是免费的。

(3)　容易使用：与其他大型数据库的设置和管理相比，其复杂程度较低，易于学习。

(4)　可移植性：能够工作在众多不同的系统平台上，如 Windows、Linux、UNIX、Mac OS 等。

(5)　丰富的接口：提供了用于 C、C++、Eiffel、Java、Perl、PHP、Python、Ruby 和 TCL 等语言的 API。

(6)　支持查询语言：MySQL 可以利用标准 SQL 语法和支持 ODBC 的应用程序。

(7)　安全性和连接性：十分灵活和安全的权限和密码系统，允许基于主机的验证。连接到服务器时，所有的密码传输均采用加密形式，从而保证了密码安全。由于 MySQL 是网络化的，因此可以在互联网上的任何地方访问，提高数据共享的效率。

1.4　MySQL 工具

MySQL 数据库管理系统提供了许多命令行工具，这些工具可以用来管理 MySQL 服务器、对数据库进行访问控制、管理 MySQL 用户及数据库备份和恢复工具等。而且 MySQL 提供图形化的管理工具，这使得对数据库的操作更加简单。本节将为读者介绍这些工具的作用。

1.4.1　mysql 命令行实用程序

MySQL 服务器端实用工具程序如下。

(1) mysqld：SQL 后台程序(即 MySQL 服务器进程)。必须在该程序运行之后，客户端才能通过连接服务器来访问数据库。

(2) mysqld_safe：服务器启动脚本。在 UNIX 和 NetWare 中推荐使用 mysqld_safe 来启动 mysqld 服务器。mysqld_safe 增加了一些安全特性，例如，当出现错误时，重启服务器并向错误日志文件写入运行时间信息。

(3) mysql.server：服务器启动脚本。它调用 mysqld_safe 来启动 MySQL 服务器。

(4) mysqld_multi：服务器启动脚本，可以启动或停止系统上安装的多个服务器。

(5) myisamchk：用来描述、检查、优化和维护 MyISAM 表的实用工具。

(6) mysqlbug：MySQL 缺陷报告脚本。它可以用来向 MySQL 邮件系统发送缺陷报告。

(7) mysql_install_db：该脚本用默认权限创建 MySQL 授权表。通常只是在系统上首次安装 MySQL 时执行一次。

MySQL 客户端实用工具程序如下。

(1) myisampack：压缩 MyISAM 表以产生更小的只读表工具。

(2) mysql：交互式输入 SQL 语句或从文件以批处理模式执行它们的命令行工具。

(3) mysqlaccess：检查访问主机名、用户名和数据库组合的权限的脚本。

(4) mysqladmin：执行管理操作的客户程序，如创建或删除数据库、重载授权表、将表刷新到硬盘上，以及重新打开日志文件。mysqladmin 还可以用来检索版本、进程，以及服务器的状态信息。

(5) mysqlbinlog：从二进制日志读取语句的工具。在二进制日志文件中包含执行过的语句，可用来帮助系统从崩溃中恢复。

(6) mysqlcheck：检查、修复、分析及优化表的表维护客户程序。

(7) mysqldump：将 MySQL 数据库转储到一个文件(例如，SQL 语句或 Tab 分隔符文本文件)的客户程序。

(8) mysqlhotcopy：当服务器在运行时，快速备份 MyISAM 或 ISAM 表的工具。

(9) mysqlimport：使用 LOAD DATA INFILE 命令将文本文件导入相关表的客户程序。

(10) mysqlshow：显示数据库、表、列以及索引相关信息的客户程序。

(11) perror：显示系统或 MySQL 错误代码含义的工具。

1.4.2　phpMyAdmin 工具

phpMyAdmin 是一个以 PHP 为基础，以 Web-Base 方式架构在网站主机上的 MySQL 数据库管理工具。通过 phpMyAdmin 可以完全对数据库进行操作，如建立、复制、删除数据等。使用这个工具管理数据库非常方便，并支持中文。图 1-3 所示为 phpMyAdmin 的工作界面。

图 1-3　phpMyAdmin 工作界面

1.5　疑 难 解 惑

疑问 1：如何快速掌握 MySQL？

在学习 MySQL 数据库之前，很多读者都会问，如何才能学好 MySQL 的相关技能呢？下面就来讲述学习 MySQL 的方法。

1. 培养兴趣

兴趣是最好的老师，不论学习什么知识，兴趣都可以极大地提高学习效率。当然学习 MySQL 也不例外。

2. 夯实基础

计算机领域的技术非常强调基础，刚开始学习可能还认识不到这一点，随着技术应用的深入，只有具备扎实的基础功底，才能在技术的道路上走得更快、更远。学习 MySQL，SQL 语句是其中最为基础的部分，很多操作都是通过 SQL 语句来实现的。所以在学习的过程中，读者要多编写 SQL 语句，对于同一个功能，使用不同的实现语句来完成，从而深刻理解其不同之处。

3. 及时学习新知识

正确、有效地利用搜索引擎，可以搜索到很多 MySQL 的相关知识。同时，参考别人解决问题的思路，也可以吸取别人的经验，及时获取最新的技术资料。

4. 多实践操作

数据库系统具有极强的操作性，需要多动手上机操作。在实际操作的过程中才能发现问题，并思考解决问题的方法和思路，只有这样才能提高实战的操作能力。

疑问 2：如何选择数据库？

选择数据库时，需要考虑运行的操作系统和管理系统的实际情况。一般情况下，要遵循以下原则。

(1) 如果是开发大型管理系统，可以在 Oracle、SQL Server、DB2 中选择；如果是开发中小型管理系统，可以在 Access、MySQL、PostgreSQL 中选择。

(2) Access 和 SQL Server 数据库只能运行在 Windows 系列的操作系统上，其与 Windows 系列的操作系统有很好的兼容性。Oracle、DB2、MySQL 和 PostgreSQL 除了在 Windows 平台上可以运行外，还可以在 Linux 和 UNIX 平台上运行。

(3) Access、MySQL 和 PostgreSQL 都非常容易使用，Oracle 和 DB2 相对比较复杂，但是其性能比较好。

1.6 跟我学上机

上机练习 1：上网查询常用的数据库系统有哪些。

上机练习 2：上网了解 MySQL 8.0 的新功能和应用。

第 2 章
安装与配置
MySQL 环境

　　在 Windows 操作系统下，MySQL 数据库可以以图形化界面方式安装，图形化界面包含完整的安装向导，安装和配置都非常方便。本章就来介绍安装与配置 MySQL 的方法，主要内容包括下载与安装 MySQL、启动并登录 MySQL 数据库及手动更改 MySQL 配置等。

本章要点(已掌握的在方框中打勾)

☐ 掌握安装与配置 MySQL 8.0 的方法
☐ 掌握启动并登录 MySQL 数据库的方法
☐ 熟悉手动更改 MySQL 配置的方法
☐ 熟悉卸载 MySQL 的方法
☐ 了解常见的错误代码

网站开发课堂

2.1　安装与配置 MySQL 8.0

MySQL 支持多种平台，不同平台下的安装与配置过程也不相同。在 Windows 平台下，我们可以以图形化的方式来安装与配置 MySQL。所谓图形化方式，通常是指通过向导一步一步地完成对 MySQL 的安装与配置。本书以安装 MySQL 8.0 版本为例。

2.1.1　下载 MySQL 软件

在下载 MySQL 数据库之前，首先需要了解操作系统的属性，然后根据系统的位数来下载对应的 MySQL 软件。下面以 32 位 Windows 操作系统为例进行讲解，具体操作步骤如下。

01 打开浏览器，在地址栏中输入网址：http://dev.mysql.com/downloads/mysql/#downloads，单击【转到】按钮，打开 MySQL Community Server 8.0.17 下载页面，选择 Generally Available(GA) Releases 类型的安装包，如图 2-1 所示。

02 在下拉列表框中选择用户的操作系统平台，这里选择 Microsoft Windows 选项，如图 2-2 所示。

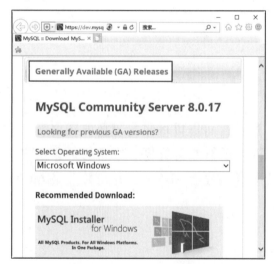

图 2-1　MySQL 下载页面　　　　　图 2-2　选择 Windows 平台

03 根据自己的平台选择 32 位或者 64 位安装包，在这里选择 Windows(x86,32 & 64-bit)选项，然后单击 Go to Download Page 按钮，如图 2-3 所示。

04 进入下载页面中，选择需要的版本后，单击 Download 按钮，如图 2-4 所示。

注意　　　MySQL 每隔几个月就会发布一个新版本，读者在上述页面中找到的 MySQL 均为最新发布的版本，如果希望与本书中使用的 MySQL 版本完全一样，可以在官方的历史版本页面中查找。

图 2-3　选择需要下载的安装包

图 2-4　选择需要的版本

05 在弹出的页面中提示开始下载，此时单击 Login 按钮，如图 2-5 所示。

06 弹出用户登录页面，输入用户名和密码后，单击【登录】按钮，如图 2-6 所示。

图 2-5　开始下载页面

图 2-6　用户登录页面

07 弹出开始下载页面，单击 Download Now 按钮，即可开始下载，如图 2-7 所示。

图 2-7　开始下载界面

2.1.2　安装 MySQL 软件

MySQL 下载完成后，找到下载文件，双击进行安装，具体操作步骤如下。

01 双击下载的 mysql-installer-community-8.0.17.0.msi 文件。打开 License Agreement 界面，选中 I accept the license terms 复选框，单击 Next 按钮，如图 2-8 所示。

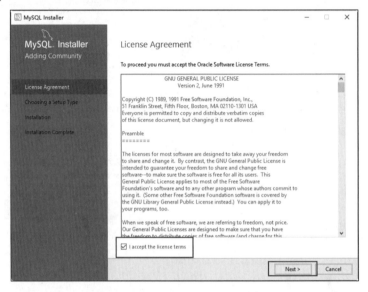

图 2-8　用户许可证协议界面

02 打开 Choosing a Setup Type 界面，在其中列出了 5 种安装类型，分别是 Developer Default、Server only、Client only、Full 和 Custom。这里选中 Custom 单选按钮，然后单击 Next 按钮，如图 2-9 所示。

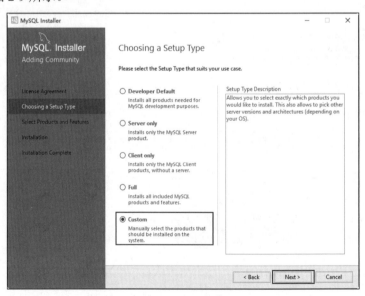

图 2-9　安装类型界面

提示　MySQL 软件的安装类型共有 5 种，各项含义为：Developer Default 是默认安装类型；Server only 是仅作为服务器；Client only 是仅作为客户端；Full 是完全安装；Custom 是自定义安装类型。

03 打开 Select Products and Features 界面，选择 MySQL Server 8.0.17-X64 选项后，单击添加按钮➡，即可选择安装 MySQL 服务器。采用同样的方法，添加 MySQL Documentation 8.0.17-X86 和 Samples and Examples 8.0.17-X86 选项，如图 2-10 所示。

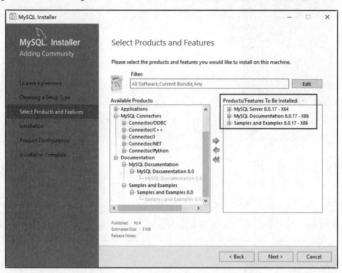

图 2-10　自定义安装组件界面

04 单击 Next 按钮，进入安装确认界面，单击 Execute 按钮，如图 2-11 所示。

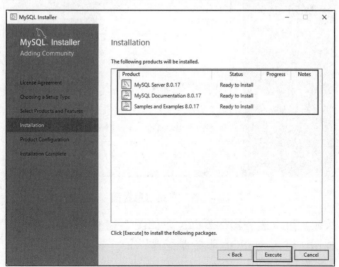

图 2-11　安装确认界面

05 开始安装 MySQL 软件，安装完成后在 Status 列表下将显示 Complete(安装完成)，如图 2-12 所示。

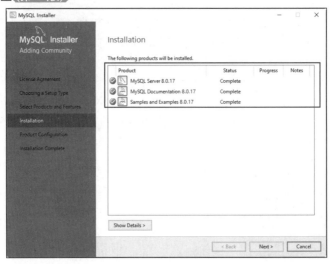

图 2-12　安装完成界面

2.1.3　配置 MySQL 软件

MySQL 安装完成之后，需要对服务器进行配置，具体的配置步骤如下。

01 在上一节的最后一步中，单击 Next 按钮，进入产品信息界面，如图 2-13 所示。

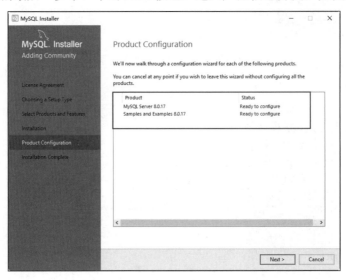

图 2-13　产品信息界面

02 单击 Next 按钮，进入服务器配置界面，如图 2-14 所示。

03 单击 Next 按钮，进入 MySQL 服务器配置界面，采用默认设置，如图 2-15 所示。

在 MySQL 服务器配置界面中，Server Configuration Type 参数的含义为：用于设置服务器的类型。在其 Config Type 下拉列表框中包括 3 个选项，如图 2-16 所示。

图 2-16 中 3 个选项的具体含义如下。

(1) Development Computer(开发机器)：典型个人用桌面工作站。假定机器上运行着多个桌面应用程序。将 MySQL 服务器配置成使用最少的系统资源。

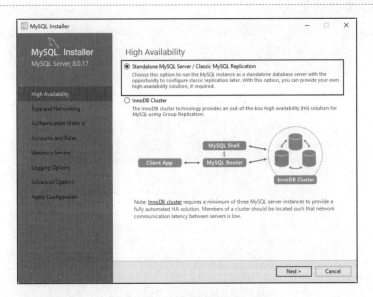

图 2-14　服务器配置界面

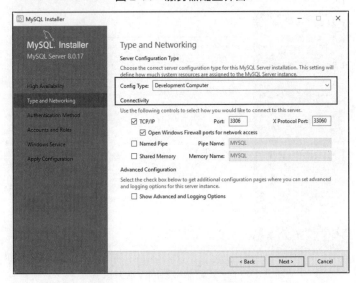

图 2-15　MySQL 服务器配置界面

(2) Server Computer(服务器)：MySQL 服务器可以同其他应用程序一起运行，如 FTP、Email 和 Web 服务器。MySQL 服务器配置成使用适当比例的系统资源。

(3) Dedicated Computer(专用服务器)：只运行 MySQL 服务的服务器。假定没有运行其他服务程序，MySQL 服务器配置成使用所有可用系统资源。

提示　作为初学者，建议选择 Development Computer 选项，这样占用系统的资源比较少。

04 单击 Next 按钮，打开设置授权方式界面。其中第一个单选按钮的含义是：MySQL 8.0 提供的新的授权方式，采用 SHA256 基础的密码加密方法；第二个单选按钮的含义是：传统授权方法(保留 5.x 版本的兼容性)。这里选中第一个单选按钮，如图 2-17 所示。

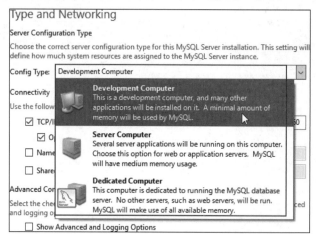

图 2-16　MySQL 服务器的类型

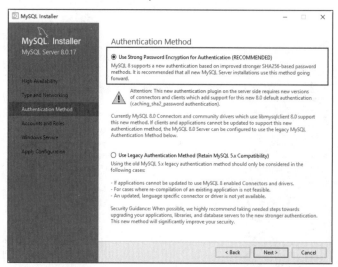

图 2-17　MySQL 服务器的授权方式界面

05 单击 Next 按钮，打开设置服务器的登录密码界面，输入两次同样的登录密码，如图 2-18 所示。

　　系统默认的用户名称为 root，如果想添加新用户，可以单击 Add User 按钮进行添加。

06 单击 Next 按钮，打开设置服务器名称界面，本案例设置服务器的名称为 "MySQL"，如图 2-19 所示。

07 单击 Next 按钮，打开确认设置服务器界面，单击 Execute 按钮，如图 2-20 所示。

08 系统自动配置 MySQL 服务器。配置完成后，单击 Finish 按钮，即可完成服务器的配置，如图 2-21 所示。

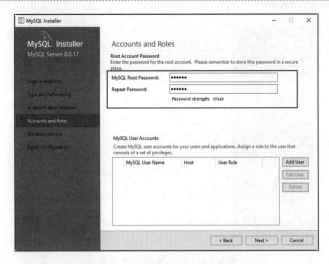

图 2-18　设置服务器的登录密码

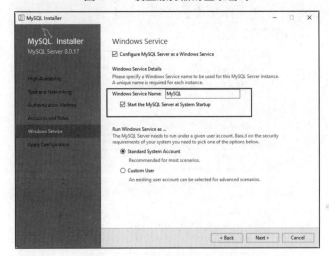

图 2-19　设置服务器的名称

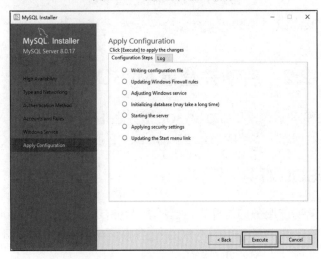

图 2-20　确认设置服务器界面

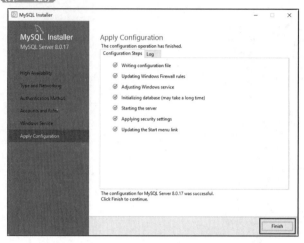

图 2-21　完成服务器的配置

09 按 Ctrl+Alt+Del 组合键，打开【任务管理器】窗口，可以看到 MySQL 服务进程 mysqld.exe 已经启动了，如图 2-22 所示。

图 2-22　【任务管理器】窗口

至此，完成了在 Windows 10 操作系统环境下安装 MySQL 软件的操作。

2.2　启动并登录 MySQL 数据库

MySQL 软件安装完毕后，需要启动 MySQL 服务器进程，然后才能登录 MySQL 数据库，否则客户端无法连接数据库，本节就来介绍启动 MySQL 服务和登录 MySQL 数据库的方法。

2.2.1　启动 MySQL 服务

在安装与配置 MySQL 服务的过程中，已经将 MySQL 安装为 Windows 操作系统服务，当 Windows 操作系统启动、停止时，MySQL 服务也自动启动、停止。不过，我们还可以使用图形服务工具来启动或停止 MySQL 服务。

用户可以通过 Windows 操作系统的服务管理器查看 MySQL 服务是否已启动，具体的操作步骤如下。

01 单击任务栏中的【搜索】按钮，在搜索框中输入 services.msc，按 Enter 键确认，如图 2-23 所示。

02 打开 Windows 系统的【服务管理器】窗口，在其中可以看到服务名为 "MySQL" 的服务项，其右边状态为 "正在运行"，表明 MySQL 服务已经启动，如图 2-24 所示。

图 2-23　【运行】对话框

图 2-24　【服务管理器】窗口

由于设置了 MySQL 服务为自动启动，在这里可以看到，MySQL 服务已经启动，而且启动类型为自动。如果没有 "已启动" 字样，说明 MySQL 服务未启动。启动方法为：选择【开始】菜单，在搜索框中输入 cmd，按 Enter 键确认。弹出【命令提示符】界面，然后输入 "net start MySQL" 命令，按 Enter 键，就能启动 MySQL 服务；输入 "net stop MySQL" 命令，即可停止 MySQL 服务，如图 2-25 所示。

也可以在【服务管理器】窗口中，直接双击 MySQL 服务，打开【MySQL 的属性】对话框，在其中通过单击【启动】或【停止】按钮来更改服务状态，如图 2-26 所示。

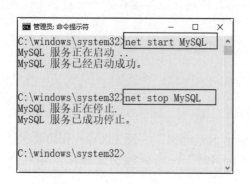

图 2-25　命令行中启动和停止 MySQL

图 2-26　【MySQL 的属性】对话框

> **提示**　输入的 MySQL 是服务的名称。如果读者的 MySQL 服务的名称是 DB 或其他名称，应该输入"net start DB"或其他名称。

2.2.2　登录 MySQL 数据库

当 MySQL 服务启动完成后，便可以通过客户端来登录 MySQL 数据库。在 Windows 操作系统下，可以通过两种方式登录 MySQL 数据库。

1. 以 Windows 命令行方式登录

具体的操作步骤如下。

01 选择【开始】菜单，在搜索框中输入"cmd"，按 Enter 键确认，如图 2-27 所示。

02 打开 DOS 窗口，输入以下命令并按 Enter 键确认，如图 2-28 所示。

```
cd C:\Program Files\MySQL\MySQL Server 8.0\bin\
```

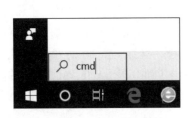

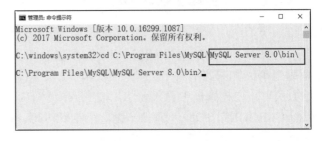

图 2-27　【运行】对话框　　　　　　图 2-28　DOS 窗口

03 在 DOS 窗口中可以通过登录命令连接到 MySQL 数据库，连接 mysql 命令的格式为：

```
mysql -h hostname -u username -p
```

主要参数介绍如下。

- mysql：登录命令。
- -h hostname：服务器的主机地址，在这里客户端和服务器在同一台机器上，所以输入 localhost 或者 IP 地址 127.0.0.1。
- -u username：登录数据库的用户名称，在这里为 root。
- -p：后面是用户登录密码。

具体到实例，需要输入如下命令：

```
mysql -h localhost -u root -p
```

04 按 Enter 键，系统会提示输入密码为"Enter password"，在这里输入在前面配置向导中自己设置的密码，这里笔者设置的密码为"Ty0408"，密码验证完成后，即可登录到 MySQL 数据库，如图 2-29 所示。

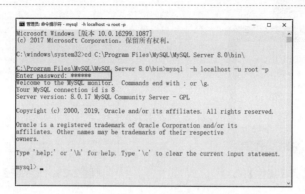

图 2-29　Windows 命令行登录窗口

提示

当窗口中出现如图 2-29 所示的说明信息，命令提示符变为"mysql>"时，表明已经成功登录 MySQL 服务器了。

2. 使用 MySQL 8.0 Command Line Client 登录

01 选择【开始】→【所有程序】→MySQL→MySQL 8.0 Command Line Client 菜单命令，进入密码输入窗口，如图 2-30 所示。

02 输入正确的密码，按下 Enter 键，就可以登录到 MySQL 数据库，如图 2-31 所示。

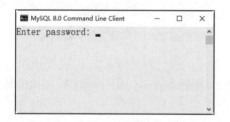

图 2-30　MySQL 命令行登录窗口

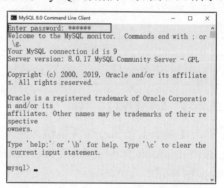

图 2-31　登录到 MySQL 数据库

2.2.3　配置 Path 变量

如果 MySQL 的应用程序的目录没有添加到 Windows 系统的 Path 变量中，则不能直接输入 MySQL 登录命令，这时可以手动将 MySQL 的目录添加到 Path 变量中，这样既可以使以后的操作更加方便，也可以使用 MySQL 的其他命令工具。

配置 Path 路径很简单，只要将 MySQL 应用程序的目录添加到系统的 Path 变量中就可以了。操作步骤如下。

01 选择桌面上的【此电脑】图标，单击鼠标右键，在弹出的快捷菜单中选择【属性】命令，如图 2-32 所示。

02 打开【系统】窗口，单击【高级系统设置】链接，如图 2-33 所示。

网站开发课堂

图 2-32　选择【属性】命令

图 2-33　【系统】窗口

03 打开【系统属性】对话框，切换到【高级】选项卡，然后单击【环境变量】按钮，如图 2-34 所示。

04 打开【环境变量】对话框，在【系统变量】列表框中选择 Path 变量，如图 2-35 所示。

图 2-34　【系统属性】对话框

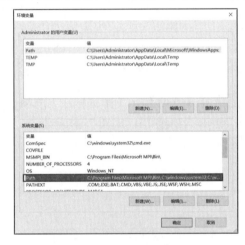

图 2-35　【环境变量】对话框

05 单击【编辑】按钮，在【编辑环境变量】对话框中，将 MySQL 应用程序的 bin 目录(C:\Program Files\MySQL\MySQL Server 8.0\bin)添加到变量值中，用分号将其与其他路径分隔开，如图 2-36 所示。

图 2-36　【编辑环境变量】对话框

06 添加完成之后，单击【确定】按钮，此时，就完成了配置 Path 变量的操作，然后即可以直接输入 MySQL 命令登录数据库，如图 2-37 所示。

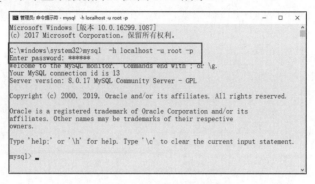

图 2-37　完成 Path 变量的配置

2.3　手动更改 MySQL 的配置

　　MySQL 数据库安装完成后，可能会根据实际情况更改 MySQL 数据库的某些配置。一般可以通过两种方式进行更改，一种是通过配置向导进行更改，另一种是通过手动方式更改 MySQL 数据库的某些配置。手动更改配置的方式虽然比较困难，但是这种配置方式更加灵活。

　　安装 MySQL 数据库时，其默认的安装路径在 C 盘，因此，文件安装在 C:\Program Files\MySQL\MySQL Server 8.0 目录下，如图 2-38 所示。那么数据库文件安装在 C:\ProgramData\MySQL\MySQL Server 8.0 目录下，如图 2-39 所示，该目录下包含 Data 文件夹和 my.ini 文件。

图 2-38　文件安装目录

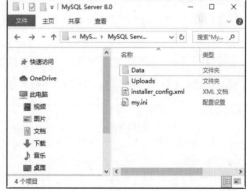

图 2-39　数据库文件安装目录

　　从图 2-38 中可以看出，安装文件包含多个文件夹，其中，bin 文件夹下都是可执行文件，如 mysql.exe、mysqld.exe 和 mysqladmin.exe 等；include 文件夹下都是头文件，如 mysql.h、my_command.h、mysql_com.h 等；lib 文件夹下都是库文件，该文件夹下有 plugin 文件夹及一些其他库文件；share 文件夹下是字符集、语言等信息。

　　MySQL 数据库真正的配置文件是数据库安装目录下的 my.ini 文件。因此，只要修改 my.ini 文件中的内容就可以达到更改配置的目的。例如，我们可以在 my.ini 文件中手动配置

网站开发课堂

客户端参数，其中，port 参数表示 MySQL 数据库的端口，默认端口为 3306。default-character-set 参数是客户端的默认字符集，现在设置的参数为 utf8。如果想要更改客户端的设置内容，可以直接在my.ini 文件中进行更改。my.ini 配置文件的部分内容如下：

```
Other default tuning values
# MySQL Server Instance Configuration File
# ---------------------------------------------------------------
# Generated by the MySQL Server Instance Configuration Wizard
#
#
# CLIENT SECTION
# ---------------------------------------------------------------
 [client]
# pipe=
# socket=MYSQL
port=3306
[mysql]
no-beep
# default-character-set=utf8
```

> 提示
>
> 如果读者安装 MySQL 时选择的配置不一样，那么配置文件就会稍有不同。通常情况下，经常修改的是默认字符集、默认存储引擎和端口等信息，其他参数修改比较复杂，一般不进行修改。另外，每次修改参数后，必须重新启动 MySQL 服务才会有效。

2.4 卸载 MySQL 数据库

如果不再需要 MySQL 了，我们可以将其卸载，具体操作步骤如下。

01 选择【开始】→【Windows 系统】→【控制面板】菜单命令，打开【所有控制面板项】窗口，单击【程序和功能】图标，如图 2-40 所示。

02 打开【程序和功能】窗口，选择 MySQL Server 8.0 选项，单击鼠标右键，在弹出的快捷菜单中选择【卸载】命令，如图 2-41 所示。

图 2-40 【所有控制面板项】窗口

图 2-41 选择【卸载】命令

03 打开【程序和功能】信息提示框，单击【是】按钮，即可卸载 MySQL Server 8.0，如图 2-42 所示。

　　　　卸载完成后，还需要删除安装目录下的 MySQL 文件夹及程序数据文件夹，如 C:\Program Files (x86)\MySQL 和 C:\ProgramData\MySQL。

04 在【运行】对话框中输入 regedit，进入注册表，如图 2-43 所示。将所有的 MySQL 注册表内容全部删除，具体删除内容如下：

```
HKEY_LOCAL_MACHINE\SYSTEM\ControlSet001\Services\Eventlog\Application\MySQL
HKEY_LOCAL_MACHINE\SYSTEM\ControlSet002\Services\Eventlog\Application\MySQL
HKEY_LOCAL_MACHINE\SYSTEM\CurrentControlSet\Services\Eventlog\Application\MySQL
```

05 上述步骤操作完成后，重新启动计算机，即可完全删除 MySQL。

图 2-42　信息提示框

图 2-43　【注册表编辑器】窗口

2.5　常见的错误代码

在使用 MySQL 数据库的过程中，如果在控制台执行的语句不合法或者错误，则会输出有关的错误信息，例如，执行 "CREATE DATABASE mybase;" 命令语句时出现 1007 的错误，执行结果如下：

```
mysql> CREATE DATABASE mybase;
ERROR 1007 (HY000): Can't create database 'mybase'; database exists
```

上述错误代码为 1007，表示要创建的数据库 mybase 已经存在，创建数据库失败。除了这个错误外，在执行语句时可能还会出现其他错误。表 2-1 列出了一些常见的错误代码，并且对这些代码进行了简单说明。

表 2-1　执行语句时的常见错误代码

错误代码	说　明
1005	创建表失败
1006	创建数据库失败
1007	数据库已存在，创建数据库失败
1008	数据库不存在，删除数据库失败
1009	不能删除数据库文件导致删除数据库失败
1010	不能删除数据目录导致删除数据库失败
1011	删除数据库文件失败
1012	不能读取系统表中的记录
1016	文件无法打开
1020	记录已被其他用户修改
1021	硬盘剩余空间不足，请加大硬盘可用空间
1022	关键字重复，更改记录失败
1023	关闭时发生错误
1024	读文件错误
1025	更改名字时发生错误
1026	写文件错误
1032	记录不存在
1036	数据表是只读的，不能对它进行修改
1037	系统内存不足，请重启数据库或重启服务器
1038	用于排序的内存不足，请增大排序缓冲区
1040	已到达数据库的最大连接数，请加大数据库可用连接数
1041	系统内存不足
1042	无效的主机名
1043	无效连接
1044	当前用户没有访问数据库的权限
1045	不能连接数据库，用户名或密码错误
1048	字段不能为空
1049	数据库不存在
1050	数据表已存在
1051	数据表不存在
1054	字段不存在
1065	无效的 SQL 语句，SQL 语句为空
1081	不能建立 Socket 连接
1114	数据表已满，不能容纳任何记录
1116	打开的数据表太多

续表

错误代码	说　明
1129	数据库出现异常，请重启数据库
1130	连接数据库失败，没有连接数据库的权限
1133	数据库用户不存在
1141	当前用户无权访问数据库
1142	当前用户无权访问数据表
1143	当前用户无权访问数据表中的字段
1147	未定义用户对数据表的访问权限
1149	SQL 语句语法错误
1158	网络错误，出现读错误，请检查网络连接状况
1159	网络错误，读超时，请检查网络连接状况
1160	网络错误，出现写错误，请检查网络连接状况
1161	网络错误，写超时，请检查网络连接状况
1062	字段值重复，入库失败
1169	字段值重复，更新记录失败
1177	打开数据表失败
1180	提交事务失败
1181	回滚事务失败
1203	当前用户和数据库建立的连接已到达数据库的最大连接数，请增大可用的数据库连接数或重启数据库
1205	加锁超时
1211	当前用户没有创建用户的权限
1216	外键约束检查失败，更新子表记录失败
1217	外键约束检查失败，删除或修改主表记录失败
1226	当前用户使用的资源已超过所允许的资源，请重启数据库或重启服务器
1227	权限不足，您无权进行此操作
1235	MySQL 版本过低，不具有本功能

2.6　疑　难　解　惑

疑问 1：重新安装 MySQL 到最后一步，不能完成最终的安装，怎么解决？

第一次安装完 MySQL，由于各种原因，需要重新安装程序时就会遇到这个问题。具体的解决方案如下：

(1)　在注册表里搜索 MySQL，删除相关记录；

(2)　删除 MySQL 安装目录下的 MySQL 文件；

(3)　删除 C:/ProgramData 目录下的 MySQL 文件夹，然后再重新安装，就能安装成功。

疑问 2：使用 MySQL Command Line Client 8.0 登录时窗口闪一下就消失了，怎么解决？

第一次使用 MySQL Command Line Client 8.0 登录，有可能会出现窗口闪一下，然后就消失的情况。解决这个问题的具体方法为：打开路径 C:\Program Files\MySQL\MySQL Server 8.0，复制文件 my-default.ini，然后将副本命名为 my.ini，操作完成后，即可解决窗口闪一下就消失的问题。

2.7　跟我学上机

上机练习 1：掌握安装 MySQL 的方法。

按照 MySQL 程序的安装步骤及提示可以一步一步地进行 MySQL 的安装和配置。

上机练习 2：掌握启动并登录 MySQL 的方法。

通过命令提示符窗口与 MySQL Command Line Client 工具可以连接到 MySQL 服务器。

第 3 章

操作数据库

MySQL 安装以后，首先需要创建数据库，这是使用 MySQL 各种功能的前提。本章将详细介绍数据库的基本操作，主要内容包括：创建数据库、删除数据库、不同类型的数据存储引擎和存储引擎的选择。

本章要点(已掌握的在方框中打勾)

☐ 掌握如何创建数据库
☐ 熟悉数据库的删除操作
☐ 了解不同类型的数据存储引擎
☐ 熟悉选择存储引擎的方法

3.1 创建数据库

MySQL 安装完成之后，将会在其 data 目录下自动创建几个必需的数据库，可以使用 SHOW DATABASES 语句来查看当前所有存在的数据库，输入语句如下：

```
mysql> SHOW DATABASES;
+--------------------+
| Database           |
+--------------------+
| information_schema |
| mysql              |
| performance_schema |
| sakila             |
| sys                |
| world              |
+--------------------+
6 rows in set (0.04 sec)
```

可以看到，数据库列表中包含了 6 个数据库，mysql 是必需的，它用来描述用户访问权限，其他数据库将在后面的章节中介绍。

创建数据库是在系统磁盘上划分一块区域用于数据的存储和管理，如果管理员在设置权限的时候为用户创建了数据库，则可以直接使用，否则，需要自己创建数据库。MySQL 中创建数据库的基本 SQL 语法格式如下：

```
CREATE DATABASE database_name;
```

database_name 为要创建的数据库的名称，该名称不能与已经存在的数据库重名。

实例 1 创建数据库 mybase，输入语句如下：

```
CREATE DATABASE mybase;
```

数据库创建好之后，可以使用 SHOW CREATE DATABASE 语句查看数据库的定义。

实例 2 查看创建好的数据库 mybase 的定义，输入语句如下：

```
mysql> SHOW CREATE DATABASE mybase \G
*************************** 1. row ***************************
       Database: mybase
Create Database: CREATE DATABASE ' mybase ' /*!40100 DEFAULT CHARACTER SET utf8 */
```

可以看到，如果数据库创建成功，将显示数据库的创建信息。

再次使用 SHOW databases 语句来查看当前所有存在的数据库，输入语句如下：

```
mysql> SHOW databases;
+--------------------+
| Database           |
+--------------------+
| information_schema |
| mysql              |
| performance_schema |
| sakila             |
| sys                |
| mybase             |
| world              |
```

```
+-----------------------+
7 rows in set (0.05 sec)
```

可以看到，数据库列表中包含了刚刚创建的数据库 mybase 和其他已经存在的数据库的名称。

3.2　删除数据库

删除数据库是将已经存在的数据库从磁盘空间上删除，删除之后，数据库中的所有数据也将一同被删除。删除数据库语句和创建数据库的命令相似，MySQL 中删除数据库的基本语法格式如下：

```
DROP DATABASE database_name;
```

database_name 为要删除的数据库的名称，如果指定的数据库不存在，则删除出错。

实例 3　删除数据库 mybase，输入语句如下：

```
DROP DATABASE mybase;
```

语句执行完毕，数据库 mybase 将被删除，再次使用 SHOW CREATE DATABASE 语句查看数据库的定义，结果如下：

```
mysql> SHOW CREATE DATABASE mybase\G
ERROR 1049 (42000): Unknown database 'mybase'
```

执行结果给出一条错误信息："ERROR 1049(42000): Unknown database 'mybase'"，即数据库 mybase 已不存在，删除成功。

　　　　使用 DROP DATABASE 命令时要非常谨慎，在执行该命令时，MySQL 不会给出任何提醒确认信息。DROP DATABASE 语句删除数据库后，数据库中存储的所有数据表和数据也将一同被删除，而且不能恢复。

3.3　数据库存储引擎

数据库存储引擎是数据库底层软件组件，数据库管理系统(DBMS)使用数据引擎进行创建、查询、更新和删除数据操作。不同的存储引擎提供不同的存储机制、索引技巧、锁定水平等功能，使用不同的存储引擎，还可以获得特定的功能。现在许多不同的数据库管理系统都支持多种数据引擎。MySQL 的核心就是存储引擎。

3.3.1　MySQL 存储引擎简介

MySQL 提供了多个不同的存储引擎，包括处理事务安全表的引擎和处理非事务安全表的引擎。在 MySQL 中，不需要在整个服务器中使用同一种存储引擎，针对具体的要求，可以对不同的表使用不同的存储引擎。MySQL 支持的存储引擎有：InnoDB、MyISAM、MEMORY、MERGE、ARCHIVE、FEDERATED、CSV、BLACKHOLE 等。可以使用 SHOW

ENGINES 语句查看系统所支持的引擎类型，结果如下：

```
mysql> SHOW ENGINES \G
*************************** 1. row ***************************
      Engine: FEDERATED
     Support: NO
     Comment: Federated MySQL storage engine
Transactions: NULL
          XA: NULL
  Savepoints: NULL
*************************** 2. row ***************************
      Engine: MRG_MYISAM
     Support: YES
     Comment: Collection of identical MyISAM tables
Transactions: NO
          XA: NO
  Savepoints: NO
*************************** 3. row ***************************
      Engine: MyISAM
     Support: YES
     Comment: MyISAM storage engine
Transactions: NO
          XA: NO
  Savepoints: NO
*************************** 4. row ***************************
      Engine: BLACKHOLE
     Support: YES
     Comment: /dev/null storage engine (anything you write to it disappears)
Transactions: NO
          XA: NO
  Savepoints: NO
*************************** 5. row ***************************
      Engine: CSV
     Support: YES
     Comment: CSV storage engine
Transactions: NO
          XA: NO
  Savepoints: NO
*************************** 6. row ***************************
      Engine: MEMORY
     Support: YES
     Comment: Hash based, stored in memory, useful for temporary tables
Transactions: NO
          XA: NO
  Savepoints: NO
*************************** 7. row ***************************
      Engine: ARCHIVE
     Support: YES
     Comment: Archive storage engine
Transactions: NO
          XA: NO
  Savepoints: NO
*************************** 8. row ***************************
      Engine: InnoDB
     Support: DEFAULT
     Comment: Supports transactions, row-level locking, and foreign keys
Transactions: YES
          XA: YES
  Savepoints: YES
*************************** 9. row ***************************
```

```
      Engine: PERFORMANCE_SCHEMA
     Support: YES
     Comment: Performance Schema
Transactions: NO
          XA: NO
  Savepoints: NO
9 rows in set (0.00 sec)
```

Support 列的值表示某种引擎是否能使用：YES 表示可以使用，NO 表示不能使用，DEFAULT 表示该引擎为当前默认存储引擎。

3.3.2　InnoDB 存储引擎

InnoDB 存储引擎为事务型数据库的首选引擎，支持事务安全表(ACID)，支持行锁定和外键。MySQL 5.5.5 之后，InnoDB 作为默认存储引擎，其主要特性如下。

(1) InnoDB 给 MySQL 提供了具有提交、回滚和崩溃恢复能力的事务安全(ACID 兼容)存储引擎。InnoDB 锁定在行级并且也在 SELECT 语句中提供一个类似 Oracle 的非锁定读。这些功能增加了多用户部署和性能。在 SQL 查询中，可以自由地将 InnoDB 类型的表与其他 MySQL 类型的表混合起来，甚至在同一个查询中也可以混合。

(2) InnoDB 是为处理巨大数据量的最大性能设计。其 CPU 效率可能是任何其他基于磁盘的关系数据库引擎所不能匹敌的。

(3) InnoDB 存储引擎完全与 MySQL 服务器整合，InnoDB 存储引擎是在主内存中缓存数据和索引而维持其自己的缓冲池。这与 MyISAM 表不同，比如在 MyISAM 表中，每个表被存在分离的文件中。InnoDB 表可以是任意尺寸，即便是文件尺寸被限制为 2GB 的操作系统上。

(4) InnoDB 支持外键完整性约束(FOREIGN KEY)。

在存储表中的数据时，每张表的存储都按主键顺序存放，如果没有显示在表定义时指定主键，InnoDB 会为每一行生成一个 6 字节的 ROWID，并以此作为主键。

(5) InnoDB 被用在众多需要高性能的大型数据库站点上。

InnoDB 不创建目录，使用 InnoDB 时，MySQL 将在其数据目录下创建一个名为 ibdata1 的 10MB 大小的自动扩展数据文件，以及两个名为 ib_logfile0 和 ib_logfile1 的 5MB 大小的日志文件。

3.3.3　MyISAM 存储引擎

MyISAM 基于 ISAM 存储引擎，并对其进行扩展。它是在 Web、数据仓储和其他应用环境下经常使用的存储引擎之一。MyISAM 拥有较高的插入、查询速度，但不支持事务。在 MySQL 5.5.5 之前的版本中，MyISAM 是默认存储引擎。MyISAM 的主要特性有以下几点。

(1) 大文件(达 63 位文件长度)。在支持大文件的文件系统和操作系统上被支持。

(2) 当把删除、更新及插入操作混合使用的时候，动态尺寸的行产生更少碎片。这要通过合并相邻被删除的块，或若下一个块被删除，就扩展到下一块来自动完成。

(3) 每个 MyISAM 表最大索引数是 64，这可以通过重新编译来改变。每个索引最大的列数是 16。

(4) 最大的键长度是 1000 字节，这也可以通过编译来改变。对于键长度超过 250 字节的情况，一个超过 1024 字节的键将被用上。

(5) BLOB 和 TEXT 列可以被索引。

(6) NULL 值被允许在索引的列中。这个值占每个键的 0~1 个字节。

(7) 所有数字键值以高字节优先被存储以允许一个更高的索引压缩。

(8) 每个 MyISAM 类型的表都有一个 AUTO_INCREMENT 的内部列，当执行 INSERT 和 UPDATE 操作的时候该列被更新，同时 AUTO_INCREMENT 列将被刷新，所以说，MyISAM 类型表的 AUTO_INCREMENT 列更新比 InnoDB 类型的 AUTO_INCREMENT 更快。

(9) 可以把数据文件和索引文件放在不同目录。

(10) 每个字符列可以有不同的字符集。

(11) 有 VARCHAR 的表可以固定或动态记录长度。

(12) VARCHAR 和 CHAR 列可以多达 64KB。

使用 MyISAM 引擎创建数据库，将生成 3 个文件。文件的名字以表的名字开始，扩展名指出文件类型：frm 文件存储表定义，数据文件的扩展名为.MYD(MYData)，索引文件的扩展名为.MYI (MYIndex)。

3.3.4 MEMORY 存储引擎

MEMORY 存储引擎将表中的数据存储到内存中，为查询和引用其他表数据提供快速访问。MEMORY 的主要特性有以下几点。

(1) MEMORY 表的每个表可以有 32 个索引，每个索引 16 列，以及 500 字节的最大键长度。

(2) MEMORY 存储引擎执行 HASH 和 BTREE 索引。

(3) 可以在一个 MEMORY 表中有非唯一键。

(4) MEMORY 表使用一个固定的记录长度格式。

(5) MEMORY 不支持 BLOB 或 TEXT 列。

(6) MEMORY 支持 AUTO_INCREMENT 列和对可包含 NULL 值的列的索引。

(7) MEMORY 表在所有客户端之间共享(就像其他任何非 TEMPORARY 表)。

(8) 当 MEMORY 表和服务器空闲时，MySQL 会在内存中创建表共享。

(9) 当不再需要 MEMORY 表的内容时，要释放被 MEMORY 表使用的内存，应该执行 DELETE FROM 或 TRUNCATE TABLE 命令，或者删除整个表(使用 DROP TABLE)。

3.3.5 存储引擎的选择

不同存储引擎都有各自的特点，以适应不同的需求，如表 3-1 所示。为了作出选择，首先需要考虑每一个存储引擎提供了哪些不同的功能。

如果要提供提交、回滚和崩溃恢复能力的事务安全(ACID 兼容)能力，并要求实现并发控制，InnoDB 是个很好的选择；如果数据表主要用来插入和查询记录，则 MyISAM 引擎能提供较高的处理效率；如果只是临时存放数据，数据量不大，并且不需要较高的数据安全性，可以选择将数据保存在内存中的 MEMORY 引擎，MySQL 中使用该引擎作为临时表，存放查询的中间结果；如果只有 INSERT 和 SELECT 操作，可以选择 ARCHIVE 存储引擎，ARCHIVE 存储引擎支持高并发的插入操作，但是本身并不是事务安全的，ARCHIVE 存储引擎非常适合存储归档数据，如记录日志信息可以使用 ARCHIVE 存储引擎。

表 3-1 存储引擎比较

功能	MyISAM	MEMORY	InnoDB	ARCHIVE
存储限制	256TB	RAM	64TB	None
支持事务	No	No	Yes	No
支持全文索引	Yes	No	No	No
支持树索引	Yes	Yes	Yes	No
支持哈希索引	No	Yes	No	No
支持数据缓存	No	N/A	Yes	No
支持外键	No	No	Yes	No

使用哪一种引擎要根据需要灵活选择，一个数据库中多个表可以使用不同引擎以满足各种性能和实际需求。使用合适的存储引擎，将会提高整个数据库的性能。

3.4　疑难解惑

疑问 1：当删除数据库时，该数据库中的表和所有数据也被删除吗？

是的。在删除数据库时，会删除该数据库中所有的表和数据，因此，删除数据库一定要慎重考虑。如果确定要删除某个数据库，可以先将其备份起来，然后再进行删除。

疑问 2：如何修改默认存储引擎？

打开 MySQL 安装目录下的配置文件 my.ini，然后找到 default-storage-engine= INNODB 语句，将默认的存储引擎 InnoDB 修改为实际需要的存储引擎，最后重启服务后即可生效。

3.5　跟我学上机

上机练习 1：查看当前系统中的数据库。

上机练习 2：创建数据库 Book，使用 SHOW CREATE DATABASE 语句查看数据库定义信息。

上机练习 3：删除数据库 Book。

第4章

创建、修改和删除数据表

　　数据表是数据库中最重要、最基本的操作对象，是数据存储的基本单位。数据表被定义为列的集合，数据在表中是按照行和列的格式来存储的。每一行代表一条唯一的记录，每一列代表记录中的一个域。

　　本章将详细介绍数据表的基本操作，主要内容包括：创建数据表、查看数据表结构、修改数据表、删除数据表。通过本章的学习，读者能够熟练掌握数据表的基本概念，理解约束、默认和规则的含义并且学会运用；能够在图形界面模式和命令行模式下熟练地完成有关数据表的常用操作。

本章要点（已掌握的在方框中打勾）

☐ 掌握如何创建数据表
☐ 掌握查看数据表结构的方法
☐ 掌握如何修改数据表
☐ 熟悉删除数据表的方法

4.1 创建数据表

在创建完数据库之后,接下来的工作就是创建数据表。创建数据表是指在已经创建好的数据库中建立新表。创建数据表的过程是规定数据列的属性的过程,同时也是实施数据完整性(包括实体完整性、引用完整性和域完整性等)约束的过程。本节将介绍创建数据表的语法形式,如何添加主键约束、外键约束、非空约束等。

4.1.1 创建数据表的语法形式

数据表属于数据库,在创建数据表之前,应该使用语句"USE <数据库名>"指定操作是在哪个数据库中进行,如果没有选择数据库,会抛出"No database selected"的错误。

创建数据表的语句为 CREATE TABLE,语法规则如下:

```
CREATE  TABLE <表名>
(
    字段名 1,数据类型 [列级别约束条件] [默认值],
    字段名 2,数据类型 [列级别约束条件] [默认值],
    ...
    [表级别约束条件]
);
```

使用 CREATE TABLE 创建数据表时,必须指定以下信息。

(1) 要创建的数据表的名称,不区分大小写,不能使用 SQL 语句中的关键字,如 DROP、ALTER、INSERT 等。

(2) 数据表中每一列(字段)的名称和数据类型,如果创建多个列,要用逗号隔开。

实例 1 在 school 数据库中创建 student 数据表,结构如表 4-1 所示。

表 4-1 student 数据表结构

字段名称	数据类型	备 注
sid	INT	学号
sname	VARCHAR(20)	名称
sex	VARCHAR(4)	性别
smajor	VARCHAR(30)	专业
sbirthday	VARCHAR(30)	出生日期

首先创建数据库,SQL 语句如下:

```
CREATE  DATABASE school;
```

选择创建数据表的数据库,SQL 语句如下:

```
USE school;
```

创建 student 数据表,SQL 语句如下:

```
CREATE TABLE student
(
    sid          INT,
    sname        VARCHAR(20),
    sex          VARCHAR(4),
    smajor       VARCHAR(30),
    sbirthday    VARCHAR(30)
);
```

以上语句执行成功之后，便创建了一个名为 student 的数据表，使用 SHOW TABLES 语句查看数据表是否创建成功，SQL 语句如下：

```
mysql> SHOW TABLES;
+-------------------+
| Tables_in_school  |
+-------------------+
| student           |
+-------------------+
```

可以看到，school 数据库中已经有了 student 数据表，数据表创建成功。

4.1.2　使用主键约束

主键，又称主码，是表中一列或多列的组合。主键约束(Primary Key Constraint)要求主键列的数据唯一，并且不允许为空。主键能够唯一地标识表中的一条记录，可以结合外键来定义不同数据表之间的关系，并且可以加快数据库查询的速度。主键和记录之间的关系如同身份证和人之间的关系，它们之间是一一对应的。主键分为两种类型：单字段主键和多字段联合主键。

1. 单字段主键

主键由一个字段组成，SQL 语句格式分为以下两种情况。

(1) 在定义列的同时指定主键，语法规则如下：

字段名 数据类型 PRIMARY KEY [默认值]

实例 2 要在酒店客户管理系统的数据库 Hotel 中创建一个数据表，用于保存房间信息，并给房间编号添加主键约束，酒店房间信息表的字段名和数据类型如表 4-2 所示。

表 4-2　酒店房间信息表

编　号	字 段 名	数据类型	说　明
1	Roomid	int	房间编号
2	Roomtype	varchar(20)	房间类型
3	Roomprice	float	房间价格
4	Roomfloor	int	所在楼层
5	Roomface	varchar(10)	房间朝向

创建并选择 Hotel 数据库，SQL 语句如下：

```
CREATE DATABASE Hotel;
USE Hotel;
```

在 Hotel 数据库中定义 Roominfo 数据表，为 Roomid 创建主键约束，SQL 语句如下：

```
CREATE TABLE Roominfo
(
    Roomid          int  PRIMARY KEY,
    Roomtype        varchar(20),
    Roomprice       float,
    Roomfloor       int,
    Roomface        varchar(10)
);
```

(2) 在定义完所有列之后指定主键，语法规则如下：

```
[CONSTRAINT <约束名>] PRIMARY KEY [字段名]
```

实例 3 定义 Roominfo_01 数据表，其主键为 Roomid，SQL 语句如下：

```
CREATE TABLE Roominfo_01
(
    Roomid          int,
    Roomtype        varchar(20),
    Roomprice       float,
    Roomfloor       int,
    Roomface        varchar(10),
    PRIMARY KEY(Roomid)
);
```

上述两个实例执行后的结果是一样的，都会在 Roomid 字段上设置主键约束。

2. 多字段联合主键

主键由多个字段联合组成，其语法规则如下：

```
PRIMARY KEY [字段 1, 字段 2,…, 字段 n]
```

实例 4 定义 userinfo 客户信息数据表，假设表中没有主键 id，为了确定唯一客户信息，可以把 name、tel 联合起来作为主键，SQL 语句如下：

```
CREATE TABLE userinfo
(
    name            varchar(20),
    sex             tinyint,
    age             int,
    tel             varchar(10),
    Roomid          int,
    PRIMARY KEY(name,tel)
);
```

以上 SQL 语句执行成功之后，便创建了一个名为 userinfo 的数据表，name 字段和 tel 字段组合在一起成为 userinfo 的多字段联合主键。

4.1.3　使用外键约束

外键用来在两个表的数据之间建立连接，它可以是一列或者多列。一个表可以有一个或多个外键。外键对应的是参照完整性，一个表的外键可以为空值，若不为空值，则每一个外键值必须等于另一个表中主键的某个值。

外键：首先它是表中的一个字段，其可以不是本表的主键，但对应另外一个表的主键。外键的主要作用是保证数据引用的完整性，定义外键后，不允许删除在另一个表中具有关联关系的行。外键的作用是保持数据的一致性、完整性。

主表(父表)：对于两个具有关联关系的表而言，相关联字段中主键所在的那个表即是主表。

从表(子表)：对于两个具有关联关系的表而言，相关联字段中外键所在的那个表即是从表。

创建外键的语法规则如下：

```
[CONSTRAINT <外键名>] FOREIGN KEY 字段名 1 [ ,字段名 2,…]
    REFERENCES <主表名> 主键列 1 [ ,主键列 2,…]
```

"外键名"为定义的外键约束的名称，一个表中不能有相同名称的外键；"字段名"表示子表需要添加外键约束的字段列；"主表名"即被子表外键所依赖的表的名称；"主键列"表示主表中定义的主键列，或者列组合。

实例 5　定义 Bookinfo 图书信息表，并在 Bookinfo 表上创建外键约束。

首先创建一个 Booktype 图书分类表，表的字段名称和数据类型如表 4-3 所示。

表 4-3　Booktype 图书分类表结构

字段名称	数据类型	备　注
id	INT	自动编号
Typename	VARCHAR(50)	名称

创建 Booktype 图书分类表的 SQL 语句如下：

```
CREATE TABLE Booktype
(
   id         INT           PRIMARY KEY,
   Typename   VARCHAR(50)   NOT NULL
);
```

下面定义 Bookinfo 图书信息表，表的字段名和数据类型如表 4-4 所示。

表 4-4　Bookinfo 图书信息表结构

字段名称	数据类型	备　注
id	INT	图书编号
ISBN	VARCHAR(20)	图书书号
Bookname	VARCHAR(100)	图书名称
Typeid	INT	图书所属类型
Author	VARCHAR(20)	作者名称
Price	FLOAT	图书价格
Pubdate	Datetime	图书出版日期

创建 Bookinfo 图书信息表，让它的 Typeid 字段作为外键关联到 Booktype 数据表中的主键 id，SQL 语句如下：

```
CREATE TABLE Bookinfo
(
```

```
    id              INT           PRIMARY KEY,
    ISBN            VARCHAR(20),
    Bookname        VARCHAR(100),
    Typeid          INT           NOT NULL,
    Author          VARCHAR(20),
    Price           FLOAT,
    Pubdate         Datetime,
    CONSTRAINT fk_Typeid FOREIGN KEY(Typeid) REFERENCES Booktype(id)
);
```

以上语句执行成功之后，在 Bookinfo 图书信息表上添加了名称为 fk_Typeid 的外键约束，外键名称为 Typeid，其依赖于表 Booktype 的主键 id。

关联是指在关系型数据库中相关表之间的联系。它是通过相容或相同的属性或属性组来表示的。子表的外键必须关联父表的主键，且关联字段的数据类型必须匹配，如果类型不一样，则创建子表时就会出现错误 "ERROR 1005 (HY000): Can't create table 'database.tablename'(error: 150)"。

4.1.4 使用非空约束

非空约束(Not Null Constraint)指字段的值不能为空。对于使用了非空约束的字段，如果用户在添加数据时没有指定值，数据库系统会报错。

非空约束的语法规则如下：

字段名 数据类型 not null

实例6 定义 person 数据表，将姓名列设置为非空约束，SQL 语句如下：

```
CREATE TABLE person
(
    id          INT             PRIMARY KEY,
    name        VARCHAR(25)   NOT NULL,
    birthday    DATETIME ,
    remark      VARCHAR(200)
);
```

以上语句执行成功之后，在 person 数据表中创建了一个 name 字段，其插入值不能为空 (NOT NULL)。

4.1.5 使用唯一性约束

唯一性约束(Unique Constraint)要求该列唯一，允许为空，但只能出现一个空值。唯一性约束可以确保一列或者几列不出现重复值。

唯一性约束的语法规则如下。

(1) 在定义完列之后直接指定唯一性约束，语法规则如下：

字段名 数据类型 UNIQUE

实例7 定义 empinfo 数据表，将员工的姓名设为唯一，SQL 语句如下：

```
CREATE TABLE empinfo
(
```

```
    id        INT    PRIMARY KEY,
    name      VARCHAR(20)  UNIQUE,
    tel        VARCHAR(20) ,
    remark    VARCHAR(200)
);
```

(2)　在定义完所有列之后指定唯一性约束，语法规则如下：

```
[CONSTRAINT <约束名>] UNIQUE(<字段名>)
```

实例 8　定义 empinfo01 数据表，将员工的姓名设为唯一，SQL 语句如下：

```
CREATE TABLE empinfo01
(
    id        INT    PRIMARY KEY,
    name      VARCHAR(20),
    tel        VARCHAR(20) ,
    remark    VARCHAR(200),
    CONSTRAINT STH UNIQUE(name)
);
```

UNIQUE 和 PRIMARY KEY 的区别：一个表中可以有多个字段声明为 UNIQUE，但只能有一个 PRIMARY KEY 声明；声明为 PRIMAY KEY 的列不允许有空值，但是声明为 UNIQUE 的字段允许空值的存在。

4.1.6　使用默认值约束

默认约束(Default Constraint)指定某列的默认值。如果男性同学较多，性别就可以默认为'男'。如果插入一条新的记录时没有为这个字段赋值，那么系统会自动为这个字段赋值为'男'。

默认值约束的语法规则如下：

```
字段名 数据类型 DEFAULT 默认值
```

实例 9　创建 person01 数据表，为 city 字段添加一个默认值'北京'，SQL 语句如下：

```
CREATE TABLE person01
(
    id        INT        PRIMARY KEY,
    name      VARCHAR(25)    NOT NULL,
    city      VARCHAR(20)    DEFAULT '北京'
);
```

以上语句执行成功之后，person01 数据表上的字段 city 拥有了一个默认值为'北京'，新插入的记录如果没有指定城市，则都默认为北京。

4.1.7　设置表的属性值自动增加

在数据库应用中，在每次插入新记录时，系统会自动生成字段的主键值。可以通过为表主键添加 AUTO_INCREMENT 关键字来实现。在 MySQL 中 AUTO_INCREMENT 的初始值为 1，每新添加一条记录，字段值自动加 1。一个表只能有一个字段使用 AUTO_INCREMENT 约束，且该字段必须为主键的一部分。AUTO_INCREMENT 约束的字段可以是任何整数类型(TINYINT、SMALLINT、INT、BIGINT 等)。

设置唯一性约束的语法规则如下：

```
字段名 数据类型 AUTO_INCREMENT
```

实例 10　定义 person_02 数据表，指定员工编号 id 字段自动增加，SQL 语句如下：

```
CREATE TABLE person_02
(
    id     INT  PRIMARY KEY  AUTO_INCREMENT,
    name  VARCHAR(25)  NOT NULL,
    city     VARCHAR(20)
);
```

上述实例执行后，会创建名为 person_02 的数据表。person_02 表中的 id 字段的值在添加记录的时候会自动增加，在插入记录的时候，默认的自增字段 id 的值从 1 开始，每添加一条新记录，字段值自动加 1。

例如，执行如下插入语句：

```
mysql> INSERT INTO person_02 (name, city) VALUES('小龙', '北京'), ('小蓝',
    '上海'),('小明', '广州');
```

上述语句执行完成后，person_02 表中增加 3 条记录，在这里并没有输入 id 的值，但系统已经自动添加该值，使用 SELECT 命令查看记录：

```
mysql> SELECT * FROM person_02;
+----+------+------+
| id | name | city |
+----+------+------+
| 1  | 小龙 | 北京 |
| 2  | 小蓝 | 上海 |
| 3  | 小明 | 广州 |
+----+------+------+
```

提示　这里使用 INSERT 声明向表中插入记录的方法，并不是 SQL 的标准语法，这种语法不一定被其他数据库支持。

4.2　查看数据表结构

使用 SQL 语句创建好数据表之后，可以查看表结构的定义，以确认表的定义是否正确。在 MySQL 中，查看数据表结构可以使用 DESCRIBE 和 SHOW CREATE TABLE 语句。本节将针对这两个语句分别进行详细的讲解。

4.2.1　查看表基本结构语句 DESCRIBE

DESCRIBE/DESC 语句可以查看表的字段信息，其中包括字段名、数据类型、是否为主键、是否有默认值等，语法规则如下：

```
DESCRIBE 表名;
```

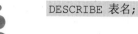

或者简写为：

```
DESC 表名;
```

实例 11 分别使用 DESCRIBE 和 DESC 查看 student 表结构。

查看 student 表结构，SQL 语句如下：

```
mysql> USE school;
mysql> DESCRIBE student;
+-----------+-------------+------+-----+---------+-------+
| Field     | Type        | Null | Key | Default | Extra |
+-----------+-------------+------+-----+---------+-------+
| sid       | int         | YES  |     | NULL    |       |
| sname     | varchar(20) | YES  |     | NULL    |       |
| sex       | varchar(4)  | YES  |     | NULL    |       |
| smajor    | varchar(30) | YES  |     | NULL    |       |
| sbirthday | varchar(30) | YES  |     | NULL    |       |
+-----------+-------------+------+-----+---------+-------+
```

其中，各个字段的含义分别解释如下。

- NULL：该列是否可以存储 NULL 值。
- Key：该列是否已编制索引。PRI 表示该列是表主键的一部分；UNI 表示该列是 UNIQUE 索引的一部分；MUL 表示在列中某个给定值允许出现多次。
- Default：该列是否有默认值，如果有，默认值是多少。
- Extra：可以获取的与给定列有关的附加信息，如 AUTO_INCREMENT 等。

4.2.2 查看表详细结构语句 SHOW CREATE TABLE

SHOW CREATE TABLE 语句可以用来显示创建表时的 CREATE TABLE 语句，语法格式如下：

```
SHOW CREATE TABLE <表名\G>;
```

 使用 SHOW CREATE TABLE 语句，不仅可以查看表创建时的详细语句，而且还可以查看存储引擎和字符编码。

如果不加'\G'参数，显示的结果可能非常混乱，加上参数'\G'之后，可使显示结果更加直观，易于查看。

实例 12 使用 SHOW CREATE TABLE 查看表 student 的详细信息，SQL 语句如下：

```
mysql> SHOW CREATE TABLE student\G
*************************** 1. row ***************************
       Table: student
Create Table: CREATE TABLE 'student' (
  'sid' int DEFAULT NULL,
  'sname' varchar(20) DEFAULT NULL,
  'sex' varchar(4) DEFAULT NULL,
  'smajor' varchar(30) DEFAULT NULL,
  'sbirthday' varchar(30) DEFAULT NULL
) ENGINE=InnoDB DEFAULT CHARSET=utf8mb4 COLLATE=utf8mb4_0900_ai_ci
```

4.3　修改数据表

修改数据表是指修改数据库中已经存在的数据表的结构。MySQL 使用 ALTER TABLE 语句修改数据表。常用的修改数据表的操作有：修改表名、修改字段的数据类型、修改字段名、添加字段、修改字段的排列位置、删除字段、更改表的存储引擎、删除表的外键约束等。本节将对和修改表有关的操作进行讲解。

4.3.1　修改表名

MySQL 是通过 ALTER TABLE 语句来实现表名修改的，具体的语法规则如下：

```
ALTER TABLE <旧表名> RENAME [TO] <新表名>;
```

其中 TO 为可选参数，使用与否均不影响结果。

实例 13　将 student 数据表改名为 student01。

执行修改表名操作之前，使用 SHOW TABLES 查看数据库中所有的表。

```
mysql> USE school;
mysql> SHOW TABLES;
+-----------------+
| Tables_in_school |
+-----------------+
| student         |
+-----------------+
```

使用 ALTER TABLE 将 student 表改名为 student01，SQL 语句如下：

```
ALTER TABLE student RENAME student01;
```

上述语句执行完成之后，检查 student 表是否改名成功。使用 SHOW TABLES 查看数据库中的表，结果如下：

```
mysql> SHOW TABLES;
+-----------------+
| Tables_in_school |
+-----------------+
| student01       |
+-----------------+
```

经过比较可以看到，数据表列表中已经有了名为 student01 的表。

提示　　读者可以在修改表名称时使用 DESC 命令查看修改前后两个表的结构，修改表名称并不修改表的结构，因此修改名称后的表和修改名称前的表的结构必然是相同的。

4.3.2　修改字段的数据类型

修改字段的数据类型，就是把字段的数据类型转换成另一种数据类型。在 MySQL 中修改字段数据类型的语法规则如下：

```
ALTER TABLE <表名> MODIFY <字段名> <数据类型>
```

其中"表名"指要修改数据类型的字段所在表的名称，"字段名"指需要修改的字段，"数据类型"指修改后字段的新数据类型。

实例 14　将 student01 数据表中 sname 字段的数据类型由 varchar(20)修改成 varchar(28)。

执行修改表名操作之前，使用 DESC 查看 student01 表结构，结果如下：

```
mysql> DESC student01;
+-----------+-------------+------+-----+---------+-------+
| Field     | Type        | Null | Key | Default | Extra |
+-----------+-------------+------+-----+---------+-------+
| sid       | int         | YES  |     | NULL    |       |
| sname     | varchar(20) | YES  |     | NULL    |       |
| sex       | varchar(4)  | YES  |     | NULL    |       |
| smajor    | varchar(30) | YES  |     | NULL    |       |
| sbirthday | varchar(30) | YES  |     | NULL    |       |
+-----------+-------------+------+-----+---------+-------+
```

此时，sname 字段的数据类型为 varchar(20)，下面修改其类型。输入如下 SQL 语句并执行：

```
ALTER TABLE student01 MODIFY sname VARCHAR(28);
```

再次使用 DESC 查看 student01 表结构，结果如下：

```
mysql> DESC student01;
+-----------+-------------+------+-----+---------+-------+
| Field     | Type        | Null | Key | Default | Extra |
+-----------+-------------+------+-----+---------+-------+
| sid       | int         | YES  |     | NULL    |       |
| sname     | varchar(28) | YES  |     | NULL    |       |
| sex       | varchar(4)  | YES  |     | NULL    |       |
| smajor    | varchar(30) | YES  |     | NULL    |       |
| sbirthday | varchar(30) | YES  |     | NULL    |       |
+-----------+-------------+------+-----+---------+-------+
```

上述语句执行完成之后，检验会发现 student01 表中 sname 字段的数据类型已经成功修改成 varchar(28)。

4.3.3　修改字段名

MySQL 中修改表字段名的语法规则如下：

```
ALTER TABLE <表名> CHANGE <旧字段名> <新字段名> <新数据类型>;
```

其中，"旧字段名"指修改前的字段名；"新字段名"指修改后的字段名；"新数据类型"指修改后的数据类型，如果不需要修改字段的数据类型，则可以将新数据类型设置成与原来一样即可，但数据类型不能为空。

实例 15　将 student01 数据表中的 sname 字段名称改为 new_sname，SQL 语句如下：

```
ALTER TABLE student01 CHANGE sname new_sname varchar(28);
```

使用 DESC 查看 student01 表，会发现 sname 字段的名称已经修改成功，结果如下：

```
mysql> DESC student01;
+------------+-------------+------+-----+---------+-------+
| Field      | Type        | Null | Key | Default | Extra |
+------------+-------------+------+-----+---------+-------+
| sid        | int         | YES  |     | NULL    |       |
| new_sname  | varchar(28) | YES  |     | NULL    |       |
| sex        | varchar(4)  | YES  |     | NULL    |       |
| smajor     | varchar(30) | YES  |     | NULL    |       |
| sbirthday  | varchar(30) | YES  |     | NULL    |       |
+------------+-------------+------+-----+---------+-------+
```

注意　　由于不同类型的数据在机器中存储的方式及长度并不相同，修改数据类型可能会影响到数据表中已有的数据记录。因此，当数据库中已经有数据时，不要轻易修改数据类型。

4.3.4　添加字段

随着业务需求的变化，需要在已经存在的表中添加新的字段。一个完整字段包括字段名、数据类型、完整性约束。添加字段的语法格式如下：

```
ALTER TABLE <表名> ADD <新字段名> <数据类型>
    [约束条件] [FIRST | AFTER 已存在字段名];
```

新字段名为需要添加的字段的名称；FIRST 为可选参数，其作用是将新添加的字段设置为表的第一个字段；AFTER 为可选参数，其作用是将新添加的字段添加到指定的"已存在字段名"的后面。

提示　　FIRST 或"AFTER 已存在字段名"用于指定新增字段在表中的位置，如果 SQL 语句中没有这两个参数，则默认将新添加的字段设置为数据表的最后列。

1. 添加无完整性约束条件的字段

实例 16　在 student01 数据表中添加一个字段 city，SQL 语句如下：

```
ALTER TABLE student01 ADD city VARCHAR(20);
```

使用 DESC 查看表 student01，会发现在表的最后一行添加了一个名为 city 的 VARCHAR 类型的字段，结果如下：

```
mysql> DESC student01;
+------------+-------------+------+-----+---------+-------+
| Field      | Type        | Null | Key | Default | Extra |
+------------+-------------+------+-----+---------+-------+
| sid        | int         | YES  |     | NULL    |       |
| new_sname  | varchar(28) | YES  |     | NULL    |       |
| sex        | varchar(4)  | YES  |     | NULL    |       |
| smajor     | varchar(30) | YES  |     | NULL    |       |
| sbirthday  | varchar(30) | YES  |     | NULL    |       |
| city       | varchar(20) | YES  |     | NULL    |       |
+------------+-------------+------+-----+---------+-------+
```

2. 在表的第一列添加一个字段

实例 17 在 student01 数据表中添加一个 INT 类型的字段 new_sid，SQL 语句如下：

```
ALTER TABLE student01 ADD new_sid INT FIRST;
```

使用 DESC 查看 student01 表，会发现在表的第一列添加了一个名为 new_sid 的 INT 类型字段，结果如下：

```
mysql> DESC student01;
+------------+-------------+------+-----+---------+-------+
| Field      | Type        | Null | Key | Default | Extra |
+------------+-------------+------+-----+---------+-------+
| new_sid    | int         | YES  |     | NULL    |       |
| sid        | int         | YES  |     | NULL    |       |
| new_sname  | varchar(28) | YES  |     | NULL    |       |
| sex        | varchar(4)  | YES  |     | NULL    |       |
| smajor     | varchar(30) | YES  |     | NULL    |       |
| sbirthday  | varchar(30) | YES  |     | NULL    |       |
| city       | varchar(20) | YES  |     | NULL    |       |
+------------+-------------+------+-----+---------+-------+
```

3. 在表的指定列之后添加一个字段

实例 18 在 student01 数据表中 sex 列后添加一个 INT 类型的字段 age，SQL 语句如下：

```
ALTER TABLE student01 ADD age INT AFTER sex;
```

使用 DESC 查看 student01 表，会发现，在 student01 数据表 sex 列后添加了一个名为 age 的 INT 类型的字段，结果如下：

```
mysql> DESC student01;
+------------+-------------+------+-----+---------+-------+
| Field      | Type        | Null | Key | Default | Extra |
+------------+-------------+------+-----+---------+-------+
| new_sid    | int         | YES  |     | NULL    |       |
| sid        | int         | YES  |     | NULL    |       |
| new_sname  | varchar(28) | YES  |     | NULL    |       |
| sex        | varchar(4)  | YES  |     | NULL    |       |
| age        | int         | YES  |     | NULL    |       |
| smajor     | varchar(30) | YES  |     | NULL    |       |
| sbirthday  | varchar(30) | YES  |     | NULL    |       |
| city       | varchar(20) | YES  |     | NULL    |       |
+------------+-------------+------+-----+---------+-------+
```

4.3.5 修改字段的排列位置

对于一个数据表来说，在创建的时候，字段在表中的排列顺序就已经确定了。但表的结构并不是完全不可以改变的，可以通过 ALTER TABLE 语句来改变表中字段的相对位置。语法格式如下：

```
ALTER TABLE <表名> MODIFY <字段1> <数据类型> FIRST|AFTER <字段2>;
```

"字段 1"指要修改位置的字段，"数据类型"指"字段 1"的数据类型，FIRST 为可选参数，指将"字段 1"修改为表的第一个字段，"AFTER 字段 2"指将"字段 1"插入到

"字段 2"后面。

1. 修改字段为表的第一个字段

实例 19 将 student01 数据表中的 sid 字段修改为表的第一个字段，SQL 语句如下：

```
ALTER TABLE student01 MODIFY sid int FIRST;
```

使用 DESC 查看 student01 表，发现字段 sid 已经被移至表的第一列，结果如下：

```
mysql> DESC student01;
+------------+-------------+------+-----+---------+-------+
| Field      | Type        | Null | Key | Default | Extra |
+------------+-------------+------+-----+---------+-------+
| sid        | int         | YES  |     | NULL    |       |
| new_sid    | int         | YES  |     | NULL    |       |
| new_sname  | varchar(28) | YES  |     | NULL    |       |
| sex        | varchar(4)  | YES  |     | NULL    |       |
| age        | int         | YES  |     | NULL    |       |
| smajor     | varchar(30) | YES  |     | NULL    |       |
| sbirthday  | varchar(30) | YES  |     | NULL    |       |
| city       | varchar(20) | YES  |     | NULL    |       |
+------------+-------------+------+-----+---------+-------+
```

2. 修改字段到表的指定列之后

实例 20 将 student01 数据表中的 new_sname 字段插入 smajor 字段后面，执行语句如下：

```
ALTER TABLE student01 MODIFY new_sname VARCHAR(28) AFTER smajor;
```

使用 DESC 查看 student01 表，发现 sudent01 表中的字段 new_sname 已经被移至 smajor 字段之后，结果如下：

```
mysql> DESC student01;
+------------+-------------+------+-----+---------+-------+
| Field      | Type        | Null | Key | Default | Extra |
+------------+-------------+------+-----+---------+-------+
| sid        | int         | YES  |     | NULL    |       |
| new_sid    | int         | YES  |     | NULL    |       |
| sex        | varchar(4)  | YES  |     | NULL    |       |
| age        | int         | YES  |     | NULL    |       |
| smajor     | varchar(30) | YES  |     | NULL    |       |
| new_sname  | varchar(28) | YES  |     | NULL    |       |
| sbirthday  | varchar(30) | YES  |     | NULL    |       |
| city       | varchar(20) | YES  |     | NULL    |       |
+------------+-------------+------+-----+---------+-------+
```

4.3.6 删除字段

删除字段是指将数据表中的某个字段从表中移除，语法格式如下：

```
ALTER TABLE <表名> DROP <字段名>;
```

"字段名"指需要从表中删除的字段的名称。

实例 21 删除 student01 数据表中的 new_sid 字段，SQL 语句如下：

```
ALTER TABLE student01 DROP new_sid;
```

使用 DESC 查看 student01 表，发现 student01 表中已经不存在名为 new_sid 的字段，删除字段成功，结果如下：

```
mysql> DESC student01;
+-------------+-------------+------+-----+---------+-------+
| Field       | Type        | Null | Key | Default | Extra |
+-------------+-------------+------+-----+---------+-------+
| sid         | int         | YES  |     | NULL    |       |
| sex         | varchar(4)  | YES  |     | NULL    |       |
| age         | int         | YES  |     | NULL    |       |
| smajor      | varchar(30) | YES  |     | NULL    |       |
| new_sname   | varchar(28) | YES  |     | NULL    |       |
| sbirthday   | varchar(30) | YES  |     | NULL    |       |
| city        | varchar(20) | YES  |     | NULL    |       |
+-------------+-------------+------+-----+---------+-------+
```

4.3.7　更改表的存储引擎

通过前文的学习，知道了存储引擎是 MySQL 中的数据存储在文件或者内存中时采用的不同技术实现。读者可以根据自己的需要，选择不同的引擎，甚至可以为每一张表选择不同的存储引擎。MySQL 中的主要存储引擎有：MyISAM、InnoDB、MEMORY(HEAP)、BDB、FEDERATED 等。可以使用 SHOW ENGINES 语句查看系统支持的存储引擎。表 4-5 列出了 MySQL 所支持的存储引擎。

表 4-5　MySQL 支持的存储引擎

引擎名	是否支持
FEDERATED	否
MRG_MYISAM	是
MyISAM	是
BLACKHOLE	是
CSV	是
MEMORY	是
ARCHIVE	是
InnoDB	默认
PERFORMANCE_SCHEMA	是

更改表的存储引擎的语法格式如下：

```
ALTER TABLE <表名> ENGINE=<更改后的存储引擎名>;
```

实例 22　将 student01 数据表的存储引擎修改为 MyISAM。

在修改存储引擎之前，先使用 SHOW CREATE TABLE 查看表 student01 当前的存储引擎，结果如下：

```
mysql> SHOW CREATE TABLE student01 \G
*************************** 1. row ***************************
    Table: student01
```

```
Create Table: CREATE TABLE 'student01' (
  'sid' int DEFAULT NULL,
  'new_sid' int DEFAULT NULL,
  'sex' varchar(4) DEFAULT NULL,
  'age' int DEFAULT NULL,
  'smajor' varchar(30) DEFAULT NULL,
  'new_sname' varchar(28) DEFAULT NULL,
  'sbirthday' varchar(30) DEFAULT NULL,
  'city' varchar(20) DEFAULT NULL
) ENGINE=InnoDB DEFAULT CHARSET=utf8mb4 COLLATE=utf8mb4_0900_ai_ci
```

可以看到，student01 表当前的存储引擎为 ENGINE=InnoDB，接下来修改存储引擎类型，输入如下 SQL 语句并执行：

```
mysql> ALTER TABLE student01 ENGINE=MyISAM;
```

使用 SHOW CREATE TABLE 再次查看 student01 表的存储引擎，发现 student01 表的存储引擎变成了 MyISAM，结果如下：

```
mysql> SHOW CREATE TABLE student01 \G
*************************** 1. row ***************************
  Table: student01
Create Table: CREATE TABLE 'student01' (
  'sid' int DEFAULT NULL,
  'new_sid' int DEFAULT NULL,
  'sex' varchar(4) DEFAULT NULL,
  'age' int DEFAULT NULL,
  'smajor' varchar(30) DEFAULT NULL,
  'new_sname' varchar(28) DEFAULT NULL,
  'sbirthday' varchar(30) DEFAULT NULL,
  'city' varchar(20) DEFAULT NULL
) ENGINE=MyISAM DEFAULT CHARSET=utf8mb4 COLLATE=utf8mb4_0900_ai_ci
```

4.4　删除数据表

删除数据表就是将数据库中已经存在的表从数据库中删除。注意，在删除表的同时，表的定义和表中所有的数据均会被删除。因此，在进行删除操作前，最好对表中的数据做备份，以免造成无法挽回的后果。本节将详细讲解数据库表的删除方法。

4.4.1　删除没有被关联的表

在 MySQL 中，使用 DROP TABLE 可以一次删除一个或多个没有被其他表关联的数据表，语法格式如下：

```
DROP TABLE [IF EXISTS]表1, 表2, …, 表n;
```

其中"表 n"指要删除的表的名称，后面可以同时删除多个表，只需将要删除的表名称依次写在后面，相互之间用逗号隔开即可。如果要删除的数据表不存在，则 MySQL 会提示一条错误信息："ERROR 1051 (42S02): Unknown table '表名'"。参数 IF EXISTS 用于在删除前判断删除的表是否存在，加上该参数后，在删除表的时候，如果表不存在，SQL 语句可以顺利执行，但是会发出警告(warning)。

在前面的例子中，已经创建了名为 student01 的数据表，下面使用删除语句将该表删除。

实例 23 删除 student01 数据表，SQL 语句如下：

```
DROP TABLE IF EXISTS student01;
```

语句执行完毕之后，使用 **SHOW TABLES** 命令查看当前数据库中所有的表，SQL 语句如下：

```
mysql> SHOW TABLES;
Empty set (0.02 sec)
```

执行结果可以看到，数据表列表中已经不存在名称为 student01 的表，删除操作成功。

4.4.2 删除被其他表关联的主表

数据表之间存在外键关联的情况下，如果直接删除父表，结果会显示失败。原因是直接删除，将破坏表的参照完整性。如果必须要删除，可以先删除与它关联的子表，再删除父表，只是这样会同时删除两个表中的数据。有些情况下可能要保留子表，这时如果想单独删除父表，只需将关联的表的外键约束条件取消，然后就可以删除父表，下面讲解这种方法。

在数据库中创建两个关联表，首先，创建 tb_1 表，SQL 语句如下：

```
CREATE TABLE tb_1
(
    id      INT  PRIMARY KEY,
    name    VARCHAR(22)
);
```

接下来创建 tb_2 表，SQL 语句如下：

```
CREATE TABLE tb_2
(
    id      INT    PRIMARY KEY,
    name    VARCHAR(25),
    age     INT,
    CONSTRAINT fk_tb_dt FOREIGN KEY (id) REFERENCES tb_1(id)
);
```

使用 **SHOW CREATE TABLE** 命令查看 tb_2 表的外键约束，执行语句如下：

```
mysql> SHOW CREATE TABLE tb_2\G
*************************** 1. row ***************************
     Table: tb_2
Create Table: CREATE TABLE 'tb_2' (
 'id' int NOT NULL,
 'name' varchar(25) DEFAULT NULL,
 'age' int DEFAULT NULL,
 PRIMARY KEY ('id'),
 CONSTRAINT 'fk_tb_dt' FOREIGN KEY ('id') REFERENCES 'tb_1' ('id')
) ENGINE=InnoDB DEFAULT CHARSET=utf8mb4 COLLATE=utf8mb4_0900_ai_ci
```

从结果可以看到，在 tb_2 数据表上创建了一个名为 **fk_tb_dt** 的外键约束。

实例 24 删除被 tb_2 数据表关联的数据表 tb_1。

首先直接删除 tb_1 父表，输入删除语句如下：

```
mysql> DROP TABLE tb_1;
ERROR 3730 (HY000): Cannot drop table 'tb_1' referenced by a foreign key
constraint 'fk_tb_dt' on table 'tb_2'.
```

可以看到，如前文所述，在存在外键约束时，主表不能被直接删除。

接下来，解除关联子表 tb_2 的外键约束，SQL 语句如下：

```
ALTER TABLE tb_2 DROP FOREIGN KEY fk_tb_dt;
```

语句执行完毕后，将取消 tb_1 表和 tb_2 表之间的关联关系，此时，可以输入删除语句，将原来的父表 tb_1 删除，SQL 语句如下：

```
DROP TABLE tb_1;
```

最后通过 SHOW TABLES 语句查看数据表列表，结果如下：

```
mysql> show tables;
+------------------+
| Tables_in_school |
+------------------+
| tb_2             |
+------------------+
```

可以看到，数据表列表中已经不存在名称为 tb_1 的表。

4.5　疑难解惑

疑问 1：每一个表中都要有一个主键吗？

并不是每一个表中都需要主键的，一般地，如果多个表之间进行连接操作时，才需要用到主键。因此并不需要为每个表建立主键，而且有些情况最好不使用主键。

疑问 2：带 AUTO_INCREMENT 约束的字段值是从 1 开始的吗？

在 MySQL 中，AUTO_INCREMENT 的初始值是 1，每新添加一条记录，字段值自动加 1。设置自增属性(AUTO_INCREMENT)的时候，还可以指定第一条插入记录的自增字段的值，这样新插入的记录的自增字段值从初始值开始递增。添加唯一性的主键约束时，往往需要设置字段自动增加属性。

4.6　跟我学上机

上机练习 1：在数据库 company 中创建数据表。

创建 company 数据库，按照表 4-6 和表 4-7 给出的表结构在 company 数据库中创建 offices 表和 employees 表。

(1)　创建 company 数据库。

(2)　在 company 数据库中创建数据表，必须先选择该数据库。

(3)　创建 offices 表，并为 officeCode 字段添加主键约束。

(4) 使用 SHOW TABLES 语句查看数据库中的表。

(5) 创建 employees 表，并为 officeCode 字段添加外键约束。

(6) 使用 SHOW TABLES 语句查看数据库中的表。

(7) 检查表的结构是否按照要求创建，使用 DESC 分别查看 offices 表和 employees 表的结构。

表 4-6　offices 表结构

字 段 名	数据类型	主 键	外 键	非 空	唯 一	自 增
officeCode	INT(10)	是	否	是	是	否
city	INT(11)	否	否	是	否	否
address	VARCHAR(50)	否	否	否	否	否
country	VARCHAR(50)	否	否	是	否	否
postalCode	VARCHAR(25)	否	否	否	是	否

表 4-7　employees 表结构

字 段 名	数据类型	主 键	外 键	非 空	唯 一	自 增
employeeNumber	INT(11)	是	否	是	是	是
lastName	VARCHAR(50)	否	否	是	否	否
firstName	VARCHAR(50)	否	否	是	否	否
mobile	VARCHAR(25)	否	否	否	是	否
officeCode	VARCHAR(10)	否	是	是	否	否
jobTitle	VARCHAR(50)	否	否	是	否	否
birth	DATETIME	否	否	是	否	否
note	VARCHAR(255)	否	否	否	否	否
sex	VARCHAR(5)	否	否	否	否	否

上机练习 2：修改 company 数据库中的数据表。

(1) 将 employees 表的 mobile 字段修改到 officeCode 字段的后面。

(2) 使用 DESC 查看数据表修改后的结果。

(3) 将 employees 表的 birth 字段改名为 employee_birth。

(4) 使用 DESC 查看数据表修改后的结果。

(5) 修改 employees 表中的 sex 字段，数据类型为 CHAR(1)，非空约束。

(6) 使用 DESC 查看数据表修改后的结果。

(7) 删除字段 employees 表中的字段 note。

(8) 使用 DESC employees 语句查看数据表字段删除后的结果。

(9) 在 employees 表中增加字段名 favoriate_activity，数据类型为 VARCHAR(100)。

(10) 使用 DESC employees 语句查看增加字段后的数据表。

(11) 删除 offices 表。

(12) 修改 employees 表存储引擎为 MyISAM。

(13) 使用 SHOW CREATE TABLE 语句查看表结构。

(14) 将 employees 表名称修改为 employees_info。

(15) 使用 SHOW TABLES 语句查看数据表列表。可以看到数据库中已经没有名称为 employees 的数据表。

第5章

数据类型与运算符

数据库表由多列字段构成，每一个字段指定了不同的数据类型。指定字段的数据类型之后，也就决定了向字段插入的数据内容，不同的数据类型也决定了 MySQL 在存储数据的时候使用的方式，以及在使用数据的时候选择什么运算符号进行运算。本章将介绍 MySQL 中的数据类型和常见的运算符。

本章要点(已掌握的在方框中打勾)

☐ 熟悉常见数据类型的概念和区别
☐ 掌握如何选择数据类型
☐ 熟悉常见运算符的概念和区别

5.1 MySQL 数据类型

MySQL 支持多种数据类型,包括数值类型、浮点型、日期/时间类型和字符串(字符)类型等。

5.1.1 整数类型

MySQL 提供多种整数类型,不同的数据类型提供的取值范围不同,可以存储的值的范围越大,其所需要的存储空间也就越大,因此要根据实际需求选择适合的数据类型。表 5-1 所示为 MySQL 中的整数类型。

表 5-1　MySQL 中的整数类型

类型名称	说　明	存储需求	有符号数取值范围	无符号数取值范围
TINYINT	很小的整数	1 字节	−128~127	0~255
SMALLINT	小的整数	2 字节	−32 768~32 767	0~65 535
MEDIUMINT	中等大小的整数	3 字节	−8 388 608~8 388 607	0~16 777 215
INT(INTEGER)	普通大小的整数	4 字节	−2 147 483 648~2 147 483 647	0~4 294 967 295
BIGINT	大整数	8 字节	−9 223 372 036 854 775 808~9 223 372 036 854 775 807	0~18 446 744 073 709 551 615

实例 1　将数据表的字段定义为整数类型

创建 tmp1 表,定义字段 a、b、c、d、e 数据类型依次为 TINYINT、SMALLINT、MEDIUMINT、INT、BIGINT,执行语句如下:

```
CREATE TABLE tmp1
(
    a    TINYINT,
    b    SMALLINT,
    c    MEDIUMINT,
    d    INT,
    e    BIGINT
);
```

上述语句执行成功之后,使用 DESC 查看表结构,执行结果如下:

```
mysql>DESC tmp1;
+-------+-----------+------+-----+---------+-------+
| Field | Type      | Null | Key | Default | Extra |
+-------+-----------+------+-----+---------+-------+
| a     | tinyint   | YES  |     | NULL    |       |
| b     | smallint  | YES  |     | NULL    |       |
| c     | mediumint | YES  |     | NULL    |       |
| d     | int       | YES  |     | NULL    |       |
```

```
| e       | bigint      | YES   |       | NULL        |       |
+---------+-------------+-------+-------+-------------+-------+
```

 不同的整数类型的取值范围不同，所需的存储空间也不同，因此，在定义数据表的时候，要根据实际需求选择最合适的类型，这样做有利于节约存储空间，还有利于提高查询效率。

5.1.2　浮点数类型和定点数类型

现实生活中很多情况需要存储带有小数部分的数值，这就需要浮点数类型，如 FLOAT 和 DOUBLE。其中，FLOAT 为单精度浮点数类型，DOUBLE 为双精度浮点数类型。浮点数类型可以用(M，D)来表示，其中 M 称为精度，表示总共的位数；D 称为标度，表示小数的位数。表 5-2 所示为 MySQL 中的浮点数类型。

表 5-2　MySQL 中的浮点数类型

类型名称	存储需求	有符号的取值范围	无符号的取值范围
FLOAT	4 字节	$-3.402823466E+38 \sim$ $-1.175494351E-38$	0 和 $1.175494351E-38 \sim$ $3.402823466E+38$
DOUBLE	8 字节	$-1.7976931348623157E+308 \sim$ $-2.2250738585072014E-308$	0 和 $2.2250738585072014E-308 \sim$ $1.7976931348623157E+308$

 M 和 D 在 FLOAT 和 DOUBLE 中是可选的，FLOAT 和 DOUBLE 类型将被保存为硬件所支持的最大精度。

在 MySQL 中，除使用浮点数类型表示小数外，还可以使用定点数表示小数，定点数类型只有一种：DECIMAL。定点数类型也可以用(M，D)来表示，其中 M 称为精度，表示总共的位数；D 称为标度，表示小数的位数。DECIMAL 的默认 D 值为 0，M 值为 10。表 5-3 所示为 MySQL 中的定点数类型。

表 5-3　MySQL 中的定点数类型

类型名称	说　明	存储需求
DECIMAL(M，D)，DEC	压缩的"严格"定点数	M+2 个字节

DECIMAL 类型不同于 FLOAT 和 DOUBLE，DECIMAL 实际是以字符串存储的。DECIMAL 有效的取值范围由 M 和 D 的值决定。如果改变 M 而固定 D，则其取值范围将随 M 的变大而变大。如果固定 M 而改变 D，则其取值范围将随 D 的变大而变小(但精度增加)。由此可见，DECIMAL 的存储空间并不是固定的，而是由其精度值 M 决定，占用 M+2 个字节。

实例 2　**将数据表的字段定义为浮点数类型**

创建 tmp2 表，其中字段 x、y、z 数据类型依次为 FLOAT(5,1)、DOUBLE(5,1) 和 DECIMAL(5,1)，向表中插入数据 3.14、7.15 和 3.1415，执行语句如下：

```
CREATE TABLE tmp2
(
    x  FLOAT(5,1),
    y  DOUBLE(5,1),
    z  DECIMAL(5,1)
);
```

接着向表中插入数据：

```
mysql>INSERT INTO tmp2 VALUES(3.14, 7.15, 3.1415);
Query OK, 1 row affected, 1 warning (0.29 sec)
```

可以看到，在插入数据时，MySQL 给出了一个警告信息，使用 SHOW WARNINGS;语句
查看警告信息，执行结果如下：

```
mysql> SHOW WARNINGS;
+-------+------+------------------------------------------------+
| Level | Code | Message                                        |
+-------+------+------------------------------------------------+
| Error | 1265 | Data truncated for column 'z' at row 1         |
+-------+------+------------------------------------------------+
1 row in set (0.00 sec)
```

从执行结果中可以看到 FLOAT 和 DOUBLE 在进行四舍五入时没有给出警告，而给出 z 字
段数值被截断的警告，查看数据记录如下：

```
mysql> SELECT * FROM tmp2;
+------+------+------+
| x    | y    | z    |
+------+------+------+
|  3.1 |  7.2 |  3.1 |
+------+------+------+
```

因此，FLOAT 和 DOUBLE 在不指定精度时，默认会按照实际的精度(由计算机硬件和操
作系统决定)，DECIMAL 如果不指定精度则默认为(10, 0)。

提示 　　　浮点数相对于定点数的优点是在长度一定的情况下，浮点数能够表示更大的数
据范围，其缺点是会引起精度问题。

5.1.3　日期类型与时间类型

在 MySQL 中，表示时间值的日期类型和时间类型为 DATETIME 、DATE 、
TIMESTAMP、TIME 和 YEAR。例如，只需记录年份信息时，可以只用 YEAR 类型，而没有
必要使用 DATE。每一个类型都有合法的取值范围，当插入不合法的值时，系统会将"零"
值插入字段中。表 5-4 为 MySQL 中的日期类型和时间类型。

表 5-4　MySQL 中的日期类型和时间类型

类型名称	日期格式	日期范围	存储需求
YEAR	YYYY	1901~2155	1 字节
TIME	HH:MM:SS	−838:59:59 ~ 838:59:59	3 字节

续表

类型名称	日期格式	日期范围	存储需求
DATE	YYYY-MM-DD	1000-01-01 ～ 9999-12-31	3 字节
DATETIME	YYYY-MM-DD HH:MM:SS	1000-01-01 00:00:00 ～ 9999-12-31 23:59:59	8 字节
TIMESTAMP	YYYY-MM-DD HH:MM:SS	1970-01-01 00:00:01 UTC～ 2038-01-19 03:14:07 UTC	4 字节

1. YEAR 类型

YEAR 类型是一个单字节类型，用于表示年，在存储时只需要 1 个字节。可以使用各种格式指定 YEAR 值，如下所示：

(1) 以 4 位字符串或者 4 位数字格式表示的 YEAR，范围为'1901'～'2155'。输入格式为'YYYY'或者 YYYY，例如，输入'2010'或 2010，插入数据库的值均为'2010'。

(2) 以 2 位字符串格式表示的 YEAR，范围为'00'到'99'。'00'～'69'和'70'～'99'范围的值分别被转换为 2000～2069 和 1970～1999 范围的 YEAR 值。'0'与'00'的作用相同。插入超过取值范围的值将被转换为 2000。

(3) 以 2 位数字表示的 YEAR，范围为 1～99。1～69 和 70～99 范围的值分别被转换为 2001～2069 和 1970～1999 范围的 YEAR 值。注意：在这里 0 值将被转换为 0000，而不是 2000。

提示

两位整数范围与两位字符串范围稍有不同，例如，插入 2000 年，读者可能会使用数字格式的 0 表示 YEAR。实际上，插入数据库的值为 0000，而不是所希望的 2000。只有使用字符串格式的'0'或'00'，才可以被正确解释为 2000。非法 YEAR 值将被转换为 0000。

2. TIME 类型

TIME 类型用在只需要时间信息的值，在存储时需要 3 个字节。格式为'HH:MM:SS'。HH 表示小时；MM 表示分钟；SS 表示秒。TIME 类型的取值范围为-838:59:59 ～838:59:59，小时部分会如此大的原因是 TIME 类型不仅可以表示一天的时间(必须小于 24 小时)，还可以表示某个事件过去的时间或两个事件之间的时间间隔(可以大于 24 小时，或者甚至为负)。可以使用各种格式指定 TIME 值，具体如下所述。

(1) 'D HH:MM:SS'格式的字符串。还可以使用下面任何一种"非严格"的语法：'HH:MM:SS'、'HH:MM'、'D HH:MM'、'D HH'或'SS'。这里的 D 表示日，可以取 0~34 的值。在插入数据库时，D 被转换为小时保存，格式为"D*24 + HH"。

(2) 'HHMMSS'格式的、没有间隔符的字符串或者 HHMMSS 格式的数值，假定是有意义的时间。例如，'101112'被理解为'10:11:12'，但'109712'是不合法的(它有一个没有意义的分钟部分)，存储时将变为 00:00:00。

为 TIME 列分配简写值时应注意：如果没有冒号，MySQL 解释值时，假定最右边的两位表示秒。(MySQL 解释 TIME 值为过去的时间而不是当天的时间)。例如，读者可能认为'1112'和 1112 表示 11:12:00(即 11 点过 12 分)，但 MySQL 将它们解释为 00:11:12(即 11 分 12 秒)。同样'12'和 12 被解释为 00:00:12。相反，TIME 值中如果使用冒号则肯定被看作当天的时间。也就是说，'11:12'表示 11:12:00，而不是00:11:12。

3. DATE 类型

DATE 类型用在仅需要日期值时，没有时间部分，在存储时需要 3 个字节。日期格式为'YYYY-MM-DD'。其中 YYYY 表示年；MM 表示月；DD 表示日。在给 DATE 类型的字段赋值时，可以使用字符串类型或者数字类型的数据插入，只要符合 DATE 的日期格式即可，具体如下所述。

(1) 以'YYYY-MM-DD'或者'YYYYMMDD'字符串格式表示的日期，取值范围为'1000-01-01'～'9999-12-31'。例如，输入'2012-12-31'或者'20121231'，插入数据库的日期都为 2012-12-31。

(2) 以'YY-MM-DD'或者'YYMMDD'字符串格式表示的日期，在这里 YY 表示两位的年值。包含两位年值的日期会令人困惑，因为不知道是哪个世纪。MySQL 使用以下规则解释两位年值：'00～69'范围的年值转换为'2000～2069'；'70～99'范围的年值转换为'1970～1999'。例如，输入'12-12-31'，插入数据库的日期为 2012-12-31；输入'981231'，插入数据库的日期为1998-12-31。

(3) 以 YY-MM-DD 或者 YYMMDD 数字格式表示的日期，与前文相似，'00～69'范围的年值转换为'2000～2069'；'70～99'范围的年值转换为'1970～1999'。例如，输入'12-12-31'插入数据库的日期为'2012-12-31'；输入'981231'，插入数据库的日期为'1998-12-31'。

(4) 使用 CURRENT_DATE 或者 NOW()，插入当前系统日期。

MySQL 允许"不严格"语法：任何标点符号都可以用作日期部分之间的间隔符。例如，'98-11-31'、'98.11.31'、'98/11/31'和'98@11@31'是等价的，这些值也可以正确地插入数据库。

4. DATETIME 类型

DATETIME 类型用于需要同时包含日期和时间信息的值，在存储时需要 8 个字节。日期格式为'YYYY-MM-DD HH:MM:SS'，其中 YYYY 表示年；MM 表示月；DD 表示日；HH 表示小时；MM 表示分钟；SS 表示秒。在给 DATETIME 类型的字段赋值时，可以使用字符串类型或者数字类型的数据插入，只要符合 DATETIME 的日期格式即可，具体如下所述。

(1) 以'YYYY-MM-DD HH:MM:SS'或者'YYYYMMDDHHMMSS'字符串格式表示的值，取值范围为'1000-01-01 00:00:00'～'9999-12-31 23:59:59'。例如，输入'2012-12-31 05: 05: 05'或者'20121231050505'，插入数据库的 DATETIME 值都为 2012-12-31 05: 05: 05。

(2) 以'YY-MM-DD HH:MM:SS'或者'YYMMDDHHMMSS'字符串格式表示的日期，在这里 YY 表示两位的年值。与前文相同，'00～69'范围的年值转换为'2000～2069'；'70～99'范围的年值转换为'1970～1999'。例如，输入'12-12-31 05: 05: 05'，插入数据库的 DATETIME 为'2012-12-31 05: 05: 05'；输入'980505050505'，插入数据库的 DATETIME 为'1998-05-05 05: 05: 05'。

（3）以 YYYYMMDDHHMMSS 或者 YYMMDDHHMMSS 数字格式表示的日期和时间，例如，输入'20121231050505'，插入数据库的 DATETIME 为'2012-12-31 05:05:05'；输入'980505050505'，插入数据库的 DATETIME 为'1998-05-05 05: 05: 05'。

5. TIMESTAMP 类型

TIMESTAMP 的显示格式与 DATETIME 相同，显示宽度固定在 19 个字符，日期格式为 YYYY-MM-DD HH:MM:SS，在存储时需要 4 个字节。但是 TIMESTAMP 列的取值范围小于 DATETIME 的取值范围，为'1970-01-01 00:00:01' UTC～'2038-01-19 03:14:07' UTC，其中，UTC(Coordinated Universal Time)，为世界标准时间，因此在插入数据时，要保证在合法的取值范围内。

如果为一个 DATETIME 或 TIMESTAMP 对象分配一个 DATE 值，结果值的时间部分被设置为'00:00:00'，因为 DATE 值未包含时间信息。如果为一个 DATE 对象分配一个 DATETIME 或 TIMESTAMP 值，结果值的时间部分被删除，因为 DATE 值未包含时间信息。

 TIMESTAMP 与 DATETIME 除了存储字节和支持的范围不同外，还有一个最大的区别就是：DATETIME 在存储日期数据时，按实际输入的格式存储，即输入什么就存储什么，与时区无关；而 TIMESTAMP 值的存储是以 UTC 格式保存的，存储时对当前时区进行转换，检索时再转换回当前时区。即查询时，根据当前时区的不同，显示的时间值是不同的。

实例3　向数据表中插入日期和时间

创建 tmp3 数据表，定义数据类型为 DATETIME 的字段 dt，向表中插入"YYYY-MM-DD HH:MM:SS"和"YYYYMMDDHHMMSS"字符串格式日期和时间值，执行语句如下：

首先创建 tmp3 表：

```
mysql> CREATE TABLE tmp3( dt DATETIME );
```

向表中插入"YYYY-MM-DD HH:MM:SS"和"YYYYMMDDHHMMSS"格式日期：

```
mysql> INSERT INTO tmp3 values('2020-08-08
08:08:08'),('20200808080808'),('20111010101010');
```

查看插入结果：

```
mysql> SELECT * FROM tmp3;
+---------------------+
| dt                  |
+---------------------+
| 2020-08-08 08:08:08 |
| 2020-08-08 08:08:08 |
| 2011-10-10 10:10:10 |
+---------------------+
```

可以看到,各个不同类型的日期值都正确地插入数据表中了。

5.1.4 字符串类型

字符串类型用于存储字符串数据,MySQL 支持两类字符串数据:文本字符串和二进制字符串。文本字符串可以进行区分或不区分大小写的串比较,也可以进行模式匹配查找。MySQL 中字符串类型是指 CHAR、VARCHAR、TINYTEXT、TEXT、MEDIUMTEXT、LONGTEXT、ENUM 和 SET。表 5-5 列出了 MySQL 中的字符串数据类型。

表 5-5　MySQL 中的字符串数据类型

类型名称	说　明	存储需求
CHAR(M)	固定长度非二进制字符串	M 字节,1≤M≤255
VARCHAR(M)	变长非二进制字符串	L+1 字节,在此 L≤M 和 1≤M≤255
TINYTEXT	非常小的非二进制字符串	L+1 字节,在此 $L<2^8$
TEXT	小的非二进制字符串	L+2 字节,在此 $L<2^{16}$
MEDIUMTEXT	中等大小的非二进制字符串	L+3 字节,在此 $L<2^{24}$
LONGTEXT	大的非二进制字符串	L+4 字节,在此 $L<2^{32}$

 注意　　VARCHAR 和 TEXT 类型是变长类型,他们的存储需求取决于值的实际长度(在表格中用 L 表示),而不是取决于类型的最大可能长度。例如,一个 VARCHAR(10) 字段能保存最大长度为 10 个字符的一个字符串,实际的存储需求是字符串的长度 L,加上 1 个字节以记录字符串的长度。例如,字符串"teacher",L 是 7,而存储需求是 8 个字节。

1. CHAR 和 VARCHAR 类型

CHAR(M)为固定长度字符串,在定义时指定字符串列长。当保存时在右侧填充空格以达到指定的长度。M 表示列长度,M 的范围为 0~255 个字符。例如,CHAR(4)定义了一个固定长度的字符串列,其包含的字符个数最大为 4。当检索到 CHAR 值时,尾部的空格将被删除掉。

VARCHAR(M)是长度可变的字符串,M 表示最大列长度。M 的范围为 0~65 535。VARCHAR 的最大实际长度由最长的行的大小和使用的字符集确定,而其实际占用的空间为字符串的实际长度加 1。例如,VARCHAR(50)定义了一个最大长度为 50 的字符串,如果插入的字符串只有 10 个字符,则实际存储的字符串为 10 个字符和一个字符串结束字符。VARCHAR 在值保存和检索时尾部的空格仍保留。

实例 4　举例说明 CHAR 和 VARCHAR 类型的区别

下面将不同字符串保存到 CHAR(4)和 VARCHAR(4)列,说明 CHAR 和 VARCHAR 之间的差别,如表 5-6 所示。

表 5-6　CHAR(4)与 VARCHAR(4)存储区别

插入值	CHAR(4)	存储需求	VARCHAR(4)	存储需求
''	'　　'	4 字节	''	1 字节
'ab'	'ab　'	4 字节	'ab'	3 字节
'abc'	'abc'	4 字节	'abc'	4 字节
'abcd'	'abcd'	4 字节	'abcd'	5 字节
'abcdef'	'abcd'	4 字节	'abcd'	5 字节

从对比结果可以看到，CHAR(4)定义了固定长度为 4 的列，不管存入的数据长度为多少，所占用的空间均为 4 个字节。VARCHAR(4)定义的列所占的字节数为实际长度加 1。

当查询时，CHAR(4)和 VARCHAR(4)的值并不一定相同，创建 tmp4 表，定义字段 ch 和 vch 数据类型依次为 CHAR(4)、VARCHAR(4)，向表中插入数据"ab　"，执行语句如下：

创建表 tmp4：

```
CREATE TABLE tmp4
(
    ch  CHAR(4),
    vch VARCHAR(4)
);
```

插入数据：

```
mysql> INSERT INTO tmp4 VALUES('ab ', 'ab ');
```

查询结果：

```
mysql> SELECT concat('(', ch, ')'), concat('(',vch,')') FROM tmp4;
+----------------------+----------------------+
| concat('(', ch, ')') | concat('(',vch,')')  |
+----------------------+----------------------+
| (ab)                 | (ab )                |
+----------------------+----------------------+
1 row in set (0.00 sec)
```

从查询结果可以看到，ch 在保存"ab　"时将末尾的两个空格删除了，而 vch 字段保留了末尾的两个空格。

2. TEXT 类型

TEXT 列保存非二进制字符串，如文章内容、评论等。当保存或查询 TEXT 列的值时，不删除尾部空格。TEXT 类型分为 4 种：TINYTEXT、TEXT、MEDIUMTEXT 和 LONGTEXT。不同的 TEXT 类型的存储空间和数据长度不同。

(1) TINYTEXT 最大长度为 255(2^8–1)字符的 TEXT 列。

(2) TEXT 最大长度为 65 535(2^{16}–1)字符的 TEXT 列。

(3) MEDIUMTEXT 最大长度为 16 777 215(2^{24}–1)字符的 TEXT 列。

(4) LONGTEXT 最大长度为 4 294 967 295 或 4GB(2^{32}–1)字符的 TEXT 列。

另外，MySQL 提供了大量的数据类型，为了优化存储，提高数据库性能，在不同情况下应使用最精确的类型。当需要选择数据类型时，在可以表示该字段值的所有类型中，应当使用占存储空间最少的数据类型。因为这样不仅可以减少存储(内存、磁盘)空间，而且可以在数据计算时减轻 CPU 的负载。

5.1.5 二进制类型

MySQL 中的二进制数据类型有：BIT、BINARY、VARBINARY、TINYBLOB、BLOB、MEDIUMBLOB 和 LONGBLOB。表 5-7 列出了 MySQL 中的二进制数据类型。

表 5-7 MySQL 中的二进制数据类型

类型名称	说 明	存储需求
BIT(M)	位字段类型	大约(M+7)/8 个字节
BINARY(M)	固定长度二进制字符串	M 个字节
VARBINARY(M)	可变长度二进制字符串	M+1 个字节
TINYBLOB(M)	非常小的 BLOB	L+1 字节，在此 L<2^8
BLOB(M)	小的 BLOB	L+2 字节，在此 L<2^16
MEDIUMBLOB(M)	中等大小的 BLOB	L+3 字节，在此 L<2^24
LONGBLOB(M)	非常大的 BLOB	L+4 字节，在此 L<2^32

1. BIT 类型

BIT 为位字段类型。M 表示每个值的位数，范围为 1~64。如果 M 被省略，默认为 1。如果为 BIT(M)列分配的值的长度小于 M 位，在值的左边用 0 填充。例如，为 BIT(6)列分配一个值 b'101'，其效果与分配 b'000101'相同。BIT 数据类型用来保存位字段值，例如，以二进制的形式保存数据 13，13 的二进制形式为 1101，在这里需要位数至少为 4 位的 BIT 类型，即可以定义列类型为BIT(4)。大于二进制 1111 的数据是不能插入 BIT(4)类型的字段中的。

 注意

在默认情况下，MySQL 不可以插入超出该列允许范围的值，因而插入的数据要确保插入的值在指定的范围内。

2. BINARY 和 VARBINARY 类型

BINARY 和 VARBINARY 类型类似于 CHAR 和 VARCHAR，不同的是它们包含二进制字节字符串。其使用的语法格式如下：

列名称 BINARY(M) 或者 VARBINARY(M)

BINARY 类型的长度是固定的，指定长度之后，不足最大长度的，将在它们右边填充'\0'补齐以达到指定长度。例如，指定列数据类型为 BINARY(3)，当插入'a'时，存储的内容实际为'a\0\0'，当插入'ab'时，实际存储的内容为'ab\0'，不管存储的内容是否达到指定的长度，其存储空间均为指定的值 M。

VARBINARY 类型的长度是可变的，指定好长度之后，其长度可以在 0 到最大值之间。例如，指定列数据类型为 VARBINARY(20)，如果插入的值的长度只有 10，则实际存储空间为 10 加 1，即其实际占用的空间为字符串的实际长度加 1。

实例 5　举例说明 BINARY 和 VARBINARY 类型的区别

创建表 tmp5，定义 BINARY(3)类型的字段 b 和 VARBINARY(3)类型的字段 vb，并向表中插入数据'5'，比较两个字段的存储空间。

首先创建表 tmp5，执行语句如下：

```
CREATE TABLE tmp5
(
    b binary(3),
    vb varbinary(30)
);
```

插入数据：

```
mysql> INSERT INTO tmp5 VALUES(5,5);
```

查看两个字段存储数据的长度：

```
mysql> SELECT length(b), length(vb) FROM tmp5;
+-----------+------------+
| length(b) | length(vb) |
+-----------+------------+
|     3     |     1      |
+-----------+------------+
```

由结果可知，b 字段的数据长度为 3，而 vb 字段的数据长度仅为插入的一个字符的长度 1。如果想要进一步确认'5'在两个字段中不同的存储方式，执行语句如下：

```
mysql> SELECT b,vb,b = '5', b='5\0\0',vb='5',vb = '5\0\0' FROM tmp5;
```

执行结果如下：

```
+------+------+---------+-----------+--------+-------------+
| b    | vb   | b = '5' | b='5\0\0' | vb='5' | vb = '5\0\0' |
+------+------+---------+-----------+--------+-------------+
| 5    | 5    |    0    |     1     |    1   |      0      |
+------+------+---------+-----------+--------+-------------+
```

由执行结果可知，b 字段和 vb 字段的长度是截然不同的，因为 b 字段不足的空间填充了'\0'，而 vb 字段则没有填充。

3. BLOB 类型

BLOB 是一个二进制大对象，用来存储可变数量的数据。BLOB 类型分为 4 种：TINYBLOB、BLOB、MEDIUMBLOB 和 LONGBLOB，它们可容纳值的最大长度不同，如表 5-8 所示。

表 5-8　BLOB 类型的存储范围

数据类型	存储范围
TINYBLOB	最大长度为 255(2^8−1)字节
BLOB	最大长度为 65 535(2^{16}−1)字节
MEDIUMBLOB	最大长度为 16 777 215(2^{24}−1)字节
LONGBLOB	最大长度为 4 294 967 295 或 4GB(2^{32}−1)字节

BLOB 列存储的是二进制字符串(字节字符串)；TEXT 列存储的是非二进制字符串(字符字

符串)。BLOB 列没有字符集，并且排序和比较基于列值字节的数值；TEXT 列有一个字符集，并且根据字符集对值进行排序和比较。

5.1.6　复合数据类型

MySQL 数据库执行两种复合数据类型，分别是 ENUM 类型和 SET 类型，它们扩展了 SQL 规范。虽然这些类型在技术上是字符串类型，但是可以被视为不同的数据类型。

一个 ENUM 类型只允许从一个集合中取得一个值，而 SET 类型允许从一个集合中取得任意多个值。

1. ENUM 类型

ENUM 是一个字符串对象，其值为表创建时在列规定中枚举的一列值。语法格式如下：

```
字段名 ENUM('值1','值2',... '值n')
```

字段名指将要定义的字段，值 n 指枚举列表中的第 n 个值。ENUM 类型的字段在取值时，只能在指定的枚举列表中取，而且一次只能取一个。如果创建的成员中有空格时，其尾部的空格将自动被删除。ENUM 值在内部用整数表示，每个枚举值均有一个索引值：列表值所允许的成员值从 1 开始编号，MySQL 存储的就是这个索引编号。枚举最多可以有 65 535 个元素。

例如，定义 ENUM 类型的列('first', 'second', 'third')，该列可以取的值和每个值的索引如表 5-9 所示。

表 5-9　ENUM 类型的取值范围

值	索　引
NULL	NULL
''	0
'first'	1
'second'	2
'third'	3

ENUM 值依照列索引顺序排列，并且空字符串排在非空字符串前，NULL 值排在其他所有的枚举值前。

实例6　ENUM 数据类型的应用

创建表 tmp6，定义 ENUM 类型的列 enm('first', 'second', 'third')，查看列成员的索引值。首先，创建 tmp6 表：

```
CREATE TABLE tmp6
(
    enm  ENUM('first','second','third')
);
```

插入各个列值：

```
mysql> INSERT INTO tmp6 values('first'),('second') ,('third') , (NULL);
```

查看索引值：

```
mysql> SELECT enm, enm+0 FROM tmp6;
+---------+--------+
| enm     | enm+0  |
+---------+--------+
| first   |     1  |
| second  |     2  |
| third   |     3  |
| NULL    |  NULL  |
+---------+--------+
```

2. SET 类型

SET 是一个字符串对象，可以有零或多个值，SET 列最多可以有 64 个成员，其值为表创建时规定的一列值。指定包括多个 SET 成员的 SET 列值时，各成员之间用逗号间隔开。语法格式如下：

```
SET('值1','值2',... '值n')
```

与 ENUM 类型相同，SET 值在内部用整数表示，列表中每一个值都有一个索引编号。当创建表时，SET 成员值的尾部空格将自动被删除。但与 ENUM 类型不同的是，ENUM 类型的字段只能从定义的列值中选择一个值插入，而 SET 类型的列可从定义的列值中选择多个字符的联合。

如果插入 SET 字段中的列值有重复，则 MySQL 自动删除重复的值；插入 SET 字段的值的顺序并不重要，MySQL 会在存入数据库时，按照定义的顺序显示；如果插入了不正确的值，在默认情况下，MySQL 将忽视这些值，并给出警告。

实例 7 SET 数据类型的应用

创建表 tmp7，定义 SET 类型的字段 s，取值列表为('a', 'b', 'c', 'd')，插入数据('a')，('a,b,a')，('c,a,d')，('a,x,b,y')。

首先创建表 tmp7：

```
mysql> CREATE TABLE tmp7 ( s SET('a', 'b', 'c', 'd'));
```

插入数据：

```
mysql> INSERT INTO tmp7 values('a'),( 'a,b,a'),('c,a,d');
```

再次插入数据：

```
mysql> INSERT INTO tmp7 values ('a,x,b,y');
ERROR 1265 (01000): Data truncated for column 's' at row 1
```

由于插入了 SET 列不支持的值，因此 MySQL 给出错误提示。

查看结果：

```
mysql> SELECT * FROM tmp7;
+--------+
| s      |
+--------+
```

```
| a      |
| a,b    |
| a,c,d  |
+--------+
```

由结果可知，对于 SET 来说，如果插入的值为重复的，则只取一个，例如"a,b,a"，则结果为"a,b"；如果插入了不按顺序排列的值，则自动按顺序插入，例如"c,a,d"，结果为"a,c,d"；如果插入了不正确的值，则该值将被阻止插入，例如，插入值"a,x,b,y"。

5.2　选择数据类型

MySQL 提供了大量的数据类型，为了优化存储，提高数据库性能，在任何情况下均应使用最精确的类型。即在所有可以表示该列值的类型中，该类型使用的存储最少。

1. 整数和浮点数

如果不需要小数部分，则使用整数来保存数据；如果需要表示小数部分，则使用浮点数类型。对于浮点数据列，存入的数值会对该列定义的小数位进行四舍五入。例如，如果列的值的范围为 1~99999，若使用整数，则 MEDIUMINT UNSIGNED 是最好的类型；若需要存储小数，则使用 FLOAT 类型。

浮点数类型包括 FLOAT 和 DOUBLE 类型。DOUBLE 类型精度比 FLOAT 类型高，因此，如要求存储精度较高时，应选择 DOUBLE 类型。

2. 浮点数和定点数

浮点数 FLOAT 和 DOUBLE 相对于定点数 DECIMAL 的优势是：在长度一定的情况下，浮点数能表示更大的数据范围。但是由于浮点数容易产生误差，因此对精确度要求比较高时，建议使用 DECIMAL 来存储。DECIMAL 在 MySQL 中是以字符串存储的，用于定义货币等对精确度要求较高的数据。在数据迁移中，float(M,D)是非标准 SQL 定义，数据库迁移可能会出现问题，最好不要这样使用。另外两个浮点数进行减法和比较运算时也容易出现问题，因此在进行计算的时候，一定要小心。如果进行数值比较，最好使用 DECIMAL 类型。

3. 日期与时间类型

MySQL 对于不同种类的日期和时间有很多的数据类型，比如 YEAR 和 TIME。如果只需要记录年份，则使用 YEAR 类型即可；如果只记录时间，只须使用 TIME 类型。

如果需要同时记录日期和时间，则可以使用 TIMESTAMP 或者 DATETIME 类型。由于 TIMESTAMP 列的取值范围小于 DATETIME 列的取值范围，因此存储范围较大的日期最好使用 DATETIME。

TIMESTAMP 有一个 DATETIME 不具备的属性。在默认的情况下，当插入一条记录但并没有指定 TIMESTAMP 列的值时，MySQL 会把 TIMESTAMP 列设为当前的时间。因此，当需要插入记录的同时插入当前时间，使用 TIMESTAMP 是方便的，另外 TIMESTAMP 在空间上比 DATETIME 更有效。

4. CHAR 与 VARCHAR

CHAR 和 VARCHAR 的区别如下。

(1) CHAR 为固定长度字符，VARCHAR 是可变长度字符。

(2) CHAR 会自动删除插入数据的尾部空格，VARCHAR 不会删除尾部空格。

(3) CHAR 为固定长度字符，所以它的处理速度比 VARCHAR 的处理速度要快，但是它的缺点是浪费存储空间。所以对存储空间不大，但在处理速度上有要求的可以使用 CHAR 类型，反之可以使用 VARCHAR 类型来实现。

存储引擎对于选择 CHAR 和 VARCHAR 有如下影响。

(1) MyISAM 存储引擎：最好使用固定长度的数据列代替可变长度的数据列。这样可以使整个表静态化，从而使数据检索更快，用空间换时间。

(2) InnoDB 存储引擎：使用可变长度的数据列，因为 InnoDB 数据表的存储格式不分固定长度和可变长度，因此使用 CHAR 不一定比使用 VARCHAR 更好，但由于 VARCHAR 是按照实际的长度存储，比较节省空间，所以对磁盘 I/O 和数据存储总量比较好。

5. ENUM 和 SET

ENUM 只能取单值，它的数据列表是一个枚举集合。它的合法取值列表最多允许有 65 535 个成员。因此，在需要从多个值中选取一个时，可以使用 ENUM。例如，性别字段适合定义为 ENUM 类型，每次只能从'男'或'女'中取一个值。

SET 可取多值。它的合法取值列表最多允许有 64 个成员。空字符串也是一个合法的 SET 值。在需要取多个值的时候，适合使用 SET 类型，例如，要存储一个人的兴趣爱好，最好使用 SET 类型。

ENUM 和 SET 的值是以字符串形式出现的，但在内部，MySQL 以数值的形式存储它们。

6. BLOB 和 TEXT

BLOB 是二进制字符串，TEXT 是非二进制字符串，两者均可存放大容量的信息。BLOB 主要存储图片、音频信息等，而 TEXT 只能存储纯文本文件，应分清两者的用途。

5.3　运算符及优先级

在 MySQL 中，运算符是指 MySQL 在执行特定算术或逻辑操作时用到的符号。常用的运算符有算术运算符、比较运算符、逻辑运算符、位运算符等，使用运算符可以灵活地计算数据表中的数据。

5.3.1　算术运算符

在 MySQL 中，算术运算符主要用于各类数值的运算，包括加(+)、减(-)、乘(*)、除(/)、求余(或称取模运算，%)，它们是 SQL 中最基本的运算符。MySQL 中的算术运算符如表 5-10 所示。

表 5-10　MySQL 中的算术运算符

运 算 符	作 用
+	加法运算
−	减法运算
*	乘法运算
/	除法运算，返回商
%	求余运算，返回余数

下面分别讨论不同算术运算符的使用方法。

实例8　使用加法、减法运算符

创建数据表 tmp，定义数据类型为 INT 的字段 num，插入值 100，对 num 值进行算术运算。

首先创建表 tmp，执行语句如下：

```
mysql> CREATE TABLE tmp(num INT);
```

向字段 num 插入数据 100：

```
mysql> INSERT INTO tmp value(100);
```

接下来，对 num 值进行加法、减法运算：

```
mysql> SELECT num, num+10, num-10+5, num+10-5, num+20 FROM tmp;
+------+--------+----------+----------+--------+
| num  | num+10 | num-10+5 | num+10-5 | num+20 |
+------+--------+----------+----------+--------+
| 100  |   110  |      95  |     105  |   120  |
+------+--------+----------+----------+--------+
```

由计算结果可以看到，可以对 num 字段的值进行加法和减法的运算，而且由于"+"和"−"的优先级相同，因此先加后减，或者先减后加之后的结果是相同的。

实例9　使用乘法、除法、求余运算符

对 tmp 表中的 num 进行乘法、除法、求余运算。执行语句如下：

```
mysql> SELECT num, num *2, num /2, num/3, num%3 FROM tmp;
+--------+--------+---------+---------+-------+
| num    | num *2 | num /2  | num/3   | num%3 |
+--------+--------+---------+---------+-------+
| 100    |   200  | 50.0000 | 33.3333 |   1   |
+--------+--------+---------+---------+-------+
```

由计算结果可知，对 num 进行除法运算时，由于 100 无法被 3 整除，因此 MySQL 对 num/3 求商的结果保存到了小数点后四位，结果为 33.3333；100 除以 3 的余数为 1，因此取余运算 num%3 的结果为 1。

在数学运算时，除数为 0 的除法是没有意义的，因此，除法运算中的除数不能为 0，如果被 0 除，则返回结果为 NULL。

实例 10 将除法运算中的除数设置为 0

用 0 除 num，执行语句如下：

```
mysql> SELECT num, num / 0, num %0 FROM tmp;
+------+-----------+---------+
| num  | num / 0   | num %0  |
+------+-----------+---------+
| 100  | NULL      | NULL    |
+------+-----------+---------+
```

由计算结果可知，对 num 进行除法求商或者求余运算的结果均为 NULL。

5.3.2　比较运算符

一个比较运算符的结果总是 1、0 或者 NULL，比较运算符经常在 SELECT 查询条件子句中使用，用来查询满足指定条件的记录。MySQL 中的比较运算符如表 5-11 所示。

表 5-11　MySQL 中的比较运算符

运 算 符	作 用
=	等于
<=>	安全等于(可以比较 NULL)
<>(!=)	不等于
<=	小于或等于
>=	大于或等于
<	小于
>	大于
IS NULL	判断一个值是否为 NULL
IS NOT NULL	判断一个值是否不为 NULL
LEAST	在有两个或多个参数时，返回最小值
GREATEST	当有两个或多个参数时，返回最大值
BETWEEN AND	判断一个值是否落在两个值之间
ISNULL	与 IS NULL 相同
IN	判断一个值是 IN 列表中的任意一个值
NOT IN	判断一个值不是 IN 列表中的任意一个值
LIKE	通配符匹配
REGEXP	正则表达式匹配

下面给出几个实例，来介绍常用比较运算符的使用方法。

实例 11 等于运算符 "=" 的应用实例

"=" 运算符用来判断数字、字符串和表达式是否相等。如果相等，返回值为 1，否则返回值为 0。使用 "=" 进行相等判断，执行语句如下：

```
mysql> SELECT 5=6,'9'=9,888=888,'0.02'=0,'keke'='keke',(2+80)=(60+22),NULL=NULL;
+-----+------+---------+----------+---------------+-----------------+-----------+
| 5=6 | '9'=9 | 888=888 | '0.02'=0 | 'keke'='keke' | (2+80)=(60+22) | NULL=NULL |
+-----+------+---------+----------+---------------+-----------------+-----------+
|  0  |  1   |    1    |    0     |       1       |        1        |   NULL    |
+-----+------+---------+----------+---------------+-----------------+-----------+
```

由结果可知，在进行判断时，'9'=9 和 888=888 的返回值相同，都是 1。因为在进行比较判断时，MySQL 自动进行了转换，把字符'8'转换成数字 8；'keke'='keke'为相同的字符比较，因此返回值为 1；表达式 2+80 和 60+22 的结果都为 82，结果相等，因此返回值为 1；由于"="不能用于空值 NULL 的判断，因此返回值为 NULL。

数值比较时有如下规则。

(1) 若有一个或两个参数为 NULL，则比较运算的结果为 NULL。

(2) 若同一个比较运算中的两个参数都是字符串，则按照字符串进行比较。

(3) 若两个参数均为正数，则按照整数进行比较。

(4) 若一个字符串和一个数字进行相等判断，则 MySQL 可以自动将字符串转换为数字。

实例 12　安全等于运算符"<=>"的应用实例

"<=>"运算符具备"="运算符的所有功能，唯一不同的是"<=>"可以用来判断 NULL 值。在两个操作数均为 NULL 时，其返回值为 1 而不为 NULL；当其中一个操作数为 NULL 时，其返回值为 0 而不为 NULL。使用"<=>"进行相等的判断，执行语句如下：

```
mysql> SELECT 5<=>6,'8'<=>8,8<=>8,'0.08'<=>0,'k'<=>'k',(2+4)<=>(3+3),NULL<=>NULL;
+-------+--------+-------+-----------+-----------+---------------+-------------+
| 5<=>6 | '8'<=>8 | 8<=>8 | '0.08'<=>0 | 'k'<=>'k' | (2+4)<=>(3+3) | NULL<=>NULL |
+-------+--------+-------+-----------+-----------+---------------+-------------+
|   0   |   1    |   1   |     0     |     1     |       1       |      1      |
+-------+--------+-------+-----------+-----------+---------------+-------------+
```

由结果可知，"<=>"在执行比较操作时和"="的作用是相似的，唯一的区别是"<=>"可以用来对 NULL 进行判断，两者都为 NULL 时返回值为 1。

实例 13　不等于运算符"<>"或者"!="的应用实例

"<>"或者"!="用于数字、字符串、表达式不相等的判断。如果不相等，返回值为 1；否则返回值为 0。这两个运算符不能用于判断空值 NULL。使用"<>"和"!="进行不相等的判断，执行语句如下：

```
mysql> SELECT 're'<>'ra',3<>4,1!=1,2.2!=2,(2+0)!=(2+1),NULL<>NULL;
+-----------+------+------+--------+--------------+------------+
| 're'<>'ra' | 3<>4 | 1!=1 | 2.2!=2 | (2+0)!=(2+1) | NULL<>NULL |
+-----------+------+------+--------+--------------+------------+
|     1     |  1   |  0   |   1    |      1       |    NULL    |
+-----------+------+------+--------+--------------+------------+
```

实例 14　小于或等于运算符"<="的应用实例

"<="用来判断左边的操作数是否小于或等于右边的操作数。如果小于或等于，返回值

为 1，否则返回值为 0。"<="不能用于判断空值 NULL。使用"<="进行比较判断，执行语句如下：

```
mysql> SELECT 're'<='ra',5<=6,8<=8,8.8<=8,(1+10)<=(20+2),NULL<=NULL;
+-----------+------+------+--------+----------------+-----------+
| 're'<='ra' | 5<=6 | 8<=8 | 8.8<=8 | (1+10)<=(20+2) | NULL<=NULL |
+-----------+------+------+--------+----------------+-----------+
|         0 |    1 |    1 |      0 |              1 |      NULL |
+-----------+------+------+--------+----------------+-----------+
```

由结果可知，当左边操作数小于或等于右边时，返回值为 1，例如，'re'<='ra'，re 第二位字符 e 在字母表中的顺序小于 ra 第二位字符 a，因此返回值为 0；当左边操作数大于右边操作数时，返回值为 0，例如，8.8<=8，返回值为 0；同样比较 NULL 值时，返回 NULL。

实例 15　小于运算符"<"的应用实例

"<"运算符用来判断左边的操作数是否小于右边的操作数，如果小于，返回值为 1；否则返回值为 0。"<"不能用于判断空值 NULL。使用"<"进行比较判断，执行语句如下：

```
mysql> SELECT 'ra'<'re',5<6,8<8,8.8<8,(1+10)<(20+2),NULL<NULL;
+----------+-----+-----+-------+--------------+----------+
| 'ra'<'re' | 5<6 | 8<8 | 8.8<8 | (1+10)<(20+2) | NULL<NULL |
+----------+-----+-----+-------+--------------+----------+
|        1 |   1 |   0 |     0 |            1 |     NULL |
+----------+-----+-----+-------+--------------+----------+
```

实例 16　大于或等于运算符">="的应用实例

">="运算符用来判断左边的操作数是否大于或等于右边的操作数，如果大于或等于，返回值为 1；否则返回值为 0。">="不能用于判断空值 NULL。使用">="进行判断比较，执行语句如下：

```
mysql> SELECT 'ra'>='re',5>=6,8>=8,8.8>=8,(10+1)>=(20+2),NULL>=NULL;
+-----------+------+------+--------+----------------+-----------+
| 'ra'>='re' | 5>=6 | 8>=8 | 8.8>=8 | (10+1)>=(20+2) | NULL>=NULL |
+-----------+------+------+--------+----------------+-----------+
|         0 |    0 |    1 |      1 |              0 |      NULL |
+-----------+------+------+--------+----------------+-----------+
```

由结果可知，当左边操作数大于或等于右边操作数时，返回值为 1，例如，8>=8；当左边操作数小于右边的操作数时，返回值为 0，例如，5>=6；同样比较 NULL 值时返回 NULL。

实例 17　大于运算符">"的应用实例

">"运算符用来判断左边的操作数是否大于右边的操作数，如果大于，返回值为 1；否则返回值为 0。">"不能用于判断空值 NULL。使用">"进行比较，执行语句如下：

```
mysql> SELECT 'ra'>'re',5>6,8>8,8.8>8,(10+1)>(20+2),NULL>NULL;
+----------+-----+-----+-------+--------------+----------+
| 'ra'>'re' | 5>6 | 8>8 | 8.8>8 | (10+1)>(20+2) | NULL>NULL |
+----------+-----+-----+-------+--------------+----------+
|        0 |   0 |   0 |     1 |            0 |     NULL |
+----------+-----+-----+-------+--------------+----------+
```

由结果可知，当左边操作数大于右边时，返回值为 1，例如，8.8>8；当左边操作数小于右边的操作数时，返回值为0，例如，5>6；同样比较 NULL 值时返回 NULL。

实例 18　IS NULL、ISNULL 和 IS NOT NULL 运算符的应用实例

IS NULL 或 ISNULL 是用来检验一个值是否为 NULL，如果为 NULL，返回值为1；否则返回值为0。IS NOT NULL 检验一个值是否非 NULL，如果非 NULL，返回值为1；否则返回值为0。使用 IS NULL、ISNULL 和 IS NOT NULL 判断 NULL 值和非 NULL 值，执行语句如下：

```
mysql> SELECT NULL IS NULL,ISNULL(NULL),ISNULL(66),66 IS NOT NULL;
+------------+------+------+--------+-------------+---------------+
| 'ra'>'re' | 5>6  | 8>8  | 8.8>8  | (10+1)>(20+2) | NULL>NULL    |
+------------+------+------+--------+-------------+---------------+
|     0     |  0   |  0   |   1    |       0      |    NULL      |
+------------+------+------+--------+-------------+---------------+
```

由结果可知，IS NULL 和 ISNULL 的作用相同，使用格式不同。ISNULL 和 IS NOT NULL 的返回值正好相反。

实例 19　BETWEEN AND 运算符的应用实例

BETWEEN AND 的语法格式为：expr BETWEEN min AND max。假如 expr 大于或等于 min 且小于或等于 max，则 BETWEEN 的返回值为1，否则返回值为0。

使用 BETWEEN AND 进行值区间判断，执行语句如下：

```
mysql> SELECT 66 BETWEEN 0 AND 100,6 BETWEEN 0 AND 10,10 BETWEEN 0 AND 5;
+---------------------+-------------------+-------------------+
| 66 BETWEEN 0 AND 100 | 6 BETWEEN 0 AND 10 | 10 BETWEEN 0 AND 5 |
+---------------------+-------------------+-------------------+
|          1          |         1         |         0         |
+---------------------+-------------------+-------------------+
```

实例 20　IN 和 NOT IN 运算符的应用实例

IN 运算符用来判断操作数是否为 IN 列表中的一个值，如果是，返回值为1；否则返回值为0。NOT IN 运算符用来判断操作数是否为 IN 列表中的一个值，如果不是，返回值为1；否则返回值为0。使用 IN 和 NOT IN 运算符进行判断。

使用 IN 运算符的执行语句如下：

```
mysql> SELECT 6 IN (5,6,'ke'), 'bb' IN (9,10,'ke');
+-----------------+-------------------+
| 6 IN (5,6,'ke') | 'bb' IN (9,10,'ke') |
+-----------------+-------------------+
|        1        |         0         |
+-----------------+-------------------+
```

使用 NOT IN 运算符的执行语句如下：

```
mysql> SELECT 6 NOT IN (5,6,'ke'), 'bb' NOT IN (9,10,'ke');
+-------------------+-------------------------+
| 6 NOT IN (5,6,'ke') | 'bb' NOT IN (9,10,'ke') |
+-------------------+-------------------------+
|         0         |            1            |
+-------------------+-------------------------+
```

由结果可知，IN 和 NOT IN 的返回值正好相反。在左侧表达式为 NULL 的情况下，当表中找不到匹配项并且表中一个表达式为 NULL 的情况下，IN 的返回值均为 NULL。

实例 21　LIKE 运算符的应用实例

LIKE 运算符用来匹配字符串，其语法格式为：expr LIKE 匹配条件，如果 expr 满足匹配条件，则返回值为 1(TRUE)；如果不匹配，则返回值为 0(FALSE)。若 expr 或匹配条件中任何一个为 NULL，则结果为 NULL。

LIKE 运算符在进行匹配时，可以使用下面两种通配符。

(1)　"%"匹配任何数目字符，甚至包括零字符。

(2)　"_"只能匹配一个字符。

使用运算符 LIKE 进行字符串匹配运算，执行语句如下：

```
mysql> SELECT 'keke' LIKE 'keke','keke' LIKE 'kek_','keke' LIKE '%e','keke'
LIKE 'k___','k' LIKE NULL;
+------------------+------------------+-----------------+-------------
-------+-------------+
| 'keke' LIKE 'keke' | 'keke' LIKE 'kek_' | 'keke' LIKE '%e' | 'keke' LIKE
'k___' | 'k' LIKE NULL |
+------------------+------------------+-----------------+-------------
-------+-------------+
|           1      |         1        |        1        |           1
|    NULL   |
+------------------+------------------+-----------------+-------------
-------+-------------+
```

由结果可知，指定匹配字符串为 keke。第一组比较 keke 直接匹配 keke 字符串，满足匹配条件，返回值为 1；第二组比较"kek_"表示匹配以 kek 开头的长度为 4 位的字符串，keke 正好为 4 个字符，满足匹配条件，因此匹配成功，返回值为 1；"%e"表示匹配以字母 e 结尾的字符串，keke 满足匹配条件，匹配成功，返回值为 1；"k _ _ _"表示匹配开头以 k 开头、长度为 4 的字符串，keke 满足匹配条件，返回值为 1；当字符"k"与 NULL 匹配时，结果为 NULL。

5.3.3　逻辑运算符

在 SQL 中，所有逻辑运算符的求值结果为 TRUE、FALSE 或 NULL。在 MySQL 中，它们分别显示为 1(TRUE)、0(FALSE)和 NULL。MySQL 中的逻辑运算符如表 5-12 所示。

表 5-12　MySQL 中的逻辑运算符

运 算 符	作 用
NOT 或者 !	逻辑非
AND 或者 &&	逻辑与
OR 或者 ||	逻辑或
XOR	逻辑异或

下面通过几个实例，介绍常用逻辑运算符的使用方法。

网站开发课堂

实例 22　NOT 或者 "!" 运算符的应用实例

逻辑非运算符 NOT 或者 "!" 表示当操作数为 0 时，返回值为 1；当操作数为 1 时，返回值为 0；当操作数为 NULL 时，返回值为 NULL。

分别使用逻辑非运算符 NOT 和 "!" 进行逻辑判断。

NOT 的语句如下：

```
mysql> SELECT NOT 7,NOT (7-7),NOT -7,NOT NULL,NOT 7+7;
+-------+-----------+--------+----------+---------+
| NOT 7 | NOT (7-7) | NOT -7 | NOT NULL | NOT 7+7 |
+-------+-----------+--------+----------+---------+
|   0   |     1     |   0    |   NULL   |    0    |
+-------+-----------+--------+----------+---------+
```

"!" 的语句如下：

```
mysql> SELECT !7,!(7-7),!-7,!NULL,!7+7;
+----+--------+-----+-------+------+
| !7 | !(7-7) | !-7 | !NULL | !7+7 |
+----+--------+-----+-------+------+
| 0  |   1    |  0  | NULL  |  7   |
+----+--------+-----+-------+------+
```

由结果可知，前 4 列 NOT 和 "!" 的返回值都相同。但是最后 1 列结果不同，出现这种结果的原因是 NOT 与 "!" 的优先级不同。NOT 的优先级低于 "+"，因此 "NOT 7+7" 先计算 "7+7"，然后再进行逻辑非运算，因为操作数不为 0，因此 "NOT 7+7" 最终返回值为 0；另一个逻辑非运算符 "!" 的优先级高于 "+" 运算符，因此 "!7+7" 先进行逻辑非运算 "!7"，结果为 0，然后再进行加法运算 "0+7"，因此，最终返回值为 7。

提示　在使用运算符时，一定要注意不同运算符的优先级，如果不能确定优先级顺序，最好使用括号，以保证运算结果的正确。

实例 23　AND 或者 "&&" 运算符的应用实例

逻辑与运算符 AND 或者 "&&" 表示当所有操作数均为非零值，并且不为 NULL 时，返回值为 1；当一个或多个操作数为 0 时，返回值为 0；其余情况返回值为 NULL。

分别使用逻辑与运算符 AND 和 "&&" 进行逻辑判断。

运算符 AND 的语句如下：

```
mysql> SELECT 8 AND -8, 8 AND 0, 8 AND NULL, 0 AND NULL;
+----------+---------+------------+------------+
| 8 AND -8 | 8 AND 0 | 8 AND NULL | 0 AND NULL |
+----------+---------+------------+------------+
|    1     |    0    |    NULL    |     0      |
+----------+---------+------------+------------+
```

运算符 && 的语句如下：

```
mysql> SELECT 8 && -8, 8 && 0, 8 && NULL, 0 && NULL;
+---------+--------+-----------+-----------+
| 8 && -8 | 8 && 0 | 8 && NULL | 0 && NULL |
```

```
+-----------+-----------+---------------+---------------+
|     1     |     0     |     NULL      |       0       |
+-----------+-----------+---------------+---------------+
```

由结果可知，AND 和 "&&" 的作用相同。"8 AND -8" 中没有 0 或 NULL，因此返回值为 1；"8 AND 0" 中有操作数 0，因此返回值为 0；"8 AND NULL" 中虽然有 NULL，但是没有操作数 0，返回值为 NULL。

实例 24　OR 或者 "||" 运算符的应用实例

逻辑或运算符 OR 或者 "||" 表示当两个操作数均为非 NULL 值，且任意一个操作数为非零值时，结果为 1，否则结果为 0；当有一个操作数为 NULL，且另一个操作数为非零值时，结果为 1，否则结果为 NULL；当两个操作数均为 NULL 时，则所得结果为 NULL。

分别使用逻辑或运算符 OR 和 "||" 进行逻辑判断。

运算符 OR 的语句如下：

```
mysql> SELECT 8 OR -8 OR 0,8 OR 4,8 OR NULL,0 OR NULL,NULL OR NULL;
+-------------+--------+-----------+-----------+--------------+
| 8 OR -8 OR 0| 8 OR 4 | 8 OR NULL | 0 OR NULL | NULL OR NULL |
+-------------+--------+-----------+-----------+--------------+
|           1 |      1 |         1 |      NULL |         NULL |
+-------------+--------+-----------+-----------+--------------+
```

运算符 "||" 的语句如下：

```
mysql> SELECT 8 || -8 || 0,8 || 4,8 || NULL,0 || NULL,NULL || NULL;
+-------------+--------+-----------+-----------+--------------+
| 8 || -8 || 0| 8 || 4 | 8 || NULL | 0 || NULL | NULL || NULL |
+-------------+--------+-----------+-----------+--------------+
|           1 |      1 |         1 |       ULL |         NULL |
+-------------+--------+-----------+-----------+--------------+
```

由结果可知，OR 和 "||" 的作用相同。"8 OR -8 OR 0" 中有 0，但同时包含有非 0 的值 8 和 -8，返回值为 1；"8 OR 4" 中没有操作数 0，返回值为 1；"8 || NULL" 中虽然有 NULL，但是有操作数 8，返回值为 1；"0 OR NULL" 中没有非 0 值，并且有 NULL，返回值为 NULL；"NULL OR NULL" 中只有 NULL，返回值为 NULL。

实例 25　XOR 运算符的应用实例

逻辑异或运算符 XOR。当任意一个操作数为 NULL 时，返回值为 NULL；对于非 NULL 的操作数，如果两个操作数都是非 0 值或者 0 值，则返回值为 0；如果一个为 0 值，另一个为非 0 值，则返回值为 1。

使用逻辑异或运算符 XOR 进行逻辑判断，执行语句如下：

```
mysql> SELECT 8 XOR 8,0 XOR 0,8 XOR 0,8 XOR NULL,8 XOR 8 XOR 8;
+---------+---------+---------+------------+---------------+
| 8 XOR 8 | 0 XOR 0 | 8 XOR 0 | 8 XOR NULL | 8 XOR 8 XOR 8 |
+---------+---------+---------+------------+---------------+
|       0 |       0 |       1 |       NULL |             1 |
+---------+---------+---------+------------+---------------+
```

由结果可知，"8 XOR 8" 和 "0 XOR 0" 中运算符两边的操作数都为非 0 值，或者都是

0 值, 因此返回值为 0; "8 XOR 0" 中两边的操作数, 一个为 0 值, 另一个为非 0 值, 返回值为 1; "8 XOR NULL" 中有一个操作数为 NULL, 返回值为 NULL; "8 XOR 8 XOR 8" 中有多个操作数, 运算符相同, 因此运算顺序从左到右依次运算, "8 XOR 8" 的结果为 0, 再与 8 进行异或运算, 结果为 1。

5.3.4 位运算符

位运算符是用来对二进制字节中的位进行测试、位移或者测试处理。MySQL 中提供的位运算符如表 5-13 所示。

表 5-13 MySQL 中的位运算符

运 算 符	作 用
|	位或
&	位与
^	位异或
<<	位左移
>>	位右移
~	位取反, 反转所有比特

下面通过几个实例, 介绍常用位运算符的使用方法。

实例 26 位或运算符 "|" 的应用实例

位或运算的实质是将参与运算的两个数据, 按对应的二进制数进行逻辑或运算。如果对应的二进制位有一个或两个为 1, 则该位的运算结果为 1, 否则为 0。

使用位或运算符进行运算, 执行语句如下:

```
mysql> SELECT 8|12,6|4|1;
+------+------+
| 8|12 | 6|4|1 |
+------+------+
|  12  |  7   |
+------+------+
```

8 的二进制数值为 1000, 12 的二进制数值为 1100, 按位或运算之后, 结果为 1100, 即整数 12; 6 的二进制数值为 0110, 4 的二进制数值为 0100, 1 的二进制数值为 0001, 按位或运算之后, 结果为 0111, 也是整数 7。

实例 27 位与运算符 "&" 的应用实例

位与运算的实质是将参与运算的两个操作数, 按对应的二进制数逐位进行逻辑与运算。如果对应的二进制位都为 1, 则该位的运算结果为 1, 否则为 0。

使用位与运算符进行运算, 执行语句如下:

```
mysql> SELECT 8 & 12, 6 & 4 & 1;
+--------+-----------+
| 8 & 12 | 6 & 4 & 1 |
```

```
+--------+------------+
|   8    |     0      |
+--------+------------+
```

8 的二进制数值为 1000，12 的二进制数值为 1100，按位与运算之后，结果为 1000，即整数 8；6 的二进制数值为 0110，4 的二进制数值为 0100，1 的二进制数值为 0001，按位与运算之后，结果为 0000，也是整数 0。

实例 28　位异或运算符"^"的应用实例

位异或运算的实质是将参与运算的两个数据，按对应的二进制数逐位进行逻辑异或运算。对应的二进制数不同时，对应位的结果才为 1；如果两个对应位数都为 0 或都为 1，则对应位的运算结果为 0。

使用位异或运算符进行运算，执行语句如下：

```
mysql> SELECT 8^12,4^2,4^1;
+------+-----+-----+
| 8^12 | 4^2 | 4^1 |
+------+-----+-----+
|  4   |  6  |  5  |
+------+-----+-----+
```

8 的二进制数值为 1000，12 的二进制数值为 1100，按位异或运算之后，结果为 0100，即十进制数 4；4 的二进制数值为 0100，2 的二进制数值为 0010，按位异或运算之后，结果为 0110，即十进制数 6；1 的二进制数值为 0001，按位异或运算之后，结果为 0101，即十进制数 5。

实例 29　位左移运算符"<<"的应用实例

位左移运算符"<<"的功能是让指定二进制值的所有位都左移指定的位数。左移指定位数之后，左边高位的数值将被移出并丢弃，右边低位空出的位置用 0 补齐。语法格式为：

```
a<<n
```

这里的 n 指定值 a 要移动的位置。

使用位左移运算符进行运算，执行语句如下：

```
mysql> SELECT 6<<2,8<<1;
+------+------+
| 6<<2 | 8<<1 |
+------+------+
|  24  |  16  |
+------+------+
```

6 的二进制数值为 0000 0110，左移两位之后变成 0001 1000，即十进制整数 24；十进制 8 左移两位之后变成 0001 0000，即十进制数 16。

实例 30　位右移运算符">>"的应用实例

位右移运算符">>"的功能是让指定的二进制值的所有位都右移指定的位数。右移指定位数之后，右边低位的数值将被移出并丢弃，左边高位空出的位置用 0 补齐。语法格式为：

```
a>>n
```

这里的 n 指定值 a 要移动的位置。

使用位右移运算符进行运算，执行语句如下：

```
mysql> SELECT 6>>1,8>>2;
+------+------+
| 6>>1 | 8>>2 |
+------+------+
|    3 |    2 |
+------+------+
```

6 的二进制数值为 0000 0110，右移 1 位之后变成 0000 0011，即十进制整数 3；8 的二进制数值为 0000 1000，右移两位之后变成 0000 0010，即十进制数 2。

实例 31　位取反运算符 "~" 的应用实例

位取反运算的实质是将参与运算的数据，按对应的二进制数逐位反转，即 1 取反后变为 0，0 取反后变为 1。

使用位取反运算符进行运算，执行语句如下：

```
mysql> SELECT 6&~2;
+------+
| 6&~2 |
+------+
|    4 |
+------+
```

逻辑运算 6&~2，由于位取反运算符 "～" 的级别高于位与运算符 "&"，因此先对 2 取反操作，取反的结果为 1101，然后再与十进制数值 6 进行运算，结果为 0100，即整数 4。

5.3.5　运算符的优先级

运算符的优先级决定了不同的运算符在表达式中计算的先后顺序，MySQL 中的各类运算符按优先级由低到高的排列，如表 5-14 所示。

表 5-14　MySQL 中的运算符按优先级由低到高排列

优 先 级	运 算 符
最低	=(赋值运算)，:=
	||，OR
	XOR
	&&,AND
	NOT
	BETWEEN,CASE,WHEN,THEN,ELSE
	=(比较运算)，<=>，>=，>，<=，<，<>，!=，IS，LIKE，REGEXP，IN
	|
	&
	<<，>>
	-，+

续表

优 先 级	运 算 符
	*，/(DIV)，%(MOD)
	^
	-(符号)，～(位反转)
最高	!，NOT

可以看到，不同运算符的优先级是不同的。一般情况下，级别高的运算符先进行计算，如果级别相同，MySQL 按表达式的顺序从左到右依次计算。当然，在无法确定优先级的情况下，可以使用圆括号来改变优先级，并且这样会使计算过程更加清晰。

5.4　疑 难 解 惑

疑问 1：MySQL 中可以存储文件吗？

MySQL 中的 BLOB 和 TEXT 字段类型可以存储数据量较大的文件，可以使用这些字段类型存储图像、声音或者是大容量的文本内容，如网页或者文档。虽然使用 BLOB 或者 TEXT 可以存储大容量的数据，但是对这些字段的处理会降低数据库的性能。如果并非必要，可以选择只储存文件的路径。

疑问 2：MySQL 中如何区分字符的大小写？

在 Windows 平台下，MySQL 是不区分大小的，因此字符串比较函数也不区分大小写。如果需要区分字符串的大小写，此时可以在字符串前面添加 BINARY 关键字。例如，在默认情况下，'a'='A'返回结果为 1，如果使用 BINARY 关键字，BINARY 'a'='A'结果为 0，在区分大小写的情况下，'a'与'A'并不相同。

5.5　跟我学上机

上机练习 1：创建数据表，并在数据表中插入一条数据记录。

(1)　创建 flower 表，包含 VARCHAR 类型的字段 name 和 INT 类型的字段 price。

(2)　向 flower 表中插入一条记录，name 值为"Red Roses"，price 值为 10。

上机练习 2：对表中的数据进行运算操作，掌握各种运算符的使用方法。

(1)　对 flower 表中的整型数值字段 price 进行算术运算。

(2)　对 flower 表中的整型数值字段 price 进行比较运算。

(3)　判断 price 值是否落在 5~20 区间；返回与 5、20 相比最大的值，判断 price 是否为 IN 列表(5, 10, 20, 25)中的某个值。

(4)　对 flower 表中的字符串数值字段 name 进行比较运算，判断 flower 表中 name 字段是否为空；使用 LIKE 判断是否以字母"R"开头；使用 REGEXP 判断是否以字母"y"结尾；判断是否包含字母"g"或者"m"。

    (5) 将 price 字段值与 NULL、0 进行逻辑运算。

    (6) 将 price 字段值与 2、4 进行按位与、按位或操作，并对 price 进行按位操作。

    (7) 将 price 字段值分别左移和右移两位。

第6章

索引的操作

在关系数据库中，索引是一种可以加快数据检索速度的数据结构，主要用于提高数据库查询数据的性能。在 MySQL 中，一般在基本表上建立一个或多个索引，从而快速定位数据的存储位置。本章就来介绍索引的创建和应用。

本章要点(已掌握的在方框中打勾)

☐ 了解什么是索引
☐ 掌握创建数据表时创建索引的方法
☐ 掌握在已经存在的表上创建索引的方法
☐ 掌握使用 ALTER TABLE 语句创建索引的方法
☐ 熟悉如何删除索引
☐ 熟悉操作索引的常见问题

6.1　了　解　索　引

在 MySQL 中，索引与图书上的目录相似。使用索引可以帮助数据库操作人员更快地查找数据库中的数据。

6.1.1　索引的含义和特点

索引是一个单独地存储在磁盘上的数据库结构，其包含着对数据表里所有记录的引用指针。使用索引可快速找出在某个或多个列中有一特定值的行，所有 MySQL 列类型都可以被索引，对相关列使用索引是提高查询操作速度的最佳途径。

例如，数据库中有 2 万条记录，现在要执行这样一个查询：SELECT * FROM table where num=10000。如果没有索引，必须遍历整个表，直到 num 等于 10000 的这一行被找到为止；如果在 num 列上创建索引，MySQL 不需要任何扫描，直接在索引里面找 10000，就可以得知这一行的位置。可见，索引的建立可以提高数据库的查询速度。

索引是在存储引擎中实现的，因此，每种存储引擎的索引都不一定完全相同，并且每种存储引擎也不一定支持所有索引类型。根据存储引擎定义每个表的最大索引数和最大索引长度。所有存储引擎支持每个表至少 16 个索引，总索引长度至少为 256 字节。大多数存储引擎有更高的限制。MySQL 中索引的存储类型有两种：BTREE 和 HASH，具体和表的存储引擎相关；MyISAM 和 InnoDB 存储引擎只支持 BTREE 索引；MEMORY/HEAP 存储引擎可以支持 HASH 和 BTREE 索引。

增加索引的优点主要有以下几条。

(1) 通过创建唯一索引，可以保证数据库表中每一行数据的唯一性。

(2) 可以大大加快数据的查询速度，这也是创建索引的最主要的原因。

(3) 在实现数据的参考完整性方面，可以加速表和表之间的连接。

(4) 在使用分组和排序子句进行数据查询时，可以显著减少查询中分组和排序的时间。

增加索引也有许多不利的方面，主要表现在如下几个方面。

(1) 创建索引和维护索引要耗费时间，并且随着数据量的增加所耗费的时间也会增加。

(2) 索引需要占磁盘空间，除了数据表占数据空间之外，每一个索引还要占一定的物理空间。如果有大量的索引，索引文件可能比数据文件更快达到最大文件尺寸。

(3) 当对表中的数据进行增加、删除和修改的时候，索引也要动态地维护，这样就降低了数据的维护速度。

6.1.2　索引的分类

MySQL 的索引可以分为以下几类。

1. 普通索引和唯一索引

普通索引是 MySQL 中的基本索引类型，允许在定义索引的列中插入重复值和空值。

唯一索引是指索引列的值必须唯一，但允许有空值。如果是组合索引，则列值的组合必须唯一。主键索引是一种特殊的唯一索引，不允许有空值。

2. 单列索引和组合索引

单列索引即一个索引只包含单个列，一个表可以有多个单列索引。

组合索引是指在表的多个字段组合上创建的索引，只有在查询条件中使用了这些字段的左边字段时，索引才会被使用。使用组合索引时要遵循最左前缀集合。

3. 全文索引

全文索引类型为 FULLTEXT，在定义索引的列上支持值的全文查找，允许在这些索引列中插入重复值和空值。全文索引可以在 CHAR、VARCHAR 或 TEXT 类型的列上创建。MySQL 中只有 MyISAM 存储引擎支持全文索引。

4. 空间索引

空间索引是指对空间数据类型的字段建立的索引，MySQL 中的空间数据类型有 4 种，分别是：GEOMETRY、POINT、LINESTRING 和 POLYGON。MySQL 使用 SPATIAL 关键字进行扩展，使其能够用与创建正规索引类似的语法创建空间索引。创建空间索引的列，必须将其声明为 NOT NULL，空间索引只能在存储引擎为 MyISAM 的表中创建。

6.1.3　索引的设计原则

索引设计不合理或者缺少索引都会对数据库和应用程序的性能造成障碍。高效的索引对于获得良好的性能非常重要。设计索引时，应该考虑以下准则。

(1) 索引并非越多越好，一个表中如有大量索引，不仅占用磁盘空间，而且会影响 INSERT、DELETE、UPDATE 等语句的性能，因为在表中的数据更改的同时，索引也会进行调整和更新。

(2) 避免对经常更新的表创建过多的索引，并且索引中的列应尽可能少。而对经常用于查询的字段应该创建索引，但要避免添加不必要的字段。

(3) 数据量小的表最好不要创建索引，由于数据较少，查询花费的时间可能比遍历索引的时间还要短，索引可能不会产生优化效果。

(4) 在条件表达式中经常用到的不同值较多的列上创建索引，在不同值少的列上不要创建索引。比如，在学生表的"性别"字段上只有"男"与"女"两个不同值，因此就无须创建索引。如果创建索引，不但不会提高查询效率，而且会严重降低更新速度。

(5) 当唯一性是某种数据本身的特征时，指定唯一索引。使用唯一索引需能确保定义的列的数据完整性，以提高查询速度。

(6) 在频繁进行排序或分组(即进行 order by 或 group by 操作)的列上建立索引，如果待排序的列有多个，可以在这些列上建立组合索引。

6.2　创建数据表时创建索引

创建索引是指在某个表的一列或多列上建立一个索引，以便提高对表的访问速度，创建表时可以直接创建索引，这种方式最简单、最方便。其基本语法格式如下：

```
CREATE  TABLE  table_name [col_name data_type]
[UNIQUE|FULLTEXT|SPATIAL] [INDEX|KEY] [index_name] (col_name [length]) [ASC
| DESC]
```

主要参数介绍如下。

- UNIQUE：可选参数，表示唯一索引。
- FULLTEXT：可选参数，表示全文索引。
- SPATIAL：可选参数，表示空间索引。
- INDEX 与 KEY：两者为同义词，作用相同，用来指定创建索引。
- col_name：需要创建索引的字段列，该列必须从数据表中该定义的多个列中选择。
- index_name：指定索引的名称，可选参数，如果不指定，MySQL 默认 col_name 为索引名称。
- length：可选参数，表示索引的长度，只有字符串类型的字段才能指定索引长度；ASC 或 DESC 指定升序或降序的索引值存储。

6.2.1 创建普通索引

普通索引是最基本的索引类型，没有唯一性之类的限制，其作用只是加快对数据的访问速度。

实例 1 创建 book_01 数据表时创建普通索引

创建 book_01 数据表时，在 book_01 表中的 year_publication 字段上创建普通索引，执行语句如下：

```
CREATE TABLE book_01
(
    bookid              INT NOT NULL,
    bookname            VARCHAR(255) NOT NULL,
    authors             VARCHAR(255) NOT NULL,
    info                VARCHAR(255) NULL,
    comment             VARCHAR(255) NULL,
    year_publication    YEAR NOT NULL,
    INDEX(year_publication)
);
```

即可完成数据表的创建，并在 year_publication 字段上创建了普通索引。

普通索引创建完成后，可以使用 SHOW CREATE TABLE 查看表结构，执行语句如下：

```
mysql> SHOW CREATE TABLE book_01 \G
*************************** 1. row ***************************
     Table: book_01
Create Table: CREATE TABLE 'book_01' (
  'bookid' int NOT NULL,
  'bookname' varchar(255) NOT NULL,
  'authors' varchar(255) NOT NULL,
  'info' varchar(255) DEFAULT NULL,
  'comment' varchar(255) DEFAULT NULL,
  'year_publication' year NOT NULL,
  KEY 'year_publication' ('year_publication')
) ENGINE=InnoDB DEFAULT CHARSET=utf8mb4 COLLATE=utf8mb4_0900_ai_ci
```

由结果可知，book_01 表的 year_publication 字段上已成功创建索引，其索引名称 year_publication 为 MySQL 自动添加。

使用 EXPLAIN 语句查看索引是否正在使用，执行语句如下：

```
mysql> EXPLAIN SELECT * FROM book_01 WHERE year_publication=1990 \G
*************************** 1. row ***************************
          id: 1
 select_type: SIMPLE
       table: book_01
  partitions: NULL
        type: ref
possible_keys: year_publication
         key: year_publication
     key_len: 1
         ref: const
        rows: 1
    filtered: 100.00
       Extra: NULL
```

EXPLAIN 语句输出结果的主要参数介绍如下。

(1) select_type 行：指定所使用的 SELECT 查询类型，这里值为 SIMPLE，表示简单的 SELECT，不使用 UNION 或子查询。其他可能的取值有：PRIMARY、UNION、SUBQUERY 等。

(2) table 行：指定数据库读取的数据表的名字，其按被读取的先后顺序排列。

(3) partitions：当前索引所在表的分区信息。

(4) type 行：指定了本数据表与其他数据表之间的关联关系，可能的取值有 system、const、eq_ref、ref、range、index 和 all。

(5) possible_keys 行：给出了 MySQL 在搜索数据记录时可选用的各个索引。

(6) key 行：MySQL 实际选用的索引。

(7) key_len 行：给出索引按字节计算的长度，key_len 数值越小，表示越快。

(8) ref 行：给出了关联关系中另一个数据表里的数据列的名字。

(9) rows 行：MySQL 在执行这个查询时预计会从这个数据表里读出数据行的个数。

(10) Extra 行：提供了与关联操作有关的信息。

可以看到，possible_keys 和 key 的值均为 year_publication，查询时使用了索引。

6.2.2　创建唯一性索引

创建唯一性索引与前文的普通索引类似，不同之处就是索引列的值必须唯一，但允许有空值。如果是组合索引，则列值的组合必须唯一。

实例 2　创建 book_02 数据表时创建唯一性索引

创建 book_02 数据表，在表中的 bookid 字段上使用 UNIQUE 关键字创建唯一索引，执行语句如下：

```
CREATE TABLE book_02
(
   bookid                INT NOT NULL,
   bookname              VARCHAR(255) NOT NULL,
   authors               VARCHAR(255) NOT NULL,
```

```
    info                  VARCHAR(255) NULL,
    comment               VARCHAR(255) NULL,
    year_publication      YEAR NOT NULL,
    UNIQUE INDEX UniqIdx(bookid)
);
```

即可完成数据表的创建，并在 bookid 字段上创建了唯一性索引。

唯一性索引创建完成后，使用 SHOW CREATE TABLE 查看表结构，执行语句如下：

```
mysql> SHOW CREATE TABLE book_02 \G
*************************** 1. row ***************************
      Table: book_02
Create Table: CREATE TABLE 'book_02' (
 'bookid' int NOT NULL,
 'bookname' varchar(255) NOT NULL,
 'authors' varchar(255) NOT NULL,
 'info' varchar(255) DEFAULT NULL,
 'comment' varchar(255) DEFAULT NULL,
 'year_publication' year NOT NULL,
 UNIQUE KEY 'UniqIdx' ('bookid')
) ENGINE=InnoDB DEFAULT CHARSET=utf8mb4 COLLATE=utf8mb4_0900_ai_ci
```

由结果可知，bookid 字段上已经成功创建了一个名为 UniqIdx 的唯一性索引。

6.2.3　创建全文索引

FULLTEXT 全文索引可以用于全文搜索。只有 MyISAM 存储引擎支持 FULLTEXT 索引，并且只为 CHAR、VARCHAR 和 TEXT 列。全文索引只能添加到整个字段上，不支持局部(前缀)索引。

实例3　创建 book_03 数据表时创建全文索引

创建 book_03 数据表，在表中的 bookname 字段上创建全文索引，执行语句如下：

```
CREATE TABLE book_03
(
    bookid                INT NOT NULL,
    bookname              VARCHAR(255) NOT NULL,
    authors               VARCHAR(255) NOT NULL,
    info                  VARCHAR(255) NULL,
    comment               VARCHAR(255) NULL,
    year_publication      YEAR NOT NULL,
    FULLTEXT INDEX Fullindex(bookname)
) ENGINE=MyISAM;
```

即可完成数据表的创建，并在 bookname 字段上创建了全文索引。

全文索引创建完成后，使用 SHOW CREATE TABLE 查看表结构，执行语句如下：

```
mysql> SHOW CREATE TABLE book_03 \G
*************************** 1. row ***************************
      Table: book_03
Create Table: CREATE TABLE 'book_03' (
 'bookid' int NOT NULL,
 'bookname' varchar(255) NOT NULL,
 'authors' varchar(255) NOT NULL,
 'info' varchar(255) DEFAULT NULL,
 'comment' varchar(255) DEFAULT NULL,
```

```
'year_publication' year NOT NULL,
 FULLTEXT KEY 'Fullindex' ('bookname')
) ENGINE=MyISAM DEFAULT CHARSET=utf8mb4 COLLATE=utf8mb4_0900_ai_ci
```

由结果可知，bookname 字段上已经成功创建了一个名为 Fullindex 的全文索引。全文索引非常适合于大型数据集。

6.2.4 创建单列索引

单列索引是在数据表中的一个字段上创建一个索引。

实例 4 创建 book_04 数据表时创建单列索引

创建数据表 book_04，在表中的 info 字段上创建单列索引，执行语句如下：

```
CREATE TABLE book_04
(
    bookid                  INT NOT NULL,
    bookname                VARCHAR(255) NOT NULL,
    authors                 VARCHAR(255) NOT NULL,
    info                    VARCHAR(255) NULL,
    comment                 VARCHAR(255) NULL,
    year_publication        YEAR NOT NULL,
    INDEX  index_info(info(5))
);
```

即可完成数据表的创建，并在 info 字段上创建了单列索引。

单列索引创建完成后，使用 SHOW CREATE TABLE 查看表结构，执行语句如下：

```
mysql> SHOW CREATE TABLE book_04 \G
*************************** 1. row ***************************
      Table: book_04
Create Table: CREATE TABLE 'book_04' (
 'bookid' int NOT NULL,
 'bookname' varchar(255) NOT NULL,
 'authors' varchar(255) NOT NULL,
 'info' varchar(255) DEFAULT NULL,
 'comment' varchar(255) DEFAULT NULL,
 'year_publication' year NOT NULL,
 KEY 'index_info' ('info'(5))
) ENGINE=InnoDB DEFAULT CHARSET=utf8mb4 COLLATE=utf8mb4_0900_ai_ci
```

由结果可知，info 字段上已经成功创建了一个名为 index_info 的单列索引。

6.2.5 创建多列索引

多列索引也被称为组合索引，多列索引是在多个字段上创建一个索引。

实例 5 创建 book_05 数据表时创建多列索引

创建 book_05 数据表，在表中的 bookid、bookname 和 authors 字段上创建多列索引，执行语句如下：

```
CREATE TABLE book_05
(
```

```
    bookid                INT NOT NULL,
    bookname              VARCHAR(255) NOT NULL,
    authors               VARCHAR(255) NOT NULL,
    info                  VARCHAR(255) NULL,
    comment               VARCHAR(255) NULL,
    year_publication      YEAR NOT NULL,
    INDEX Mmindex(bookid, bookname, authors)
);
```

即可完成数据表的创建，并在 bookid、bookname 和 authors 字段上创建了多列索引。

多列索引创建完成后，使用 SHOW CREATE TABLE 查看表结构，执行语句如下：

```
mysql> SHOW CREATE TABLE book_05 \G
*************************** 1. row ***************************
     Table: book_05
Create Table: CREATE TABLE 'book_05' (
  'bookid' int NOT NULL,
  'bookname' varchar(255) NOT NULL,
  'authors' varchar(255) NOT NULL,
  'info' varchar(255) DEFAULT NULL,
  'comment' varchar(255) DEFAULT NULL,
  'year_publication' year NOT NULL,
  KEY 'Mmindex' ('bookid','bookname','authors')
) ENGINE=InnoDB DEFAULT CHARSET=utf8mb4 COLLATE=utf8mb4_0900_ai_ci
```

由结果可知，bookid、bookname 和 authors 字段上已经成功创建了一个名为 Mmindex 的多列索引。

在 book_05 数据表中，查询 bookid 和 bookname 字段，使用 EXPLAIN 语句查看索引的使用情况，执行语句如下：

```
mysql> EXPLAIN SELECT * FROM book_05 WHERE bookid=1 AND bookname='西游记' \G
*************************** 1. row ***************************
         id: 1
  select_type: SIMPLE
       table: book_05
   partitions: NULL
        type: ref
possible_keys: Mmindex
         key: Mmindex
     key_len: 1026
         ref: const,const
        rows: 1
     filtered: 100.00
       Extra: NULL
```

从查询结果可知，在查询 bookid 和 bookname 字段时，使用了名称 Mmindex 的索引。

如果查询(bookname,info)组合或者单独查询 bookname 和 info 字段，将不会使用索引，例如，这里只查询 bookname 字段，执行语句如下：

```
mysql> EXPLAIN SELECT * FROM book_05 WHERE bookname='西游记' \G
*************************** 1. row ***************************
         id: 1
  select_type: SIMPLE
       table: book_05
   partitions: NULL
        type: ALL
possible_keys: NULL
```

```
        key: NULL
    key_len: NULL
        ref: NULL
       rows: 1
   filtered: 100.00
      Extra: Using where
```

从结果可知，possible_keys 和 key 值为 NULL，说明查询的时候并没有使用索引。

6.2.6　创建空间索引

创建空间索引时必须使用 SPATIAL 参数来设置，索引字段必须是空间类型并有着非空约束，表的存储引擎必须是 MyISAM 类型。

实例6　创建 book_06 数据表时创建空间索引

创建 book_06 数据表，在表中的 bookname 字段上创建空间索引，执行语句如下：

```
CREATE TABLE book_06
(
   bookid               INT NOT NULL,
   bookname             GEOMETRY NOT NULL,
   authors              VARCHAR(255) NOT NULL,
   info                 VARCHAR(255) NULL,
   comment              VARCHAR(255) NULL,
   year_publication     YEAR NOT NULL,
   SPATIAL INDEX index_na(bookname)
)ENGINE=MyISAM;
```

即可完成数据表的创建，并在 bookname 字段上创建了空间索引。

空间索引创建完成后，使用 SHOW CREATE TABLE 查看表结构，执行语句如下：

```
mysql> SHOW CREATE TABLE book_06 \G
*************************** 1. row ***************************
      Table: book_06
Create Table: CREATE TABLE 'book_06' (
 'bookid' int NOT NULL,
 'bookname' geometry NOT NULL,
 'authors' varchar(255) NOT NULL,
 'info' varchar(255) DEFAULT NULL,
 'comment' varchar(255) DEFAULT NULL,
 'year_publication' year NOT NULL,
 SPATIAL KEY 'index_na' ('bookname')
) ENGINE=MyISAM DEFAULT CHARSET=utf8mb4 COLLATE=utf8mb4_0900_ai_ci
```

由结果可知，bookname 字段上已经成功创建了一个名为 index_na 的空间索引。

6.3　在已经存在的表上创建索引

在已经存在的数据表中，可以直接为表中的一个或几个字段创建索引，其基本语法格式如下：

```
CREATE [UNIQUE|FULLTEXT|SPATIAL] INDEX [index_name]
ON table_name (col_name [(length)] [ASC | DESC]);
```

主要参数介绍如下。

- UNIQUE：可选参数，表示唯一性索引。
- FULLTEXT：可选参数，表示全文索引。
- SPATIAL：可选参数，表示空间索引。
- INDEX：用来指定创建索引。
- [index_name]：给创建的索引取的新名称。
- table_name：需要创建索引的表的名称。
- col_name：指定索引对应的字段的名称，该字段必须为前面定义好的字段。
- length：可选参数，表示索引的长度，只有字符串类型的字段才能指定索引长度。
- ASC|DESC：可选参数，其中 ASC 指定升序排序，DESC 指定降序排序。

6.3.1 创建普通索引

为了演示创建索引的方法，下面创建一个图书信息数据表 book，执行语句如下：

```
CREATE TABLE book
(
    bookid              INT NOT NULL,
    bookname            VARCHAR(255) NOT NULL,
    authors             VARCHAR(255) NOT NULL,
    info                VARCHAR(255) NULL,
    comment             VARCHAR(255) NULL,
    year_publication    YEAR NOT NULL
);
```

下面给出一个实例，来介绍在已经存在的数据表上创建普通索引的方法。

实例 7　在 book 数据表上创建普通索引

在已经存在的 book 数据表中的 bookid 字段上创建名为 index_id 的索引，执行语句如下：

```
mysql> CREATE INDEX index_id ON book(bookid);
```

使用 SHOW CREATE TABLE 语句查看 book 数据表的结构，执行语句如下：

```
mysql> SHOW CREATE TABLE book \G
*************************** 1. row ***************************
      Table: book
Create Table: CREATE TABLE 'book' (
  'bookid' int NOT NULL,
  'bookname' varchar(255) NOT NULL,
  'authors' varchar(255) NOT NULL,
  'info' varchar(255) DEFAULT NULL,
  'comment' varchar(255) DEFAULT NULL,
  'year_publication' year NOT NULL,
  KEY 'index_id' ('bookid')
) ENGINE=InnoDB DEFAULT CHARSET=utf8mb4 COLLATE=utf8mb4_0900_ai_ci
```

由结果中可知，book 数据表已经创建了普通索引。

6.3.2　创建唯一性索引

下面给出一个实例，来介绍在已经存在的数据表上创建唯一性索引的方法。

实例 8　在数据表 book 上创建唯一性索引

在已经存在的 book 数据表中的 bookname 字段上创建名为 index_name 的索引，执行语句如下：

```
mysql> CREATE UNIQUE INDEX index_name ON book(bookname);
```

下面使用 SHOW CREATE TABLE 语句查看 book 数据表的结构，执行语句如下：

```
mysql> SHOW CREATE TABLE book \G
*************************** 1. row ***************************
       Table: book
Create Table: CREATE TABLE 'book' (
  'bookid' int NOT NULL,
  'bookname' varchar(255) NOT NULL,
  'authors' varchar(255) NOT NULL,
  'info' varchar(255) DEFAULT NULL,
  'comment' varchar(255) DEFAULT NULL,
  'year_publication' year NOT NULL,
  UNIQUE KEY 'index_name' ('bookname'),
  KEY 'index_id' ('bookid')
) ENGINE=InnoDB DEFAULT CHARSET=utf8mb4 COLLATE=utf8mb4_0900_ai_ci
```

由结果中可知 book 数据表已经创建了唯一性索引。

6.3.3　创建全文索引

下面给出一个实例，来介绍在已经存在的数据表上创建全文索引的方法。

实例 9　在数据表 book 上创建全文索引

在已经存在的 book 数据表中的 info 字段上创建名为 index_info 的全文索引，执行语句如下：

```
mysql> CREATE FULLTEXT INDEX index_info ON book(info);
```

下面使用 SHOW CREATE TABLE 语句查看 book 数据表的结构，执行语句如下：

```
mysql> SHOW CREATE TABLE book \G
*************************** 1. row ***************************
     Table: book
Create Table: CREATE TABLE 'book' (
  'bookid' int NOT NULL,
  'bookname' varchar(255) NOT NULL,
  'authors' varchar(255) NOT NULL,
  'info' varchar(255) DEFAULT NULL,
  'comment' varchar(255) DEFAULT NULL,
  'year_publication' year NOT NULL,
  UNIQUE KEY 'index_name' ('bookname'),
  KEY 'index_id' ('bookid'),
  FULLTEXT KEY 'index_info' ('info')
) ENGINE=InnoDB DEFAULT CHARSET=utf8mb4 COLLATE=utf8mb4_0900_ai_ci
```

由结果中可知，book 数据表已经创建了一个全文索引。

6.3.4　创建单列索引

为了演示创建索引的方法，下面创建一个图书信息数据表 book02，执行语句如下：

```
CREATE TABLE book02
(
    bookid              INT NOT NULL,
    bookname            VARCHAR(255) NOT NULL,
    authors             VARCHAR(255) NOT NULL,
    info                VARCHAR(255) NULL,
    comment             VARCHAR(255) NULL,
    year_publication    YEAR NOT NULL
);
```

下面给出一个实例，来介绍在已经存在的数据表上创建单列索引的方法。

实例 10　在 book02 数据表上创建单列索引

在已经存在的 book02 数据表中的 bookname 字段上创建名为 index_name 的单列索引，执行语句如下：

```
mysql> CREATE INDEX index_name ON book02(bookname);
```

下面使用 SHOW CREATE TABLE 语句查看 book02 数据表的结构，执行语句如下：

```
mysql> SHOW CREATE TABLE book02 \G
*************************** 1. row ***************************
      Table: book02
Create Table: CREATE TABLE 'book02' (
  'bookid' int NOT NULL,
  'bookname' varchar(255) NOT NULL,
  'authors' varchar(255) NOT NULL,
  'info' varchar(255) DEFAULT NULL,
  'comment' varchar(255) DEFAULT NULL,
  'year_publication' year NOT NULL,
  KEY 'index_name' ('bookname')
) ENGINE=InnoDB DEFAULT CHARSET=utf8mb4 COLLATE=utf8mb4_0900_ai_ci
```

由结果中可知，book02 数据表已经创建了一个单列索引。

6.3.5　创建多列索引

下面给出一个实例，来介绍在已经存在的数据表上创建多列索引的方法。

实例 11　在 book02 数据表上创建多列索引

在已经存在的 book02 数据表中的 bookid、bookname、authors 字段上创建名为 index_zuhe 的多列索引，执行语句如下：

```
mysql> CREATE INDEX index_zuhe ON book02(bookid,bookname,authors);
```

下面使用 SHOW CREATE TABLE 语句查看 book02 表的结构，执行语句如下：

```
mysql> SHOW CREATE TABLE book02 \G
*************************** 1. row ***************************
      Table: book02
Create Table: CREATE TABLE 'book02' (
 'bookid' int NOT NULL,
 'bookname' varchar(255) NOT NULL,
 'authors' varchar(255) NOT NULL,
 'info' varchar(255) DEFAULT NULL,
 'comment' varchar(255) DEFAULT NULL,
 'year_publication' year NOT NULL,
 KEY 'index_name' ('bookname'),
 KEY 'index_zuhe' ('bookid','bookname','authors')
) ENGINE=InnoDB DEFAULT CHARSET=utf8mb4 COLLATE=utf8mb4_0900_ai_ci
```

由结果中可知，book02 表已经创建了一个多列索引。

6.3.6　创建空间索引

下面给出一个实例，来介绍在已经存在的数据表上创建空间索引的方法。

实例 12　在 book03 数据表上创建空间索引

在已经存在的 book03 数据表中的 bookname 字段上创建名为 index_na 的空间索引。在创建空间索引之前，首先需要创建数据表 book03，这里需要先设置 bookname 的字段类型为空间数据类型，而且是非空，执行语句如下：

```
CREATE TABLE book03
(
    bookid            INT NOT NULL,
    bookname          GEOMETRY NOT NULL,
    authors           VARCHAR(255) NOT NULL,
    info              VARCHAR(255) NULL,
    comment           VARCHAR(255) NULL,
    year_publication  YEAR NOT NULL
)ENGINE=MyISAM;
```

下面开始创建空间索引，执行语句如下：

```
mysql> CREATE SPATIAL INDEX index_na ON book03(bookname);
```

下面使用 SHOW CREATE TABLE 语句查看 book03 表的结构，执行语句如下：

```
mysql> SHOW CREATE TABLE book03 \G
*************************** 1. row ***************************
      Table: book03
Create Table: CREATE TABLE 'book03' (
 'bookid' int NOT NULL,
 'bookname' geometry NOT NULL,
 'authors' varchar(255) NOT NULL,
 'info' varchar(255) DEFAULT NULL,
 'comment' varchar(255) DEFAULT NULL,
 'year_publication' year NOT NULL,
 SPATIAL KEY 'index_na' ('bookname')
) ENGINE=MyISAM DEFAULT CHARSET=utf8mb4 COLLATE=utf8mb4_0900_ai_ci
```

6.4 使用 ALTER TABLE 语句创建索引

在已经存在的数据表中，可以通过 ALTER TABLE 语句直接为表上的一个或几个字段创建索引，语法格式如下：

```
ALTER TABLE table_name ADD [UNIQUE|FULLTEXT|SPATIAL] INDEX [index_name]
(col_name [(length)] [ASC | DESC]);
```

这里的参数与前面两个创建索引方法中的参数含义一样，不再介绍。

6.4.1 创建普通索引

下面给出一个实例，来介绍在已经存在的数据表上使用 ALTER TABLE 语句创建普通索引的方法。

实例 13 使用 ALTER TABLE 语句创建普通索引

在已经存在的 book 数据表中的 bookid 字段上创建名为 index_id 的索引，执行语句如下：

```
mysql> ALTER TABLE book ADD INDEX index_id(bookid);
```

即可完成普通索引的创建。

下面使用 SHOW CREATE TABLE 语句查看 book 数据表的结构，执行语句如下：

```
mysql> SHOW CREATE TABLE book \G
*************************** 1. row ***************************
      Table: book
Create Table: CREATE TABLE 'book' (
  'bookid' int NOT NULL,
  'bookname' varchar(255) NOT NULL,
  'authors' varchar(255) NOT NULL,
  'info' varchar(255) DEFAULT NULL,
  'comment' varchar(255) DEFAULT NULL,
  'year_publication' year NOT NULL,
  UNIQUE KEY 'index_name' ('bookname'),
  KEY 'index_id' ('bookid'),
  FULLTEXT KEY 'index_info' ('info')
) ENGINE=InnoDB DEFAULT CHARSET=utf8mb4 COLLATE=utf8mb4_0900_ai_ci
```

由结果中可知，book 数据表已经创建了一个普通索引。

6.4.2 创建唯一性索引

下面给出一个实例，来介绍在已经存在的数据表上使用 ALTER TABLE 语句创建唯一性索引的方法。

实例 14 使用 ALTER TABLE 语句创建唯一性索引

在已经存在的 book 数据表中的 bookname 字段上创建名为 index_na 的唯一性索引，执行语句如下：

```
mysql> ALTER TABLE book ADD UNIQUE INDEX index_na(bookname);
```

即可完成唯一性索引的创建。

下面使用 SHOW CREATE TABLE 语句查看 book 表的结构，执行语句如下：

```
mysql> SHOW CREATE TABLE book \G
*************************** 1. row ***************************
      Table: book
Create Table: CREATE TABLE 'book' (
 'bookid' int NOT NULL,
 'bookname' varchar(255) NOT NULL,
 'authors' varchar(255) NOT NULL,
 'info' varchar(255) DEFAULT NULL,
 'comment' varchar(255) DEFAULT NULL,
 'year_publication' year NOT NULL,
 UNIQUE KEY 'index_name' ('bookname'),
 UNIQUE KEY 'index_na' ('bookname'),
 KEY 'index_id' ('bookid'),
 FULLTEXT KEY 'index_info' ('info')
) ENGINE=InnoDB DEFAULT CHARSET=utf8mb4 COLLATE=utf8mb4_0900_ai_ci
```

从结果中可以看出 book 表已经创建了唯一性索引。

6.4.3　创建全文索引

下面给出一个实例，来介绍在已经存在的数据表上使用 ALTER TABLE 语句创建全文索引的方法。

实例 15　使用 ALTER TABLE 语句创建全文索引

在已经存在的 book 数据表中的 info 字段上创建名为 index_in 的全文索引，执行语句如下：

```
mysql> ALTER TABLE book ADD FULLTEXT INDEX index_in(info);
```

6.4.4　创建单列索引

下面给出一个实例，来介绍在已经存在的数据表上使用 ALTER TABLE 语句创建单列索引的方法。

实例 16　使用 ALTER TABLE 语句创建单列索引

在已经存在的 book03 数据表中的 bookname 字段上创建名为 index_name 的单列索引，执行语句如下：

```
mysql> ALTER TABLE book03 ADD INDEX index_name(bookname);
```

6.4.5　创建多列索引

下面给出一个实例，来介绍在已经存在的数据表上使用 ALTER TABLE 语句创建多列索引的方法。

实例 17 使用 ALTER TABLE 语句创建多列索引

在已经存在的 book 数据表中的 bookid、bookname、authors 字段上创建名为 index_zuhe 的多列索引，执行语句如下：

```
mysql> ALTER TABLE book ADD INDEX index_zuhe(bookid,bookname,authors);
```

6.4.6 创建空间索引

下面给出一个实例，来介绍在已经存在的数据表上使用 ALTER TABLE 语句创建空间索引的方法。

创建数据表 book04，这里需要先设置 bookname 的字段类型为空间数据类型，而且是非空类型，执行语句如下：

```
CREATE TABLE book04
(
    bookid              INT NOT NULL,
    bookname            GEOMETRY NOT NULL,
    authors             VARCHAR(255) NOT NULL,
    info                VARCHAR(255) NULL,
    comment             VARCHAR(255) NULL,
    year_publication    YEAR NOT NULL
)ENGINE=MyISAM;
```

实例 18 使用 ALTER TABLE 语句创建空间索引

在已经存在的 book04 数据表中的 bookname 字段上创建名为 index_na 的空间索引，执行语句如下：

```
mysql> ALTER TABLE book04 ADD SPATIAL INDEX index_na(bookname);
```

6.5 删 除 索 引

在数据库中使用索引，虽然可以给数据库的管理带来益处，但也会造成数据库存储中的浪费。因此，当表中的索引不再需要时，要及时将这些索引删除。在 MySQL 中，删除索引可以使用 DROP INDEX 语句或者 ALTER TABLE 语句，两者可达到相同的目的。

6.5.1 使用 ALTER TABLE 语句删除索引

使用 ALTER TABLE 语句可以删除索引，基本语法格式如下：

```
ALTER TABLE table_name DROP INDEX index_name;
```

主要参数介绍如下。

- index_name：要删除的索引的名称。
- table_name：索引所在的表的名称。

实例 19　使用 ALTER TABLE 语句删除索引

删除 book 数据表中的名称为 index_zuhe 的多列索引。

首先查看 book 数据表中是否有名称为 index_zuhe 的多列索引，执行语句如下：

```
mysql> SHOW CREATE TABLE book \G
*************************** 1. row ***************************
       Table: book
Create Table: CREATE TABLE 'book' (
  'bookid' int NOT NULL,
  'bookname' varchar(255) NOT NULL,
  'authors' varchar(255) NOT NULL,
  'info' varchar(255) DEFAULT NULL,
  'comment' varchar(255) DEFAULT NULL,
  'year_publication' year NOT NULL,
  UNIQUE KEY 'index_name' ('bookname'),
  UNIQUE KEY 'index_na' ('bookname'),
  KEY 'index_id' ('bookid'),
  KEY 'index_zuhe' ('bookid','bookname','authors'),
  FULLTEXT KEY 'index_info' ('info'),
  FULLTEXT KEY 'index_in' ('info')
) ENGINE=InnoDB DEFAULT CHARSET=utf8mb4 COLLATE=utf8mb4_0900_ai_ci
```

由查询结果可知，book 数据表中有名称为 index_zuhe 的多列索引。

下面删除该索引，执行语句如下：

```
mysql> ALTER TABLE book DROP INDEX index_zuhe;
```

语句执行完毕，使用 SHOW CREATE TABLE 语句查看索引是否被删除，执行语句如下：

```
mysql> SHOW CREATE TABLE book \G
*************************** 1. row ***************************
       Table: book
Create Table: CREATE TABLE 'book' (
  'bookid' int NOT NULL,
  'bookname' varchar(255) NOT NULL,
  'authors' varchar(255) NOT NULL,
  'info' varchar(255) DEFAULT NULL,
  'comment' varchar(255) DEFAULT NULL,
  'year_publication' year NOT NULL,
  UNIQUE KEY 'index_name' ('bookname'),
  UNIQUE KEY 'index_na' ('bookname'),
  KEY 'index_id' ('bookid'),
  FULLTEXT KEY 'index_info' ('info'),
  FULLTEXT KEY 'index_in' ('info')
) ENGINE=InnoDB DEFAULT CHARSET=utf8mb4 COLLATE=utf8mb4_0900_ai_ci
```

可以看到，book 数据表中已经没有名称为 index_zuhe 的多列索引。

6.5.2　使用 DROP INDEX 语句删除索引

可以使用 DROP 语句删除索引，其语法格式如下：

```
DROP INDEX index_name ON table_name;
```

主要参数介绍如下。

● index_name：要删除的索引的名称。

● table_name：索引所在的表的名称。

实例 20 使用 DROP INDEX 语句删除索引

删除 book04 表中名称为 index_na 的空间索引，执行语句如下：

```
mysql> DROP INDEX index_na ON book04;
```

语句执行完毕，使用 SHOW CREATE TABLE 语句查看索引是否被删除，执行语句如下：

```
mysql> SHOW CREATE TABLE book04 \G
*************************** 1. row ***************************
       Table: book04
Create Table: CREATE TABLE 'book04' (
  'bookid' int NOT NULL,
  'bookname' geometry NOT NULL,
  'authors' varchar(255) NOT NULL,
  'info' varchar(255) DEFAULT NULL,
  'comment' varchar(255) DEFAULT NULL,
  'year_publication' year NOT NULL
) ENGINE=MyISAM DEFAULT CHARSET=utf8mb4 COLLATE=utf8mb4_0900_ai_ci
```

由执行结果可以看出，book04 数据表中已经没有名称为 index_na 的空间索引，删除索引成功。

6.6 疑难解惑

疑问 1：索引对数据库性能如此重要，应该如何使用它？

为数据库选择正确的索引是一项复杂的任务。如果索引列较少，则需要的磁盘空间和维护开销都较少。如果在一个大表上创建了多种组合索引，那么索引文件也会膨胀很快。另外，索引较多会覆盖更多的查询。这就需要试验若干不同的设计，才能找到最有效的索引，可以添加、修改和删除索引而不影响数据库架构或应用程序设计。因此，应尝试多个不同的索引从而建立最优的索引。

疑问 2：在给索引进行重命名时，为什么提示找不到呢？

在给索引重命名时，一定要将原来的索引名前面加上该索引所在的表名，否则在数据库中是找不到的。

6.7 跟我学上机

上机练习 1：创建数据表的同时创建索引。

创建数据库 index_test，按照下面表结构在 index_test 数据库中创建两个数据表，test_table1 和 test_table2，如表 6-1 和表 6-2 所示，并按照操作过程完成对数据表的基本操作。

表 6-1 test_table1 表结构

字 段 名	数据类型	主 键	外 键	非 空	唯 一	自 增
id	int	否	否	是	是	是
name	CHAR(100)	否	否	是	否	否
address	CHAR(100)	否	否	否	否	否
description	CHAR(100)	否	否	否	否	否

表 6-2 test_table2 表结构

字 段 名	数据类型	主 键	外 键	非 空	唯 一	自 增
id	int	是	否	是	是	否
firstname	CHAR(50)	否	否	是	否	否
middlename	CHAR(50)	否	否	是	否	否
lastname	CHAR(50)	否	否	是	否	否
birth	DATE	否	否	是	否	否
title	CHAR(100)	否	否	否	否	否

(1) 创建数据库 index_test。

(2) 选择数据库 index_test。

(3) 创建 test_table1 数据表的同时创建索引。

(4) 使用 SHOW 语句查看索引信息。

上机练习 2：创建数据表后再创建索引。

(1) 创建 test_table2 数据表，设置存储引擎为 MyISAM。

(2) 使用 ALTER TABLE 语句在表 test_table2 的 birth 字段上，创建名称为 ComDateIdx 的普通索引。

(3) 使用 ALTER TABLE 语句在表 test_table2 的 id 字段上，添加名称为 UniqIdx2 的唯一索引，并以降序排列。

(4) 使用 CREATE INDEX 在 firstname、middlename 和 lastname 3 个字段上建立名称为 MultiColIdx2 的组合索引。

(5) 使用 CREATE INDEX 在 title 字段上建立名称为 FTIdx 的全文索引。

上机练习 3：删除不需要的索引。

(1) 使用 ALTER TABLE 语句删除表 test_table1 中名称为 UniqIdx 的唯一索引。

(2) 使用 DROP INDEX 语句删除表 test_table2 中名称为 MultiColIdx2 的组合索引。

第 7 章

插入、更新与删除
数据记录

存储在系统中的数据是数据库管理系统(DBMS)的核心，数据库被设计用来管理数据的存储、访问和维护数据的完整性。MySQL 中提供了丰富的数据库管理语句，包括插入数据的 INSERT 语句、更新数据的 UPDATE 语句及当数据不再使用时删除数据的 DELETE 语句，本章就来介绍数据的插入、修改与删除操作。

本章要点(已掌握的在方框中打勾)

☐ 掌握向数据表中插入数据的方法
☐ 掌握更新数据的方法
☐ 掌握删除数据的方法

7.1　向数据表中插入数据

数据库与数据表创建完毕后,就可以向数据表中插入数据了,也只有数据表中有了数据, 数据库才有意义。那么,如何向数据表中插入数据呢?在 MySQL 中,我们可以使用 SQL 语句向数据表中插入数据。

7.1.1　给表里的所有字段插入数据

使用 SQL 语句中的 INSERT 语句可以向数据表中插入数据,INSERT 语句的基本语法格式如下:

```
INSERT INTO table_name (column_name1, column_name2,…)
VALUES (value1, value2,…);
```

主要参数介绍如下。

- table_name:指定要插入数据的表名。
- column_name:可选参数,列名。用来指定记录中显示插入的数据的字段,如果不指定字段列表,则后面的 column_name 中的每一个值都必须与表中对应位置的值相匹配。
- value:值。指定每个列对应插入的数据。字段列和数据值的数量必须相同,多个值之间使用逗号隔开。

向表中所有的字段同时插入数据是一个比较常见的应用,也是 INSERT 语句形式中最简单的应用。在演示插入数据操作之前,需要准备一张数据表,这里创建一个 person 数据表。 person 表的结构如表 7-1 所示。

表 7-1　person 表的结构

字段名称	数据类型	备　注
id	INT	编号
name	VARCHAR(40)	姓名
age	INT	年龄
info	VARCHAR(50)	备注信息

根据表 7-1 的结构,创建 person 数据表,执行语句如下:

```
CREATE TABLE person
(
    id      INT,
    name    CHAR(40),
    age     INT,
    info    CHAR(50),
    PRIMARY KEY (id)
);
```

使用 DESC 语句可以查看数据表的结构。

```
mysql> DESC person;
+--------+----------+------+-----+---------+-------+
| Field  | Type     | Null | Key | Default | Extra |
+--------+----------+------+-----+---------+-------+
| id     | int      | NO   | PRI | NULL    |       |
| name   | char(40) | YES  |     | NULL    |       |
| age    | int      | YES  |     | NULL    |       |
| info   | char(50) | YES  |     | NULL    |       |
+--------+----------+------+-----+---------+-------+
```

实例 1　在 person 表中插入第 1 条记录

在 person 表中，插入第 1 条记录，id 值为 1，name 值为李天艺，age 值为 21，info 值为上海市。

执行插入操作之前，使用 SELECT 语句查看表中的数据，执行语句如下：

```
mysql> SELECT * FROM person;
Empty set (0.00 sec)
```

显示当前表为空，没有数据。

接下来执行插入数据操作，执行语句如下：

```
mysql> INSERT INTO person (id, name, age, info) VALUES (1,'李天艺', 21, '上海市');
```

语句执行完毕之后，查看插入数据的执行结果，执行语句如下：

```
mysql> SELECT * FROM person;
+-----+--------+------+--------+
| id  | name   | age  | info   |
+-----+--------+------+--------+
| 1   | 李天艺 | 21   | 上海市 |
+-----+--------+------+--------+
```

由执行结果可知，插入记录成功。在插入数据时，指定了 person 表的所有字段，因此将为每一个字段插入新的值。

实例 2　在 person 表中插入第 2 条记录

INSERT 语句后面的列名称可以不按照数据表定义时的顺序插入数据，只需要保证值的顺序与列字段的顺序相同即可。在 person 表中，插入第 2 条记录，执行语句如下：

```
mysql> INSERT INTO person (name, id, age, info) VALUES ('赵子涵',2,19, '上海市');
```

查询 person 表中插入的数据，执行语句如下：

```
mysql> SELECT * FROM person;
+-----+--------+------+--------+
| id  | name   | age  | info   |
+-----+--------+------+--------+
| 1   | 李天艺 | 21   | 上海市 |
| 2   | 赵子涵 | 19   | 上海市 |
+-----+--------+------+--------+
```

实例 3　在 person 表中插入第 3 条记录

使用 INSERT 语句插入数据时，允许插入的字段列表为空，此时，值列表中需要为表的每一个字段指定值，并且值的顺序必须和数据表中字段定义时的顺序相同。在 person 表中，插入第 3 条记录，执行语句如下。

```
mysql> INSERT INTO person VALUES (3,'郭怡辰',19, '上海市');
```

查询 person 表中插入的数据，执行语句如下：

```
mysql> SELECT * FROM person;
+----+--------+------+--------+
| id | name   | age  | info   |
+----+--------+------+--------+
|  1 | 李天艺 |  21  | 上海市 |
|  2 | 赵子涵 |  19  | 上海市 |
|  3 | 郭怡辰 |  19  | 上海市 |
+----+--------+------+--------+
```

从结果可以看到 INSERT 语句成功地插入了 3 条记录。

7.1.2　向表中插入数据时使用默认值

为表的指定字段插入数据，就是在 INSERT 语句中只向部分字段中插入值，而其他字段的值为表定义时的默认值。

实例 4　在 person 表中插入数据时使用默认值

向 person 表中插入数据并使用默认值，执行语句如下：

```
mysql> INSERT INTO person (id,name,age) VALUES (4,'张龙轩',20);
```

查询 person 表中插入的数据，执行语句如下：

```
mysql> SELECT * FROM person;
+----+--------+------+--------+
| id | name   | age  | info   |
+----+--------+------+--------+
|  1 | 李天艺 |  21  | 上海市 |
|  2 | 赵子涵 |  19  | 上海市 |
|  3 | 郭怡辰 |  19  | 上海市 |
|  4 | 张龙轩 |  20  | NULL   |
+----+--------+------+--------+
```

由执行结果可知，虽然没有指定插入的字段和字段值，INSERT 语句仍可以正常执行，MySQL 自动向相应字段插入了默认值，这里的默认值为 NULL。

7.1.3　一次插入多条数据

使用 INSERT 语句可以同时向数据表中插入多条记录，插入时指定多个值列表，每个值列表之间用逗号分隔开。具体的语法格式如下：

```
INSERT INTO table_name (column_name1, column_name2,…)
VALUES (value1, value2,…),
       (value1, value2,…),
       ……
```

实例 5　在 person 表中一次插入多条数据

向 person 表中添加多条数据记录，执行语句如下：

```
mysql> INSERT INTO person VALUES (5,'中宇',19, '北京市'),(6,'明玉',18, '北京市'),
(7,'张欣',19, '北京市');
```

查询 person 表中添加的数据，执行语句如下：

```
mysql> SELECT * FROM person;
+----+--------+------+--------+
| id | name   | age  | info   |
+----+--------+------+--------+
| 1  | 李天艺 | 21   | 上海市 |
| 2  | 赵子涵 | 19   | 上海市 |
| 3  | 郭怡辰 | 19   | 上海市 |
| 4  | 张龙轩 | 20   | NULL   |
| 5  | 中宇   | 19   | 北京市 |
| 6  | 明玉   | 18   | 北京市 |
| 7  | 张欣   | 19   | 北京市 |
+----+--------+------+--------+
```

7.1.4　通过复制表数据插入数据

INSERT 还可以将 SELECT 语句查询的结果插入表中，而不需要把多条记录的值一个一个输入，只需要使用一条 INSERT 语句和一条 SELECT 语句组成的组合语句即可快速地从一个或多个表中向另一个表中插入多个行。

具体的语法格式如下：

```
INSERT INTO table_name1(column_name1, column_name2,…)
SELECT column_name_1, column_name_2,…
FROM table_name2
```

主要参数介绍如下。

- table_name1：插入数据的表。
- column_name1：表中要插入值的列名。
- column_name_1：table_name2 中的列名。
- table_name2：取数据的表。

实例 6　通过复制表数据插入数据

从 person_old 表中查询所有的记录，并将其插入 person 表中。

首先，创建一个名为"person_old"的数据表，其表结构与 person 表结构相同，执行语句如下：

```
CREATE TABLE person_old
(
    id      INT,
    name    CHAR(40),
    age     INT,
    info    CHAR(50),
```

```
    PRIMARY KEY (id)
);
```

接着向 person_old 表中插入两条数据记录，执行语句如下：

```
mysql> INSERT INTO person_old VALUES(8,'马尚宇',21,'广州市'),(9,'刘玉倩',20,'广州市');
```

查询数据表"person_old"中插入的数据，执行语句如下：

```
mysql> SELECT * FROM person_old;
+----+--------+------+--------+
| id | name   | age  | info   |
+----+--------+------+--------+
|  8 | 马尚宇  |  21  | 广州市  |
|  9 | 刘玉倩  |  20  | 广州市  |
+----+--------+------+--------+
```

从结果可以看到 INSERT 语句一次成功地插入了两条记录。

"person_old"表中现在有两条记录。接下来将"person_old"表中所有的记录插入 person 表中，执行语句如下：

```
mysql> INSERT INTO person(id, name, age, info)
mysql> SELECT id, name, age, info FROM person_old;
```

查询 person 表中插入的数据，执行语句如下：

```
mysql> SELECT * FROM person;
```

由结果可以看到，INSERT 语句执行后，课程信息表中多了两条记录，这两条记录和 person_old 表中的记录完全相同，数据转移成功。

7.2　更新数据表中的数据

如果发现数据表中的数据不符合要求，用户可以对其进行更新。更新数据的方法有多种，比较常用的是使用 UPDATE 语句进行更新。该语句既可以更新特定的数据，也可以同时更新所有的数据行。UPDATE 语句的基本语法格式如下：

```
UPDATE table_name
SET column_name1 = value1,column_name2=value2,…,column_nameN=valueN
WHERE search_condition
```

主要参数介绍如下。

- table_name：要更新的数据表名称。
- SET 子句：指定要更新的字段名和字段值，可以是常量或者表达式。
- column_name1,column_name2,…,column_nameN：需要更新的字段的名称。
- value1,value2,…,valueN：相对应的指定字段的更新值，更新多个列时，每对"列=值"之间用逗号隔开，最后一列后面不需要加逗号。
- WHERE 子句：指定待更新的记录需要满足的条件，具体的条件在 search_condition 中指定。如果不指定 WHERE 子句，则对表中所有的数据行进行更新。

7.2.1　更新表中的全部数据

更新表中某列所有数据记录的操作比较简单，只需要在 SET 关键字后设置更新条件即可。

实例7　一次性更新 person 表中的全部数据

在 person 表中，将"info"全部更新为"上海市"，执行语句如下：

```
mysql> UPDATE person SET info='上海市';
```

查询 person 表中更新的数据，执行语句如下：

```
mysql> SELECT * FROM person;
```

由结果可知，UPDATE 语句执行后，person 表中"info"列的数据已全部更新为"上海市"。

7.2.2　更新表中指定单行数据

通过设置条件，可以更新表中指定单行数据记录，下面给出一个实例。

实例8　更新 person 表中的单行数据

在 person 表中，更新 id 值为 4 的记录，将"info"字段值改为"北京市"，将"年龄"字段值改为 22，执行语句如下：

```
mysql> UPDATE person SET info='北京市',age='22' WHERE id=4;
```

查询 person 表中更新的数据，执行语句如下：

```
mysql> SELECT * FROM person WHERE id=4;
+----+--------+------+--------+
| id | name   | age  | info   |
+----+--------+------+--------+
|  4 | 张龙轩 |  22  | 北京市 |
+----+--------+------+--------+
```

由结果可知，UPDATE 语句执行后，课程信息表中 id 为 4 的数据记录已经被更新。

7.2.3　更新表中指定多行数据

通过指定条件，可以同时更新表中指定多行数据记录，下面给出一个实例。

实例9　更新 person 表中的指定多行数据

在 person 表中，更新编号字段值为 2 到 6 的记录，将"info"字段值都更新为"北京市"，执行语句如下：

```
mysql> UPDATE person SET info='北京市' WHERE id BETWEEN 2 AND 6;
```

查询 person 表中更新的数据，执行语句如下：

```
mysql> SELECT * FROM person WHERE id BETWEEN 2 AND 6;
+----+--------+------+--------+
| id | name   | age  | info   |
+----+--------+------+--------+
| 2  | 赵子涵  | 19   | 北京市  |
| 3  | 郭怡辰  | 19   | 北京市  |
| 4  | 张龙轩  | 22   | 北京市  |
| 5  | 中宇    | 19   | 北京市  |
| 6  | 明玉    | 18   | 北京市  |
+----+--------+------+--------+
```

由结果可知，UPDATE 语句执行后，person 表中符合条件的数据记录已全部被更新。

7.3　删除数据表中的数据

如果数据表中的数据没用了，用户可以将其删除。需要注意的是，删除数据操作不容易恢复，因此需要谨慎操作。在删除数据表中的数据之前，如果不能确定这些数据以后是否还会有用，最好对其进行备份处理。

删除数据表中的数据使用 DELETE 语句，DELETE 语句允许 WHERE 子句指定删除条件，具体的语法格式如下：

```
DELETE FROM table_name
WHERE <condition>;
```

主要参数介绍如下。

- table_name：指定要执行删除操作的表。
- WHERE <condition>：可选参数，指定删除条件。如果没有 WHERE 子句，DELETE 语句将删除表中的所有记录。

7.3.1　根据条件清除数据

当要删除数据表中部分数据时，需要指定删除记录的满足条件，即在 WHERE 子句后设置删除条件，下面给出一个实例。

实例 10　删除 person 表中的指定数据记录

在 person 表中，删除"info"为"上海市"的记录。

删除之前首先查询一下"info"为"上海市"的记录，执行语句如下：

```
mysql> SELECT * FROM person WHERE info='上海市';
+----+--------+------+--------+
| id | name   | age  | info   |
+----+--------+------+--------+
| 1  | 李天艺  | 21   | 上海市  |
| 7  | 张欣    | 19   | 上海市  |
| 8  | 马尚宇  | 21   | 上海市  |
| 9  | 刘玉倩  | 20   | 上海市  |
+----+--------+------+--------+
```

下面执行删除操作，输入如下 SQL 语句：

```
mysql> DELETE FROM person WHERE info='上海市';
```

再次查询一下"info"为"上海市"的记录，执行语句如下：

```
mysql> SELECT * FROM person WHERE info='上海市';
Empty set (0.00 sec)
```

该结果表示为空记录，说明数据已经被删除。

7.3.2　清空表中的数据

删除表中的所有数据记录也就是清空表中所有数据，该操作非常简单，只需要抛掉 WHERE 子句就可以了。

实例 11　清空 person 表中所有记录

删除之前，首先查询一下数据记录，执行语句如下：

```
mysql> SELECT * FROM person;
+----+--------+------+--------+
| id | name   | age  | info   |
+----+--------+------+--------+
| 2  | 赵子涵  | 19   | 北京市 |
| 3  | 郭怡辰  | 19   | 北京市 |
| 4  | 张龙轩  | 22   | 北京市 |
| 5  | 中宇    | 19   | 北京市 |
| 6  | 明玉    | 18   | 北京市 |
+----+--------+------+--------+
```

下面执行删除操作，执行语句如下：

```
DELETE FROM person;
```

再次查询数据记录，执行语句如下：

```
SELECT * FROM person;
Empty set (0.00 sec)
```

通过对比两次查询结果，可以得知数据表已经清空，删除表中所有记录成功，现在 person 表中已经没有任何数据记录。

 使用 TRUNCATE 语句也可以删除数据，具体的方法为：TRUNCATE TABLE table_name，其中 table_name 为要删除数据记录的数据表的名称。

7.4　疑 难 解 惑

疑问 1：插入记录时可以不指定字段名称吗？

可以，但是不管使用哪种 INSERT 语法，都必须给出 VALUES 的正确数目。如果不提供字段名，则必须给每个字段提供一个值，否则将产生一条错误消息。如果要在 INSERT 操作中省略某些字段，这些字段需要满足一定条件：该列定义为允许空值；或者表定义时给出默认值，如果不给出值，将使用默认值。

疑问 2：更新或者删除表时必须指定 WHERE 子句吗？

不必须。一般情况下，所有的 UPDATE 和 DELETE 语句全都在 WHERE 子句指定了条件。如果省略 WHERE 子句，则 UPDATE 或 DELETE 将被应用到表中所有的行。因此，除非确实打算更新或者删除所有记录，否则绝对要注意使用不带 WHERE 子句的 UPDATE 或 DELETE 语句。建议在对表进行更新和删除操作之前，使用 SELECT 语句确认需要删除的记录，以免造成无法挽回的损失。

7.5　跟我学上机

上机练习 1：创建数据表并在数据表中插入数据。

(1)　创建数据表 books，books 表结构如表 7-2 所示。

表 7-2　books 表结构

字 段 名	字段说明	数据类型	主　键	外　键	非　空	唯　一	自　增
b_id	书编号	INT(11)	是	否	是	是	否
b_name	书名	VARCHAR(50)	否	否	是	否	否
authors	作者	VARCHAR(100)	否	否	是	否	否
price	价格	FLOAT	否	否	是	否	否
pubdate	出版日期	YEAR	否	否	是	否	否
note	说明	VARCHAR(100)	否	否	否	否	否
num	库存	INT(11)	否	否	是	否	否

(2)　创建数据表 books，并按表 7-2 结构定义各个字段。

(3)　books 表创建好之后，使用 SELECT 语句查看表中的数据。

(4)　将表 7-3 中的数据记录插入 books 表中，分别使用不同的方法插入记录。

表 7-3　books 表中的记录

b_id	b_name	authors	price	pubdate	discount	note	num
1	Tale of AAA	Dickes	23	1995	0.85	novel	11
2	EmmaT	Jane lura	35	1993	0.70	joke	22
3	Story of Jane	Jane Tim	40	2001	0.80	novel	0
4	Lovey Day	George Byron	20	2005	0.85	novel	30
5	Old Land	Honore Blade	30	2010	0.60	law	0
6	The Battle	Upton Sara	30	1999	0.65	medicine	40
7	Rose Hood	Richard Haggard	28	2008	0.90	cartoon	28

(5)　指定所有字段名称插入记录。

(6)　不指定字段名称插入记录。

(7)　使用 SELECT 语句查看当前表中的数据。

(8)　同时插入多条记录，使用 INSERT 语句将剩下的多条记录插入表中。

(9)　总共插入了 5 条记录，使用 SELECT 语句查看表中所有的记录。

上机练习 2：对数据表中的数据记录进行管理。

(1)　将 books 表中小说类型(novel)的书的价格都增加 5 元。

(2)　将 books 表中名称为 EmmaT 的书的价格改为 40 元，并将说明改为 drama。

(3)　删除 books 表中库存为 0 的记录。

第 8 章

视图的操作

数据库中的视图是一个虚拟表。同真实的表一样，视图包含一系列带有名称的列和行数据。行和列数据来自由定义视图的查询所引用的表，并且在引用视图时动态生成。本章将通过一些实例来介绍视图的概念、视图的作用、创建视图、查看视图、修改视图、更新视图和删除视图等知识。

本章要点(已掌握的在方框中打勾)

☐ 了解视图的含义和作用
☐ 掌握创建视图的方法
☐ 熟悉如何查看视图
☐ 掌握修改视图的方法
☐ 掌握更新视图的方法
☐ 熟悉查看视图信息的方法
☐ 掌握删除视图的方法

8.1 创建与修改视图

创建视图是使用视图的第一步。视图中包含了 SELECT 查询的结果，因此视图的创建是基于 SELECT 语句和已存在的数据表。视图既可以由一张表组成，也可以由多张表组成。

8.1.1 创建视图的语法规则

创建视图的语法与创建表的语法一样，都是使用 CREATE 语句创建的，创建视图的语法格式为：

```
CREATE [ALGORITHM={UNDEFINED|MERGE|TEMPTABLE}]
VIEW view_name AS
SELECT column_name(s) FROM table_name
[WITH [CASCADED|LOCAL] CHECK OPTION];
```

主要参数的含义如下。

(1) ALGORITHM：可选参数，表示视图选择的算法。

(2) UNDEFINED：MySQL 将自动选择所要使用的算法。

(3) MERGE：将视图的语句与视图定义合并起来，使得视图定义的某一部分取代语句的对应部分。

(4) TEMPTABLE：将视图的结果存入临时表，然后使用临时表执行语句。

(5) view_name：创建视图的名称，可包含其属性列表。

(6) column_name(s)：查询的字段，也就是视图的列名。

(7) table_name：指从哪个数据表获取数据，这里可以从多个表获取数据，格式写法请读者自行参考 SQL 联合查询。

(8) WITH CHECK OPTION：可选参数，表示更新视图时要保证在视图的权限范围内。

(9) CASCADED：更新视图时要满足所有相关视图和表的条件才进行更新。

(10) LOCAL：更新视图时，要满足该视图本身定义的条件即可更新。

使用 CREATE VIEW 语句创建新的视图，如果给定了 OR REPLACE 子句，该语句还能替换已有的视图。select_statement 是一种 SELECT 语句，它给出了视图的定义。该语句可从基表或其他视图进行选择。

注意　　创建视图时，需要有 CREATE VIEW 权限，以及针对由 SELECT 语句选择的每一列上的某些权限。对于在 SELECT 语句中其他地方使用的列，必须具有 SELECT 权限。如果还有 OR REPLACE 子句，则必须在视图上具有 DROP 权限。

8.1.2 在单表上创建视图

在单表上创建视图，通常都是选择一张表中的几个经常需要查询的字段。为演示视图创建与应用的需要，下面创建学生成绩表(studentinfo 数据表)和课程信息表(subjectinfo 数据表)，执行语句如下：

```
CREATE TABLE studentinfo
(
    id          INT  PRIMARY KEY,
    studentid   INT,
    name        VARCHAR(20),
    major       VARCHAR(20),
    subjectid   INT,
    score       DECIMAL(5,2)
);
CREATE TABLE subjectinfo
(
    id          INT  PRIMARY KEY,
    subject     VARCHAR(50)
);
```

创建好 studentinfo 数据表和 subjectinfo 数据表后，下面分别向这两张数据表中插入数据记录，执行语句如下：

```
INSERT INTO studentinfo
VALUES (1,101,'赵子涵', '计算机科学',5,80),
       (2, 102,'侯明远', '会计学',1, 85),
       (3, 103,'冯梓恒', '金融学',2, 95),
       (4, 104,'张俊豪', '建筑学',5 ,97),
       (5, 105,'吕凯', '美术学',4, 68),
       (6, 106,'侯新阳', '金融学',3, 85),
       (7, 107,'朱瑾萱', '计算机科学',1,78),
       (8, 108,'陈婷婷', '动物医学',4, 91),
       (9, 109,'宋志磊', '生物科学',2, 88),
       (10, 110,'高伟光', '工商管理学',4 ,53);
INSERT INTO subjectinfo
  VALUES (1,'大学英语'),
         (2,'高等数学'),
         (3,'线性代数'),
         (4,'计算机基础'),
         (5,'大学体育');
```

实例 1　在单个 studentinfo 数据表上创建视图

在 studentinfo 数据表上创建一个 view_stu 视图，用于查看学生的学号、姓名、所在专业，执行语句如下：

```
CREATE VIEW view_stu AS SELECT studentid AS 学号,name AS 姓名, major AS 所在专业
FROM studentinfo;
```

下面使用创建的视图来查询数据信息，执行语句如下：

```
SELECT * FROM view_stu;
+-------+--------+--------------+
| 学号  | 姓名   | 所在专业     |
+-------+--------+--------------+
| 101   | 赵子涵 | 计算机科学   |
| 102   | 侯明远 | 会计学       |
| 103   | 冯梓恒 | 金融学       |
| 104   | 张俊豪 | 建筑学       |
| 105   | 吕凯   | 美术学       |
```

```
| 106    | 侯新阳   | 金融学         |
| 107    | 朱瑾萱   | 计算机科学      |
| 108    | 陈婷婷   | 动物医学        |
| 109    | 宋志磊   | 生物科学        |
| 110    | 高伟光   | 工商管理学      |
+--------+---------+---------------+
```

由结果可知，从视图 view_stu 中查询的内容和基本表中是一样的，这里的 view_stu 中包含了 3 列。

> **注意**　如果用户创建视图后立刻查询该视图，有时候会提示为该对象不存在的错误信息，此时刷新一下视图列表即可解决问题。

8.1.3　在多表上创建视图

在多表上创建视图，也就是说视图中的数据是从多张数据表中查询出来的，创建的方法就是更改 SQL 语句。

实例 2　在 studentinfo 数据表与 subjectinfo 数据表上创建视图

创建一个名为 view_info 的视图，用于查看学生的姓名、所在专业、课程名称和成绩，执行语句如下：

```
CREATE VIEW view_info AS SELECT studentinfo.name AS 姓名, studentinfo.major
AS 所在专业,
subjectinfo.subject AS 课程名称, studentinfo.score AS 成绩 FROM studentinfo,
subjectinfo
WHERE studentinfo.subjectid=subjectinfo.id;
```

下面使用创建的视图来查询数据信息，执行语句如下：

```
mysql> SELECT * FROM view_info;
+--------+-------------+-------------+----------+
| 姓名   | 所在专业     | 课程名称     | 成绩     |
+--------+-------------+-------------+----------+
| 赵子涵 | 计算机科学   | 大学体育     | 80.00    |
| 侯明远 | 会计学       | 大学英语     | 85.00    |
| 冯梓恒 | 金融学       | 高等数学     | 95.00    |
| 张俊豪 | 建筑学       | 大学体育     | 97.00    |
| 吕凯   | 美术学       | 计算机基础   | 68.00    |
| 侯新阳 | 金融学       | 线性代数     | 85.00    |
| 朱瑾萱 | 计算机科学   | 大学英语     | 78.00    |
| 陈婷婷 | 动物医学     | 计算机基础   | 91.00    |
| 宋志磊 | 生物科学     | 高等数学     | 88.00    |
| 高伟光 | 工商管理学   | 计算机基础   | 53.00    |
+--------+-------------+-------------+----------+
```

从查询结果可以看出，通过创建视图来查询数据，可以很好地保护基本表中的数据。视图中的信息很简单，只包含了姓名、所在专业、课程名称和成绩。

8.2 修改视图

当视图创建完成后，如果觉得有些地方不能满足需要，这时就可以修改视图，而不必重新创建视图了。

8.2.1 修改视图的语法规则

在 MySQL 中，修改视图的语法规则与创建视图的语法规则非常相似，使用 CREATE OR REPLACE VIEW 语句修改视图。视图存在时，可以对视图进行修改；视图不存在时，还可以创建视图，语法格式如下：

```
CREATE OR REPLACE [ALGORITHM={UNDEFINED|MERGE|TEMPTABLE}]
VIEW 视图名[(属性清单)]
AS SELECT 语句
    [WITH [CASCADED|LOCAL] CHECK OPTION];
```

主要参数的含义如下。

(1) ALGORITHM：可选，表示视图选择的算法。

(2) UNDEFINED：MySQL 将自动选择所要使用的算法。

(3) MERGE：将使用视图的语句与视图定义合并起来，使得视图定义的某一部分取代语句的对应部分。

(4) TEMPTABLE：将视图的结果存入临时表，然后使用临时表执行语句。

(5) 视图名：要创建的视图的名称。

(6) 属性清单：可选，指定了视图中各个属性的名词，在默认情况下，与 SELECT 语句中查询的属性相同。

(7) SELECT 语句：一个完整的查询语句，表示从某个表中查出某些满足条件的记录，将这些记录导入视图中。

(8) WITH CHECK OPTION：可选，表示修改视图时要保证在该视图的权限范围之内。

(9) CASCADED：可选，表示修改视图时，需要满足跟该视图有关的所有相关视图和表的条件，该参数为默认值。

(10) LOCAL：修改视图时，只要满足该视图本身定义的条件即可。

视图的修改语法和创建视图语法只有 OR REPLACE 的区别，当使用 CREATE OR REPLACE 的时候，如果视图已经存在则进行修改操作，如果视图不存在则创建视图。

8.2.2 使用 CREATE OR REPLACE VIEW 语句修改视图

在了解了修改视图的语法规则后，下面给出一个实例，来使用 CREATE OR REPLACE VIEW 语句修改视图。

实例3 修改视图 view_stu

在修改语句之前，首先使用 DESC 语句查看一下 view_stu 视图，以便与更改之后的视图

进行对比,查看结果如下:

```
mysql> DESC view_stu;
+--------+-------------+------+-----+---------+-------+
| Field  | Type        | Null | Key | Default | Extra |
+--------+-------------+------+-----+---------+-------+
| 学号   | int         | YES  |     | NULL    |       |
| 姓名   | varchar(20) | YES  |     | NULL    |       |
| 所在专业 | varchar(20) | YES  |     | NULL    |       |
+--------+-------------+------+-----+---------+-------+
```

修改视图执行语句如下:

```
CREATE OR REPLACE VIEW view_stu AS SELECT name AS 姓名, major AS 所在专业
FROM studentinfo;
```

再次使用 DESC 语句查看视图,可以看到修改后的变化如下:

```
mysql> DESC view_stu;
+--------+-------------+------+-----+---------+-------+
| Field  | Type        | Null | Key | Default | Extra |
+--------+-------------+------+-----+---------+-------+
| 姓名   | varchar(20) | YES  |     | NULL    |       |
| 所在专业 | varchar(20) | YES  |     | NULL    |       |
+--------+-------------+------+-----+---------+-------+
```

从执行的结果来看,相比原来的视图 view_stu,新的视图 view_stu 少了一个字段。

下面使用修改后的视图来查看数据信息,执行语句如下:

```
mysql> SELECT * FROM view_stu;
+--------+-----------+
| 姓名   | 所在专业  |
+--------+-----------+
| 赵子涵 | 计算机科学 |
| 侯明远 | 会计学     |
| 冯梓恒 | 金融学     |
| 张俊豪 | 建筑学     |
| 吕凯   | 美术学     |
| 侯新阳 | 金融学     |
| 朱瑾萱 | 计算机科学 |
| 陈婷婷 | 动物医学   |
| 宋志磊 | 生物科学   |
| 高伟光 | 工商管理学 |
+--------+-----------+
```

8.2.3 使用 ALTER 语句修改视图

除了使用 CREATE OR REPLACE VIEW 语句修改视图外,还可以使用 ALTER 语句进行视图修改,语法如下:

```
ALTER [ALGORITHM = {UNDEFINED | MERGE | TEMPTABLE}]
   VIEW view_name [(column_list)]
   AS SELECT_statement
   [WITH [CASCADED | LOCAL] CHECK OPTION]
```

这个语法中的关键字和前面视图的关键字是一样的，这里不再介绍。

实例 4 　修改视图 view_info 的具体内容

修改 view_info 的视图，用于查看学生的学号、姓名、所在专业、课程名称及成绩，执行语句如下：

```
ALTER VIEW view_info AS SELECT studentinfo.studentid AS 学号,studentinfo.name
AS 姓名, studentinfo.major AS 所在专业,subjectinfo.subject AS 课程名称,
studentinfo.score AS 成绩
FROM studentinfo, subjectinfo WHERE studentinfo.subjectid=subjectinfo.id;
```

下面使用修改后的视图来查询数据信息，执行语句如下：

```
mysql> SELECT * FROM view_info;
+-------+--------+------------+------------+--------+
| 学号  | 姓名   | 所在专业   | 课程名称   | 成绩   |
+-------+--------+------------+------------+--------+
| 101   | 赵子涵 | 计算机科学 | 大学体育   | 80.00  |
| 102   | 侯明远 | 会计学     | 大学英语   | 85.00  |
| 103   | 冯梓恒 | 金融学     | 高等数学   | 95.00  |
| 104   | 张俊豪 | 建筑学     | 大学体育   | 97.00  |
| 105   | 吕凯   | 美术学     | 计算机基础 | 68.00  |
| 106   | 侯新阳 | 金融学     | 线性代数   | 85.00  |
| 107   | 朱瑾萱 | 计算机科学 | 大学英语   | 78.00  |
| 108   | 陈婷婷 | 动物医学   | 计算机基础 | 91.00  |
| 109   | 宋志磊 | 生物科学   | 高等数学   | 88.00  |
| 110   | 高伟光 | 工商管理学 | 计算机基础 | 53.00  |
+-------+--------+------------+------------+--------+
```

从查询结果可以看出，通过修改后的视图来查询数据，返回的结果中除姓名、所在专业、课程名称及成绩外，又添加了"学号"一列。

 注意　CREATE OR REPLACE VIEW 语句不仅可以修改已经存在的视图，也可以创建新的视图，而 ALTER 语句只能修改已经存在的视图。因此，在通常情况下，最好使用 CREATE OR REPLACE VIEW 语句修改视图。

8.3　通过视图更新数据

通过视图更新数据是指通过视图来插入、更新、删除表中的数据，通过视图更新数据的方法有 3 种，分别是 INSERT、UPDATE 和 DELETE。视图是一个虚拟表，其中没有数据，因此，通过视图更新数据时都是转到基本表进行更新的。

8.3.1　通过视图插入数据

使用 INSERT 语句向单个基本表组成的视图中插入数据，而不能向两个表或多个表组成的视图中插入数据。

实例5 通过视图向 studentinfo 基本表中插入数据

首先创建一个视图，执行语句如下：

```
CREATE VIEW view_stuinfo(编号,学号,姓名,所在专业,课程编号,成绩) AS
SELECT id,studentid,name,major,subjectid,score FROM studentinfo WHERE
studentid='101';
```

查询插入数据之前的 studentinfo 基本表，执行语句如下：

```
mysql> SELECT * FROM studentinfo;
+----+-----------+--------+-----------+-----------+-------+
| id | studentid | name   | major     | subjectid | score |
+----+-----------+--------+-----------+-----------+-------+
| 1  |    101    | 赵子涵  | 计算机科学 |     5     | 80.00 |
| 2  |    102    | 侯明远  | 会计学     |     1     | 85.00 |
| 3  |    103    | 冯梓恒  | 金融学     |     2     | 95.00 |
| 4  |    104    | 张俊豪  | 建筑学     |     5     | 97.00 |
| 5  |    105    | 吕凯    | 美术学     |     4     | 68.00 |
| 6  |    106    | 侯新阳  | 金融学     |     3     | 85.00 |
| 7  |    107    | 朱瑾萱  | 计算机科学 |     1     | 78.00 |
| 8  |    108    | 陈婷婷  | 动物医学   |     4     | 91.00 |
| 9  |    109    | 宋志磊  | 生物科学   |     2     | 88.00 |
| 10 |    110    | 高伟光  | 工商管理学 |     4     | 53.00 |
+----+-----------+--------+-----------+-----------+-------+
```

使用创建的视图向 studentinfo 基本表中插入一行数据，执行语句如下：

```
mysql> INSERT INTO view_stuinfo VALUES(11,111,'李雅','医药学',3,89);
```

查询插入数据后的 studentinfo 基本表，执行语句如下：

```
mysql> SELECT * FROM studentinfo;
+----+-----------+--------+-----------+-----------+-------+
| id | studentid | name   | major     | subjectid | score |
+----+-----------+--------+-----------+-----------+-------+
| 1  |    101    | 赵子涵  | 计算机科学 |     5     | 80.00 |
| 2  |    102    | 侯明远  | 会计学     |     1     | 85.00 |
| 3  |    103    | 冯梓恒  | 金融学     |     2     | 95.00 |
| 4  |    104    | 张俊豪  | 建筑学     |     5     | 97.00 |
| 5  |    105    | 吕凯    | 美术学     |     4     | 68.00 |
| 6  |    106    | 侯新阳  | 金融学     |     3     | 85.00 |
| 7  |    107    | 朱瑾萱  | 计算机科学 |     1     | 78.00 |
| 8  |    108    | 陈婷婷  | 动物医学   |     4     | 91.00 |
| 9  |    109    | 宋志磊  | 生物科学   |     2     | 88.00 |
| 10 |    110    | 高伟光  | 工商管理学 |     4     | 53.00 |
| 11 |    111    | 李雅    | 医药学     |     3     | 89.00 |
+----+-----------+--------+-----------+-----------+-------+
```

可以看到最后一行是新插入的数据，这就说明，通过在视图 view_stuinfo 中执行一条 INSERT 操作，实际上是向 studentinfo 基本表中插入了一条记录。

8.3.2 通过视图修改数据

除了可以插入一条完整的记录外，通过视图也可以修改数据表中指定的数据。

实例 6　通过视图修改数据表中指定数据记录

通过 view_stuinfo 视图将学号是 101 的学生姓名修改为"张欣"，执行语句如下：

```
mysql> UPDATE view_stuinfo SET 姓名='张欣' WHERE 学号=101;
```

查询修改数据后的 studentinfo 基本表，执行语句如下：

```
mysql> SELECT * FROM studentinfo;
+----+-----------+--------+----------+-----------+--------+
| id | studentid | name   | major    | subjectid | score  |
+----+-----------+--------+----------+-----------+--------+
| 1  |    101    | 张欣   | 计算机科学 |     5     | 80.00  |
| 2  |    102    | 侯明远 | 会计学    |     1     | 85.00  |
| 3  |    103    | 冯梓恒 | 金融学    |     2     | 95.00  |
| 4  |    104    | 张俊豪 | 建筑学    |     5     | 97.00  |
| 5  |    105    | 吕凯   | 美术学    |     4     | 68.00  |
| 6  |    106    | 侯新阳 | 金融学    |     3     | 85.00  |
| 7  |    107    | 朱瑾萱 | 计算机科学 |     1     | 78.00  |
| 8  |    108    | 陈婷婷 | 动物医学  |     4     | 91.00  |
| 9  |    109    | 宋志磊 | 生物科学  |     2     | 88.00  |
| 10 |    110    | 高伟光 | 工商管理学 |     4     | 53.00  |
| 11 |    111    | 李雅   | 医药学    |     3     | 89.00  |
+----+-----------+--------+----------+-----------+--------+
```

从结果可知，学号为 101 的学生姓名被修改为"张欣"，即 UPDATE 语句修改 view_stuinfo 视图中的姓名字段，更新之后，studentinfo 基本表中的 name 字段同时被修改为新的数值。

8.3.3　通过视图删除数据

当数据不再使用时，可以通过 DELETE 语句在视图中删除。

实例 7　通过视图删除数据表中指定数据记录

通过 view_stuinfo 视图删除 studentinfo 基本表中的记录，执行语句如下：

```
mysql> DELETE FROM view_stuinfo WHERE 姓名='张欣';
```

查询删除数据后视图中的数据，执行语句如下：

```
mysql> SELECT * FROM view_stuinfo;
Empty set (0.00 sec)
```

从结果可知，视图中的记录为空。

查询删除数据后 studentinfo 基本表中的数据，执行语句如下：

```
mysql> SELECT * FROM studentinfo;
+----+-----------+--------+----------+-----------+--------+
| id | studentid | name   | major    | subjectid | score  |
+----+-----------+--------+----------+-----------+--------+
| 2  |    102    | 侯明远 | 会计学    |     1     | 85.00  |
| 3  |    103    | 冯梓恒 | 金融学    |     2     | 95.00  |
| 4  |    104    | 张俊豪 | 建筑学    |     5     | 97.00  |
```

```
| 5  | 105         | 吕凯    | 美术学     |            4  | 68.00 |
| 6  | 106         | 侯新阳  | 金融学     |            3  | 85.00 |
| 7  | 107         | 朱瑾萱  | 计算机科学 |            1  | 78.00 |
| 8  | 108         | 陈婷婷  | 动物医学   |            4  | 91.00 |
| 9  | 109         | 宋志磊  | 生物科学   |            2  | 88.00 |
| 10 | 110         | 高伟光  | 工商管理学 |            4  | 53.00 |
| 11 | 111         | 李雅    | 医药学     |            3  | 89.00 |
+----+-------------+---------+------------+--------------+-------+
```

从结果可知，studentinfo 基本表中姓名为"张欣"的数据记录已经被删除。

建立在多个表之上的视图，无法使用 DELETE 语句进行删除操作。

8.4 查看视图信息

视图定义好之后，用户可以随时查看视图的信息，既可以直接在 MySQL 查询编辑窗口中查看，也可以使用系统的存储过程查看。

8.4.1 使用 DESCRIBE 语句查看

使用 DESCRIBE 语句不仅可以查看数据表的基本信息，还可以查看视图的基本信息。因为视图也是一个表，只是这个表比较特殊，它是一个虚拟的表，具体的语法规则如下：

```
DESCRIBE 视图名;
```

其中，"视图名"参数指所要查看的视图的名称。

实例 8 查看视图 view_info 的定义信息

使用 DESCRIBE 语句查看视图 view_info 的定义，执行语句如下：

```
mysql> DESCRIBE view_info;
+-----------+--------------+------+-----+---------+-------+
| Field     | Type         | Null | Key | Default | Extra |
+-----------+--------------+------+-----+---------+-------+
| 学号      | int          | YES  |     | NULL    |       |
| 姓名      | varchar(20)  | YES  |     | NULL    |       |
| 所在专业  | varchar(20)  | YES  |     | NULL    |       |
| 课程名称  | varchar(50)  | YES  |     | NULL    |       |
| 成绩      | decimal(5,2) | YES  |     | NULL    |       |
+-----------+--------------+------+-----+---------+-------+
```

查看结果中显示了字段的名称(Field)、数据类型(Type)、是否为空(NULL)、是否为主外键(Key)、默认值(Default)和额外信息(Extra)。

另外，DESCRIBE 缩写为 DESC，也可以直接使用 DESC 查看视图的定义结构。

> **提示**　如果只需要了解视图中的各个字段的简单信息，可以使用 DESCRIBE 语句。DESCRIBE 语句查看视图的方式与查看普通表的方式是一样的，结果显示的方式也是一样的。通常情况下，都是使用 DESC 代替 DESCRIBE。

8.4.2　使用 SHOW TABLE STATUS 语句查看

在 MySQL 中，可以使用 SHOW TABLE STATUS 语句查看视图的信息，语法格式如下：

```
SHOW TABLE STATUS LIKE '视图名';
```

实例 9　使用 SHOW TABLE STATUS 语句查看视图

使用 SHOW TABLE STATUS 语句查看视图 view_info 的信息，执行语句如下：

```
mysql> SHOW TABLE STATUS LIKE 'view_info' \G;
*************************** 1. row ***************************
           Name: view_info
         Engine: NULL
        Version: NULL
     Row_format: NULL
           Rows: NULL
 Avg_row_length: NULL
    Data_length: NULL
Max_data_length: NULL
   Index_length: NULL
      Data_free: NULL
 Auto_increment: NULL
    Create_time: 2022-05-20 11:36:00
    Update_time: NULL
     Check_time: NULL
      Collation: NULL
       Checksum: NULL
 Create_options: NULL
        Comment: VIEW
```

执行结果显示，表的说明 Comment 的值为 VIEW，说明该表为视图，其他信息为 NULL，说明这是一个虚表。

用同样的语句来查看一下 studentinfo 数据表，执行语句如下：

```
mysql> SHOW TABLE STATUS LIKE 'studentinfo' \G;
*************************** 1. row ***************************
           Name: studentinfo
         Engine: InnoDB
        Version: 10
     Row_format: Dynamic
           Rows: 10
 Avg_row_length: 1638
    Data_length: 16384
Max_data_length: 0
   Index_length: 0
      Data_free: 0
 Auto_increment: NULL
    Create_time: 2022-05-20 11:31:22
```

```
    Update_time: 2022-05-20 11:58:09
     Check_time: NULL
      Collation: utf8mb4_0900_ai_ci
       Checksum: NULL
  Create_options:
        Comment:
```

从查询的结果来看，这里的信息包含了存储引擎、创建时间等，Comment 信息为空，这就是视图和表的区别。

8.4.3 使用 SHOW CREATE VIEW 语句查看

在 MySQL 中，使用 SHOW CREATE VIEW 语句可以查看视图的详细定义，语法格式如下：

```
SHOW CREATE VIEW 视图名;
```

实例 10 使用 SHOW CREATE VIEW 语句查看视图

使用 SHOW CREATE VIEW 语句查看 view_info 视图的详细定义，执行语句如下：

```
mysql> SHOW CREATE VIEW view_info \G;
*************************** 1. row ***************************
          View: view_info
    Create View: CREATE ALGORITHM=UNDEFINED DEFINER='root'@'localhost'
SQL SECURITY DEFINER VIEW 'view_info' AS select 'studentinfo'.'studentid' AS
'学号','studentinfo'.'name' AS '姓名','studentinfo'.'major' AS '所在专业',
'subjectinfo'.'subject' AS '课程名称','studentinfo'.'score' AS '成绩' from
('studentinfo' join 'subjectinfo') where ('studentinfo'.'subjectid' =
'subjectinfo'.'id')
character_set_client: gbk
collation_connection: gbk_chinese_ci
```

执行结果显示了视图的详细信息，包括视图的各个属性、WITH LOCAL OPTION 条件和字符编码等信息，通过 SHOW CREATE VIEW 语句，可以查看视图的所有信息。

8.4.4 在 views 表中查看视图的详细信息

在 MySQL 中，所有视图的定义都存在 information_schema 数据库下的 views 表中，查询 views 表，可以查看到数据库中所有视图的详细信息，查看的语句如下：

```
SELECT * FROM information_schema.views;
```

主要参数介绍如下。

- *：查询所有的列的信息。
- information_schema.views：information_schema 数据库下面的 views 表。

实例 11 查看视图的详细信息

使用 SELECT 语句查询 views 表中的信息，执行语句如下：

```
SELECT * FROM information_schema.views \G;
```

8.5　删　除　视　图

数据库中的任何对象都会占用数据库的存储空间,视图也不例外。当视图不再使用时,要及时删除数据库中多余的视图。

8.5.1　删除视图的语法

删除视图的语法很简单,但是在删除视图之前,一定要确认该视图是否不再使用,因为一旦删除,就不可恢复了。使用 DROP 语句可以删除视图,具体的语法规则如下:

```
DROP VIEW [schema_name.] view_name1, view_name2, ..., view_nameN;
```

主要参数介绍如下。

- schema_name:该视图所属架构的名称。
- view_name:要删除的视图名称。

注意

schema_name 可以省略。

8.5.2　删除不用的视图

使用 DROP 语句可以同时删除多个视图,只需要在删除各视图名称之间用逗号分隔即可。

实例 12　删除 view_stu 视图

删除系统中的 view_stu 视图,执行语句如下:

```
mysql> DROP VIEW IF EXISTS view_stu;
```

删除完成后,再查询一下该视图的信息,执行语句如下:

```
mysql> DESCRIBE view_stu;
ERROR 1146 (42S02): Table 'hotel.view_stu' doesn't exist
```

执行完成后,系统显示了错误提示,说明该视图已经被成功删除。

8.6　疑　难　解　惑

疑问 1:视图和表是没有任何关系吗?

"视图和表没有关系"这句话是不正确的,因为视图(view)是在基本表之上建立的表,它的结构(即所定义的列)和内容(即所有记录)均来自基本表,它依据基本表存在而存在。一个视图既可以对应一个基本表,也可以对应多个基本表。因此,视图是基本表的抽象和在逻辑意义上建立的新关系。

疑问2：通过视图可以更新数据表中的任何数据吗？

不可以，因为当遇到如下情况时，是不能更新数据表数据的。

(1) 修改视图中的数据时，不能同时修改两个或多个基本表。

(2) 不能修改视图中通过计算得到的字段，例如，包含算术表达式或者聚合函数的字段。

(3) 当在视图中执行 UPDATE 或 DELETE 命令时，是无法用 DELETE 命令删除数据的，若使用 UPDATE 命令则应当与 INSERT 命令一样，被更新的列必须属于同一个表。

8.7 跟我学上机

上机练习1：创建并查看视图。

假如有 3 个学生参加 Tsinghua University、Peking University 的自学考试，现在需要用数据对其考试的结果进行查询和管理，Tsinghua University 的分数线为 40 分，Peking University 的分数线为 41 分。学生表(stu 表)包含学生的学号、姓名、家庭地址和电话号码；报名表(sign 表)包含学号、姓名、所在学校和报名的学校；成绩表(str_mark 表)包含学号、姓名、成绩。stu、sign 表、stu_mark 表的表结构以及表中的内容分别如表 8-1～表 8-6 所示。

表 8-1 stu 表结构

字 段 名	字段说明	数据类型	主 键	外 键	非 空	唯 一
s_id	INT(11)	是	否	是	是	否
s_name	VARCHAR(20)	否	否	是	否	否
addr	VARCHAR(50)	否	否	是	否	否
tel	VARCHAR(50)	否	否	是	否	否

表 8-2 sign 表结构

字 段 名	字段说明	数据类型	主 键	外 键	非 空	唯 一
s_id	INT(11)	是	否	是	是	否
s_name	VARCHAR(20)	否	否	是	否	否
s_sch	VARCHAR(50)	否	否	是	否	否
s_sign_sch	VARCHAR(50)	否	否	是	否	否

表 8-3 stu_mark 表结构

字 段 名	字段说明	数据类型	主 键	外 键	非 空	唯 一
s_id	INT(11)	是	否	是	是	否
s_name	VARCHAR(20)	否	否	是	否	否
mark	INT(11)	否	否	是	否	否

表 8-4　stu 表内容

s_id	s_name	addr	tel
1	XiaoWang	Henan	0371-12345678
2	XiaoLi	Hebei	13889072345
3	XiaoTian	Henan	0371-12345670

表 8-5　sign 表内容

s_id	s_name	s_sch	s_sign_sch
1	XiaoWang	Middle School1	Peking University
2	XiaoLi	Middle School2	Tsinghua University
3	XiaoTian	Middle School3	Tsinghua University

表 8-6　stu_mark 表内容

s_id	s_name	mark
1	XiaoWang	80
2	XiaoLi	71
3	XiaoTian	70

(1) 创建学生表 stu，并插入 3 条记录。

(2) 查询学生表 stu 中的数据记录。

(3) 创建报名表 sign，并插入 3 条记录。

(4) 查询报名表 sign 中的数据记录。

(5) 创建成绩表 stu_mark，并插入 3 条记录。

(6) 查询成绩表 stu_mark 中的数据记录。

(7) 创建考上 Peking University 的学生的视图。

(8) 使用视图查询成绩在 Peking University 分数线之上的学生信息。

(9) 创建考上 Tsinghua University 的学生的视图。

(10) 使用视图查询成绩在 Tsinghua University 分数线之上的学生信息。

上机练习 2：在视图中修改数据记录。

(1) 录入 XiaoTian 的成绩时错误地多录了 50 分，对其录入成绩进行更正，更新 XiaoTian 的成绩。

(2) 查看更新过的视图和表的情况。

(3) 查看视图的创建信息。

(4) 删除 Peking University、Tsinghua University 视图。

第 9 章

MySQL 系统函数

MySQL 提供了众多功能强大、方便易用的函数。使用这些函数，可以极大地提高用户对数据库的管理效率；使得数据库的功能更加强大，能够更加灵活地满足不同用户的需求。MySQL 中的函数包括数学函数、字符串函数、日期和时间函数及其他系统函数。本章将介绍 MySQL 中这些函数的功能和用法。

本章要点(已掌握的在方框中打勾)

☐ 了解什么是 MySQL 的函数
☐ 掌握各种数学函数的用法
☐ 掌握各种字符串函数的用法
☐ 掌握时间和日期函数的用法
☐ 掌握其他系统函数的用法

9.1　数　学　函　数

数学函数是用来处理数值数据方面的运算的，常见的数学函数有：绝对值函数、三角函数(包含正弦函数、余弦函数、正切函数、余切函数等)、对数函数等。使用数学函数过程中，如果有错误产生，该函数将会返回空值 NULL。表 9-1 所示为 MySQL 数据库中常用的数学函数。

表 9-1　MySQL 数据库中常用的数学函数

数学函数	作　用
ABS(x)	返回 x 的绝对值
PI()	返回圆周率（3.141593）
MOD(x,y)	返回 x 除以 y 之后的余数
SQRT(x)	返回非负数 x 的二次平方根
ROUND(x)	返回最接近于参数 x 的整数，对 x 值进行四舍五入
ROUND(x,y)	返回最接近于参数 x 的值，此值保留到小数点后面的 y 位
TRUNCATE(x,y)	返回数值 x 保留到小数点后 y 位的值
POW(x,y),POWER(x,y)	返回 x 的 y 次乘方的结果值
EXP(x)	返回 e 的 x 次乘方后的值
LOG(x)	返回 x 的自然对数，x 相对于基数 e 的对数
LOG10(x)	返回 x 以 10 为底的对数
RADIANS(x)	返回参数 x 由角度转换为弧度的值
DEGREES(x)	返回参数 x 由弧度转换为角度的值
SIGN(x)	返回参数 x 的符号，x 为负数、零或正数时分别返回-1、0 或 1
SIN(x)	返回参数 x 的正弦值
COS(x)	返回参数 x 的余弦值
ASIN(x)	返回参数 x 的反正弦，即正弦为 x 的值
ACOS(x)	返回参数 x 的反余弦，即余弦为 x 的值
TAN(x)	返回参数 x 的正切值
COT(x)	返回参数 x 的余切值
ATAN(x)，ATAN2(x,y)	返回参数 x 的反正切值
RAND()	返回 0 到 1 之间的随机数
RAND(x)	返回 0 到 1 之间的随机数，x 值相同时返回的随机数相同
CEIL(x)，CEILING(x)	返回不小于 x 的最小整数值
FLOOR(x)	返回不大于 x 的最大整数值

9.1.1　求绝对值函数 ABS(x)

ABS()函数用来求绝对值。

实例 1　练习使用 ABS(x)函数

执行语句如下：

```
mysql> SELECT ABS(5), ABS(-5),ABS(-0);
+--------+---------+---------+
| ABS(5) | ABS(-5) | ABS(-0) |
+--------+---------+---------+
|      5 |       5 |       0 |
+--------+---------+---------+
```

由结果可以看出，正数的绝对值为其本身；负数的绝对值为其相反数；0 的绝对值为 0。

9.1.2　返回圆周率函数 PI()

PI()返回圆周率π的值。

实例 2　练习使用 PI()函数

执行语句如下：

```
mysql> SELECT PI( );
+----------+
| PI( )    |
+----------+
|3.141593  |
+----------+
```

由结果可以看出，返回的圆周率值保留了 7 位有效数字。

9.1.3　求余函数 MOD(x,y)

MOD(x,y)函数用于返回 x 除以 y 之后的余数运算。

实例 3　练习使用 MOD(x,y)函数

执行语句如下：

```
mysql> SELECT MOD(28,5),MOD(24,4),MOD(36.6,6.6);
+-------------+-------------+---------------+
| MOD(28,5)   | MOD(24,4)   | MOD(36.6,6.6) |
+-------------+-------------+---------------+
|           3 |           0 |           3.6 |
+-------------+-------------+---------------+
```

9.1.4　求平方根函数 SQRT(x)

SQRT(x)函数返回非负数 x 的二次平方根。

实例 4　练习使用 SQRT(x)函数

例如：求 64、30 和-64 的二次平方根，执行语句如下：

```
mysql> SELECT SQRT(64), SQRT(30), SQRT(-64);
+----------+-------------------+-----------+
| SQRT(64) | SQRT(30)          | SQRT(-64) |
+----------+-------------------+-----------+
|        8 | 5.477225575051661 |      NULL |
+----------+-------------------+-----------+
```

9.1.5　获取四舍五入后的值

ROUND(x)函数返回最接近于参数 x 的整数；ROUND(x,y)函数对参数 x 值进行四舍五入操作，返回值保留小数点后面指定的 y 位；TRUNCATE(x,y)函数对参数 x 值进行截取操作，返回值保留小数点后面指定的 y 位。

实例 5　练习使用 ROUND(x)函数

执行语句如下：

```
mysql> SELECT ROUND(-8.6),ROUND(-42.88),ROUND(13.44);
+-------------+---------------+--------------+
| ROUND(-8.6) | ROUND(-42.88) | ROUND(13.44) |
+-------------+---------------+--------------+
|          -9 |           -43 |           13 |
+-------------+---------------+--------------+
```

由执行结果可以看出，ROUND(x)将参数 x 值四舍五入之后保留了整数部分。

实例 6　练习使用 ROUND(x,y)函数

执行语句如下：

```
mysql> SELECT ROUND(-10.66,1),ROUND(-8.33,3),ROUND(65.66,-1),ROUND(86.46,-2);
+-----------------+----------------+-----------------+-----------------+
| ROUND(-10.66,1) | ROUND(-8.33,3) | ROUND(65.66,-1) | ROUND(86.46,-2) |
+-----------------+----------------+-----------------+-----------------+
|           -10.7 |          -8.33 |              70 |             100 |
+-----------------+----------------+-----------------+-----------------+
```

由执行结果可以看出，根据参数 y 值，将参数 x 值四舍五入后得到保留小数点后 y 位的值，x 值小数位不够 y 位的补零；如 y 为负值，则保留小数点左边 y 位，先进行四舍五入操作，再将相应的位数值取零。

实例 7　练习使用 TRUNCATE(x,y)函数

执行语句如下：

```
mysql> SELECT
TRUNCATE(5.25,1),TRUNCATE(7.66,1),TRUNCATE(45.88,0),TRUNCATE(56.66,-1);
+------------------+------------------+-------------------+--------------------+
| TRUNCATE(5.25,1) | TRUNCATE(7.66,1) | TRUNCATE(45.88,0) | TRUNCATE(56.66,-1) |
+------------------+------------------+-------------------+--------------------+
|              5.2 |              7.6 |                45 |                 50 |
+------------------+------------------+-------------------+--------------------+
```

由执行结果可以看出，TRUNCATE(x,y)函数并不是四舍五入的函数，而是直接截去指定保留 y 位之外的值。y 取负值时，先将小数点左边第 y 位的值归零，右边其余低位全部截去。

9.1.6　幂运算函数的使用

POW(x,y)函数和 POWER(x,y)函数用于返回 x 的 y 次乘方的结果值。

实例 8　练习使用 POW(x,y)函数和 POWER(x,y)函数

对参数 x 进行 y 次乘方的求值，执行语句如下：

```
mysql> SELECT POW(2,2), POWER(2,2),POW(2,-2), POWER(2,-2);
+----------+------------+-----------+-------------+
| POW(2,2) | POWER(2,2) | POW(2,-2) | POWER(2,-2) |
+----------+------------+-----------+-------------+
|        4 |          4 |      0.25 |        0.25 |
+----------+------------+-----------+-------------+
```

POW(x,y)和 POWER(x,y)的结果是相同的，POW(2,2)和 POWER(2,2)返回 2 的 2 次乘方，结果都是 4；POW(2,-2)和 POWER(2,-2)都返回 2 的-2 次乘方，结果为 4 的倒数，即 0.25。

实例 9　练习使用 EXP(x)函数

EXP(x)返回 e 的 x 次乘方后的值，执行语句如下：

```
mysql> SELECT EXP(3),EXP(-3),EXP(0);
+--------------------+----------------------+--------+
| EXP(3)             | EXP(-3)              | EXP(0) |
+--------------------+----------------------+--------+
| 20.085536923187668 | 0.049787068367863944 |      1 |
+--------------------+----------------------+--------+
```

EXP(3)返回以 e 为底的 3 次乘方，结果为 20.085536923187668；EXP(-3)返回以 e 为底的 -3 次方，结果为 0.049787068367863944；EXP(0)返回以 e 为底的 0 次乘方，结果为 1。

9.1.7　对数运算函数 LOG(x)和 LOG10(x)

LOG(x)返回 x 的自然对数，x 相对于基数 e 的对数。

实例 10　练习使用 LOG(x)函数

使用 LOG(x)函数计算自然对数，执行语句如下：

```
mysql> SELECT LOG(10), LOG(-10);
+-------------------+----------+
| LOG(10)           | LOG(-10) |
+-------------------+----------+
| 2.302585092994046 |     NULL |
+-------------------+----------+
```

对数定义域不能为负数，因此 LOG(-15)返回结果为 NULL。

实例 11　练习使用 LOG10(x)函数

LOG10(x)返回 x 的基数为 10 的对数。使用 LOG10 计算以 10 为基数的对数，执行语句如下：

```
mysql> SELECT LOG10(100), LOG10(1000), LOG10(-1000);
+-------------+--------------+----------------+
| LOG10(100)  | LOG10(1000)  | LOG10(-1000)   |
+-------------+--------------+----------------+
|      2      |      3       |      NULL      |
+-------------+--------------+----------------+
```

10 的 2 次乘方等于 100,因此 LOG10(100)返回结果为 2,LOG10(-100)定义域非负,因此返回 NULL。

9.1.8　角度与弧度相互的转换

RADIANS(x)将参数 x 由角度转换为弧度。

实例 12　练习使用 RADIANS(x)函数

使用 RADIANS(x)函数将角度转换为弧度,执行语句如下:

```
mysql> SELECT RADIANS(60),RADIANS(360);
+--------------------+--------------------+
| RADIANS(60)        | RADIANS(360)       |
+--------------------+--------------------+
| 1.0471975511965976 | 6.283185307179586  |
+--------------------+--------------------+
```

实例 13　练习使用 DEGREES(x)函数

使用 DEGREES(x)函数将参数 x 由弧度转换为角度,执行语句如下:

```
mysql> SELECT DEGREES(PI()), DEGREES(PI()/2);
+------------------+------------------+
| DEGREES(PI())    | DEGREES(PI()/2)  |
+------------------+------------------+
|      180         |      90          |
+------------------+------------------+
```

9.1.9　符号函数 SIGN(x)的应用

SIGN(x)返回参数的符号,x 的值为负数、零或正数时,返回结果依次为-1、0 或 1。

实例 14　练习使用 SIGN(x)函数

使用 SIGN(x)函数返回参数的符号,执行语句如下:

```
mysql> SELECT SIGN(-21),SIGN(0), SIGN(21);
+-----------+---------+----------+
| SIGN(-21) | SIGN(0) | SIGN(21) |
+-----------+---------+----------+
|    -1     |    0    |    1     |
+-----------+---------+----------+
```

由执行结果可以看出,SIGN(-21)返回-1;SIGN(0)返回 0;SIGN(21)返回 1。

9.1.10　正弦函数和余弦函数

MySQL 数据库中使用 SIN(x)函数和 COS(x)函数分别返回参数 x 的正弦值和余弦值。其中 x 表示弧度数。一个平角是 π 弧度，即 180 度=π 度。因此，将度化成弧度的公式是弧度=度×π/180。

实例 15　练习使用 SIN(x)函数和 COS(x)函数

使用 SIN(x)函数和 COS(x)函数计算弧度为 0.5 的正弦值和余弦值，执行语句如下：

```
mysql> SELECT SIN(0.5),COS(0.5);
+--------------------+--------------------+
| SIN(0.5)           | COS(0.5)           |
+--------------------+--------------------+
| 0.479425538604203  | 0.8775825618903728 |
+--------------------+--------------------+
```

除了能够计算正弦值和余弦值外，还可以利用 ASIN(x)函数和 ACOS(x)函数计算反正弦值和反余弦值。无论是 ASIN(x)函数，还是 ACOS(x)函数，它们的取值都必须为-1~1，否则返回的值将会是空值。

实例 16　练习使用 ASIN(x)函数和 ACOS(x)函数

使用 ASIN(x)函数和 ACOS(x)函数计算弧度为 0.5 的反正弦值和反余弦值，执行语句如下：

```
mysql> SELECT ASIN(0.5),ACOS(0.5);
+--------------------------+--------------------------+
| ASIN(0.5)                | ACOS(0.5)                |
+--------------------------+--------------------------+
| 0.5235987755982989       | 1.0471975511965979       |
+--------------------------+--------------------------+
```

9.1.11　正切函数与余切函数

在数据计算中，求正切值和余切值也经常被用到，其中求正切值使用 TAN(x)函数，求余切值使用 COT(x)函数，TAN(x)函数的返回值是 COT(x)函数返回值的倒数。

实例 17　练习使用 TAN(x)函数和 COT(x)函数

使用 TAN(x)函数和 COT(x)函数计算 0.5 的正弦值和余弦值，执行语句如下：

```
mysql> SELECT TAN(0.5), COT(0.5);
+--------------------------+--------------------------+
| TAN(0.5)                 | COT(0.5)                 |
+--------------------------+--------------------------+
| 0.5463024898437905       | 1.830487721712452        |
+--------------------------+--------------------------+
```

另外，在数学计算中，还可以通过 ATAN(x)函数或 ATAN2(x,y)函数来计算反正切值。

实例 18 练习使用 ATAN(x)函数和 ATAN2(x,y)函数

使用 ATAN(x)函数或 ATAN2(x,y)函数来计算数值 0.5 的反正切值，执行语句如下：

```
mysql> SELECT ATAN(0.5), ATAN2(0.5);
+-----------------------+-----------------------+
| ATAN(0.5)             | ATAN2(0.5)            |
+-----------------------+-----------------------+
| 0.4636476090008061    | 0.4636476090008061    |
+-----------------------+-----------------------+
```

 注意　　反正切值与反正弦值不一样，反正弦值(或反余弦值)指定的弧度范围为-1~1，如果超出这个范围则返回空值，但是，在求反正切值时，没有规定弧度的范围，而且，COT(x)函数没有反余切值函数。

9.1.12　获取随机数函数的应用

RAND(x)返回一个随机浮点值 v，范围为 0～1(即 0≤v≤1.0)。若已指定一个整数参数 x，则它被用作种子值来产生重复序列。

实例 19 练习使用 RAND()函数

使用 RAND()函数产生随机数，执行语句如下：

```
mysql> SELECT RAND(),RAND(),RAND();
+--------------------+---------------------+---------------------+
| RAND()             | RAND()              | RAND()              |
+--------------------+---------------------+---------------------+
| 0.239754404164622  | 0.35560661866851767 | 0.05876991158236741 |
+--------------------+---------------------+---------------------+
```

由执行结果可以看出，不带参数的 RAND()每次产生的随机数值是不同的。

实例 20 练习使用 RAND(x)函数

使用 RAND(x)函数产生随机数，执行语句如下：

```
mysql> SELECT RAND(10),RAND(10),RAND(11);
+--------------------+---------------------+---------------------+
| RAND(10)           | RAND(10)            | RAND(11)            |
+--------------------+---------------------+---------------------+
| 0.6570515219653505 | 0.6570515219653505  | 0.907234631392392   |
+--------------------+---------------------+---------------------+
```

由执行结果可以看出，当 RAND(x)的参数相同时，将产生相同的随机数，不同的参数 x 值产生的随机数值不同。

9.1.13　获取整数函数的应用

CEIL(x)函数和 CEILING(x)函数的意义相同，均返回不小于 x 的最小整数值，返回值转换为一个 BIGINT 类型的数值。

实例 21　练习使用 CEIL(x)函数和 CEILING(x)函数

使用 CEIL(x)函数和 CEILING(x)函数返回最小整数，执行语句如下：

```
mysql> SELECT CEIL(-3.35),CEILING(3.35);
+-------------+---------------+
| CEIL(-3.35) | CEILING(3.35) |
+-------------+---------------+
|          -3 |             4 |
+-------------+---------------+
```

由执行结果可以看出，-3.35 为负数，不小于-3.35 的最小整数为-3，因此返回值为-3；不小于 3.35 的最小整数为 4，因此返回值为 4。

实例 22　练习使用 FLOOR(x)函数

FLOOR(x)函数返回不大于 x 的最大整数值，返回值转化为一个 BIGINT 类型的数值。使用 FLOOR 函数返回最大整数，执行语句如下：

```
mysql> SELECT FLOOR(-3.35), FLOOR(3.35);
+--------------+-------------+
| FLOOR(-3.35) | FLOOR(3.35) |
+--------------+-------------+
|           -4 |           3 |
+--------------+-------------+
```

由执行结果可以看出，-3.35 为负数，不大于-3.35 的最大整数为-4，因此返回值为-4；不大于 3.35 的最大整数为 3，因此返回值为 3。

9.2　字符串函数

字符串函数是在 MySQL 数据库中经常被用到的一类函数，主要用于计算字符串的长度、合并字符串等操作。表 9-2 所示为 MySQL 数据库中的字符串函数及其作用。

表 9-2　MySQL 数据库中的字符串函数

字符串函数	作　用
CHAR_LENGTH(str)	返回字符串 str 的字符个数
LENGTH(str)	返回字符串 str 的长度
CONCAT(s1,s2,…)	返回字符串 s1,s2 等多个字符串合并为一个字符串
CONCAT_WS(x,s1,s2,…)	同 CONCAT(s1,s2,…)，但是每个字符串之前要加上 x
INSERT(s1,x,len,s2)	将字符串 s2 替换成 s1 的 x 位置开始长度为 len 的字符串
LOWER(str)和 LCASE(str)	将字符串 str 中的字母转换为小写字母
UPPER(str)和 UCASE(str)	将字符串 str 中的字母转换为大写字母
LEFT(str,len)	返回字符串 str 开始的最左侧 len 个字符
RIGHT(str,len)	返回字符串 str 开始的最右侧 len 个字符
LPAD(s1,len,s2)	用字符串 s2 来填充 s1 的开始处，使字符串长度达到 len

续表

字符串函数	作　用
LTRIM(str)	删除字符串 str 左侧的空格
RTRIM(str)	删除字符串 str 左侧的空格
TRIM(str)	删除字符串 str 两侧的空格
TRIM(s1 from str)	删除字符串 str 两侧的子字符串 s1
REPEAT(str,n)	将字符串 str 复制 n 次
SPACE(n)	返回一个由 n 个空格组成的字符串
REPLACE(str,s1,s2)	使用字符串 s2 替换字符串 str 中所有的子字符串 s1
STRCMP(s1,s2)	比较字符串 s1、s2 的大小
SUBSTRING(str,n,len)	获取从字符串 s 中的第 n 个位置开始长度为 len 的字符串
MID(str,pos,len)	同 SUBSTRING(str,pos,len)
LOCATE(str1,str)	从字符串 str 中获取 str1 的开始位置
POSITION(str1 IN str)	同 LOCATE(s1,str)
INSTR(str,str1)	从字符串 str 中获取 s1 的开始位置
REVERSE(str)	返回和原始字符串 str 顺序相反的字符串
ELT(n,s1,s2,s3,.., sn)	返回指定位置的字符串，根据 n 的取值，返回指定的字符串 sn
FIELD(s,s1,s2,s3,…)	返回字符串 s 在列表 s1，s2，…中第一次出现的位置
FIND_IN_SET(s1,s2)	返回子字符串 s1 在字符串列表 s2 中出现的位置
MAKE_SET(x,s1,s2,s3,…)	按 x 的二进制数从 s1、s2、…sn 中获取字符串

9.2.1　计算字符串的字符数

CHAR_LENGTH(str)函数返回值为字符串 str 所包含的字符个数。一个多字节字符算作一个单字符。

实例23　练习使用 CHAR_LENGTH(str)函数

使用 CHAR_LENGTH(str)函数计算字符串的字符个数，执行语句如下：

```
mysql> SELECT CHAR_LENGTH('hello'), CHAR_LENGTH('World');
+----------------------+----------------------+
| CHAR_LENGTH('hello') | CHAR_LENGTH('World') |
+----------------------+----------------------+
|                    5 |                    5 |
+----------------------+----------------------+
```

9.2.2　计算字符串的长度

使用 LENGTH 函数可以计算字符串的长度，它的返回值是数值。

实例24　练习使用 LENGTH 函数

使用 LENGTH 函数计算字符串长度，执行语句如下：

```
mysql> SELECT LENGTH('Hello'), LENGTH('World');
+---------------------+---------------------+
| LENGTH('Hello')     | LENGTH('World')     |
+---------------------+---------------------+
|                   5 |                   5 |
+---------------------+---------------------+
```

9.2.3　合并字符串函数

CONCAT(s1,s2,…)返回结果为连接参数产生的字符串。如有任何一个参数为 NULL，则返回值为 NULL。如果所有参数均为非二进制字符串，则结果为非二进制字符串。如果自变量中含有任一二进制字符串，则结果为一个二进制字符串。

实例 25　练习使用 CONCAT 函数

使用 CONCAT 函数连接字符串，执行语句如下：

```
mysql> SELECT CONCAT('MySQL', '8.0'),CONCAT('My',NULL, 'SQL');
+---------------------------+---------------------------+
| CONCAT('MySQL', '8.0')    | CONCAT('My',NULL, 'SQL')  |
+---------------------------+---------------------------+
| MySQL8.0                  | NULL                      |
```

CONCAT_WS(x,s1,s2,…)，CONCAT_WS 代表 CONCAT With Separator，是 CONCAT()的特殊形式。第一个参数 x 是其他参数的分隔符。分隔符的位置放在要连接的两个字符串之间。分隔符可以是一个字符串，也可以是其他参数。如果分隔符为 NULL，则结果为 NULL。函数会忽略任何分隔符参数后的 NULL 值。

实例 26　练习使用 CONCAT_WS 函数

使用 CONCAT_WS 函数连接带分隔符的字符串，执行语句如下：

```
mysql> SELECT CONCAT_WS('-', '张晓明','男', '32 岁'),CONCAT_WS('*', '李明',
NULL, '经理');
+-----------------------------------+----------------------------------+
| CONCAT_WS('-', '张晓明','男', '32 岁') | CONCAT_WS('*', '李明', NULL, '经理') |
+-----------------------------------+----------------------------------+
| 张晓明-男-32 岁                      | 李明*经理                          |
+-----------------------------------+----------------------------------+
```

9.2.4　替换字符串函数

INSERT(s1,x,len,s2)返回字符串 s1，s1 中起始于 x 位置长度为 len 的子字符串将被 s2 取代。如果 x 超过字符串长度，则返回值为原始字符串。假如 len 的长度大于 x 位置后总的字符串长度，则从位置 x 开始替换。若任何一个参数为 NULL，则返回值为 NULL。

实例 27　练习使用 INSERT 函数

使用 INSERT 函数进行字符串替代操作，执行语句如下：

```
mysql> SELECT INSERT('passion',4, 4, 'word') AS c1,INSERT('passion',-2, 4,
'word') AS c2, INSERT ('passion',4, 100, 'wd') AS c3;
+----------+----------+---------+
| c1       | c2       | c3      |
+----------+----------+---------+
| pasword  | passion  | paswd   |
+----------+----------+---------+
```

第一个函数 INSERT('passion',4, 4, 'word'))将"passion"的第 4 个字符开始长度为 4 的字符串替换为 word，结果为"password"；第二个函数 INSERT('passion',-2, 4, 'word')中起始位置-2 超出了字符串长度，则直接返回原字符；第三个函数 INSERT ('passion',4, 100, 'wd')替换长度超出了原字符串长度，则从第 4 个字符开始，截取后面所有的字符，并替换为指定字符 wd，结果为"paswd"。

9.2.5　字母大小写转换函数

LOWER(str)函数或者 LCASE(str)函数将字符串 str 中的字母全部转换成小写字母。

实例 28　练习使用 LOWER 函数和 LCASE 函数

使用 LOWER 函数或者 LCASE 函数将字符串中所有字母转换为小写字母，执行语句如下：

```
mysql> SELECT LOWER('HELLO'), LCASE('WORLD');
+----------------+----------------+
| LOWER('HELLO') | LCASE('WORLD') |
+----------------+----------------+
| hello          | world          |
+----------------+----------------+
```

使用 UPPER(str)函数或者 UCASE(str)函数将字符串 str 中的字母全部转换成大写字母。

实例 29　练习使用 UPPER 函数和 UCASE 函数

使用 UPPER 函数或者 UCASE 函数将字符串中所有字母转换为大写字母，执行语句如下：

```
mysql> SELECT UPPER('hello'), UCASE('world');
+----------------+----------------+
| UPPER('hello') | UCASE('world') |
+----------------+----------------+
| HELLO          | WORLD          |
+----------------+----------------+
```

9.2.6　获取指定长度的字符串的函数

LEFT(str,len)函数返回字符串 str 开始的最左边 len 个字符。

实例 30　练习使用 LEFT(str,len)函数

使用 LEFT 函数返回字符串中左侧的字符，执行语句如下：

```
mysql> SELECT LEFT('Administrator',5);
+-----------------------------+
```

```
| LEFT('Administrator',5) |
+-------------------------------+
| Admin                         |
+-------------------------------+
```

使用 RIGHT(str,len)函数返回字符串 str 开始的最右边 len 个字符。

实例 31　练习使用 RIGHT 函数

使用 RIGHT 函数返回字符串中右侧的字符，执行语句如下：

```
mysql> SELECT RIGHT('Administrator ',6);
+---------------------------------+
| RIGHT('Administrator ',6)       |
+---------------------------------+
| rator                           |
+---------------------------------+
```

9.2.7　填充字符串的函数

LPAD(s1,len,s2)返回字符串 s1，用字符串 s2 来填充 s1 的开始处，填充字符长度为 len。假如 s1 的长度大于 len，则返回值被缩短至 len 个字符。

实例 32　练习使用 LPAD 函数

使用 LPAD 函数对字符串进行填充操作，执行语句如下：

```
mysql> SELECT LPAD('smile',6,'??'), LPAD('smile',4,'??');
+----------------------+----------------------+
| LPAD('smile',6,'??') | LPAD('smile',4,'??') |
+----------------------+----------------------+
| ?smile               | smil                 |
+----------------------+----------------------+
```

字符串"smile"长度小于 6，LPAD('smile',6,'??')返回结果为"?smile"，左侧填充'?'，长度为 6；字符串"smile"长度大于 4，不需要填充，因此 LPAD('smile',4,'??')只返回被缩短的长度为 4 的子字符串"smil"。

9.2.8　删除字符串空格的函数

LTRIM(str)函数返回字符串 str，字符串左侧空格字符被删除，而右侧的空格不会被删除。

实例 33　练习使用 LTRIM 函数

使用 LTRIM 函数删除字符串左侧的空格，执行语句如下：

```
mysql> SELECT CONCAT('(',LTRIM(' world '),')');
+------------------------------------------+
| CONCAT('(',LTRIM(' world '),')')         |
+------------------------------------------+
| (world )                                 |
+------------------------------------------+
```

RTRIM(str)函数返回字符串 str，字符串右侧空格字符被删除，而左侧的空格不会被删除。

实例 34 练习使用 RTRIM 函数

使用 RTRIM 函数删除字符串右侧的空格，执行语句如下：

```
mysql> SELECT CONCAT('(', RTRIM (' world '),')');
+------------------------------------------+
| CONCAT('(', RTRIM (' world '),')')       |
+------------------------------------------+
| ( world)                                 |
+------------------------------------------+
```

TRIM(s)函数删除字符串 s 两侧的空格。

实例 35 练习使用 TRIM(s)函数

使用 TRIM 函数删除指定字符串两端的空格，执行语句如下：

```
mysql> SELECT CONCAT('(', TRIM(' world '),')');
+----------------------------------------+
| CONCAT('(', TRIM(' world '),')')       |
+----------------------------------------+
| (world)                                |
+----------------------------------------+
```

9.2.9 删除指定字符串的函数

TRIM(s1 from s)删除字符串 s 中两端所有的子字符串 s1。s1 为可选项，在未指定情况下，删除空格。

实例 36 练习使用 TRIM(s1 from str)函数

使用 TRIM(s1 from str)函数删除字符串中两侧指定的字符，执行语句如下：

```
mysql> SELECT TRIM('xy' from 'xyxboxyokxxyxy') ;
+------------------------------------------+
| TRIM('xy' from 'xyxboxyokxxyxy')         |
+------------------------------------------+
| xboxyokx                                 |
+------------------------------------------+
```

这里删除了字符串"xyxboxyokxxyxy"两侧的重复字符串"xy"，而中间的"xy"并不删除，结果为"xboxyokx"。

9.2.10 重复生成字符串的函数

REPEAT(str,n)函数返回一个由重复的字符串 str 组成的字符串，字符串 str 的数目等于 n。若 n≤0，则返回一个空字符串。若 str 或 n 为 NULL，则返回 NULL。

实例 37 练习使用 REPEAT 函数

使用 REPEAT 函数重复生成相同的字符串，执行语句如下：

```
mysql> SELECT REPEAT('MySQL', 3);
+--------------------------------+
```

```
| REPEAT('MySQL', 3)           |
+------------------------------+
| MySQLMySQLMySQL              |
+------------------------------+
```

由结果可以看出，REPEAT('MySQL', 3)函数返回的字符串由 3 个重复的"MySQL"字符串组成。

9.2.11　空格函数和替换函数

SPACE(n)返回一个由 n 个空格组成的字符串。

实例 38　练习使用 SPACE 函数

使用 SPACE 函数生成由空格组成的字符串，执行语句如下：

```
mysql> SELECT CONCAT('(', SPACE(6), ')' );
+------------------------------+
| CONCAT('(', SPACE(6), ')' ) |
+------------------------------+
| (      )                     |
+------------------------------+
```

由结果可以看出，SPACE(6)函数返回的字符串由 6 个空格组成。

REPLACE(str,s1,s2)函数使用字符串 s2 替换字符串 str 中所有的子字符串 s1。

实例 39　练习使用 REPLACE 函数

使用 REPLACE 函数进行字符串替代操作，执行语句如下：

```
mysql> SELECT REPLACE('xxx.mysql.com', 'x', 'w');
+-------------------------------------------+
| REPLACE('xxx.mysql.com', 'x', 'w')        |
+-------------------------------------------+
| www.mysql.com                             |
+-------------------------------------------+
```

由结果可以看出，REPLACE('xxx.mysql.com', 'x', 'w')函数将"xxx.mysql.com"字符串中的'x'字符替换为'w'字符，结果为"www.mysql.com"。

9.2.12　比较字符串大小的函数

STRCMP(s1,s2)函数用于比较字符串大小，若所有的字符串均相同，则返回 0；若根据当前分类次序，第一个参数小于第二个，则返回-1，其他情况返回 1。

实例 40　练习使用 STRCMP 函数

使用 STRCMP 函数比较字符串大小，执行语句如下：

```
mysql> SELECT STRCMP('txt', 'txt2'),STRCMP('txt2', 'txt'), STRCMP('txt', 'txt');
+-----------------------+-----------------------+----------------------+
| STRCMP('txt', 'txt2') | STRCMP('txt2', 'txt') | STRCMP('txt', 'txt') |
+-----------------------+-----------------------+----------------------+
```

```
|         -1         |          1          |         0          |
+--------------------+---------------------+--------------------+
```

由结果可以看出,"txt"小于"txt2",因此 STRCMP('txt', 'txt2')函数返回结果为-1,STRCMP('txt2', 'txt')函数返回结果为 1;"txt"与"txt"相等,因此 STRCMP('txt', 'txt')函数返回结果为 0。

9.2.13 获取子字符串的函数

SUBSTRING(s,n,len)函数带有 len 参数的格式,从字符串 s 返回一个长度同 len 个字符相同的子字符串,起始于位置 n。也可能对 n 使用负值。假若这样,则子字符串的位置起始于字符串结尾的 n 个字符,即倒数第 n 个字符,而不是字符串的起始位置。

实例 41 练习使用 SUBSTRING 函数

使用 SUBSTRING 函数获取指定位置的子字符串,执行语句如下:

```
mysql> SELECT SUBSTRING('breakfast',5) AS col1, SUBSTRING('breakfast',5,3) AS col2,
       SUBSTRING('lunch', -3) AS col3,SUBSTRING('lunch', -5, 3) AS col4;
+--------+------+------+------+
| col1   | col2 | col3 | col4b |
+--------+------+------+------+
| kfastb | kfa  | nch  | lun  |
+--------+------+------+------+
```

SUBSTRING('breakfast',5)函数返回从第 5 个位置开始到字符串结尾的子字符串,结果为"kfastb";SUBSTRING('breakfast',5,3)返回从第 5 个位置开始长度为 3 的子字符串,结果为"kfa";SUBSTRING('lunch', -3)返回从结尾开始第 3 个位置到字符串结尾的子字符串,结果为"nch";SUBSTRING('lunch', -5, 3)返回从结尾开始的第 5 个位置,即字符串开头起,长度为 3 的子字符串,结果为"lun"。

MID(s,n,len)函数与 SUBSTRING(s,n,len)函数的作用相同。

实例 42 练习使用 MID 函数

使用 MID 函数获取指定位置的子字符串,执行语句如下:

```
mysql> SELECT MID('breakfast',5) as col1, MID('breakfast',5,3) as col2,
       MID('lunch', -3) as col3, MID('lunch', -5, 3) as col4;
+-------+------+------+------+
| col1  | col2 | col3 | col4 |
+-------+------+------+------+
| kfast | kfa  | nch  | lun  |
+-------+------+------+------+
```

可以看到,MID 函数和 SUBSTRING 函数的结果是一样的。

注意

如果对 len 使用的是一个小于 1 的值,则结果始终为空字符串。

9.2.14　匹配子字符串开始位置的函数

LOCATE(str1,str)、POSITION(str1 IN str)和INSTR(str, str1)3 个函数作用相同，均返回子字符串 str1 在字符串 str 中的开始位置。

实例 43　练习使用 LOCATE、POSITION 和 INSTR 函数

使用 LOCATE、POSITION、INSTR 函数查找字符串中指定子字符串的开始位置，执行语句如下：

```
mysql> SELECT LOCATE('ball','football'),POSITION('ball'IN 'football'),INSTR
('football', 'ball');
+----------------------------+-------------------------------+----------------
---------------------+
| LOCATE('ball','football') | POSITION('ball'IN 'football') | INSTR
('football', 'ball') |
+----------------------------+-------------------------------+----------------
---------------------+
|                         5 |                             5 |              5
                        |
+----------------------------+-------------------------------+----------------
---------------------+
```

子字符串"ball"在字符串"football"中从第 5 个字母位置开始，因此 3 个函数返回结果都为 5。

9.2.15　字符串逆序的函数

REVERSE(str)函数将字符串 str 反转，返回的字符串的顺序和 str 字符串的顺序相反。

实例 44　练习使用 REVERSE 函数

使用 REVERSE 函数反转字符串，执行语句如下：

```
mysql> SELECT REVERSE('abc');
+----------------+
| REVERSE('abc') |
+----------------+
| cba            |
+----------------+
```

由结果可以看出，字符串"abc"经过 REVERSE 函数处理之后所有字符串顺序被反转，结果为"cba"。

9.2.16　返回指定位置的字符串的函数

ELT(n,s1,s2,s3,...,sn)函数用于返回指定位置的字符串；若 n=1，则返回值为字符串 1；若 n=2，则返回值为字符串 2，以此类推。若 n 小于 1 或大于参数的数目，则返回值为 NULL。

实例 45　练习使用 ELT 函数

使用 ELT 函数返回指定位置的字符串，执行语句如下：

网站开发课堂

```
mysql> SELECT ELT(3,'1st','2nd','3rd'), ELT(3,'net','os');
+--------------------------+--------------------+
| ELT(3,'1st','2nd','3rd') | ELT(3,'net','os')  |
+--------------------------+--------------------+
| 3rd                      | NULL               |
+--------------------------+--------------------+
```

由结果可以看到，ELT(3,'1st','2nd','3rd')函数返回第 3 个位置的字符串"3rd"；指定返回字符串位置超出参数个数，返回 NULL。

9.2.17   返回指定字符串位置的函数

FIELD(s,s1,s2,s3,…)函数返回字符串 s 在列表 s1,s2,s3,…中第一次出现的位置，在找不到 s 的情况下，返回值为 0。如果 s 为 NULL，则返回值为 0，原因是 NULL 不能同任何值进行同等比较。

实例 46 练习使用 FIELD 函数

使用 FIELD 函数返回指定字符串第一次出现的位置，执行语句如下：

```
mysql> SELECT FIELD('Hi', 'hihi', 'Hey', 'Hi', 'bas') as col1, FIELD('Hi',
'Hey', 'Lo', 'Hilo', 'foo') as col2;
+------+------+
| col1 | col2 |
+------+------+
|    3 |    0 |
+------+------+
```

FIELD('Hi', 'hihi', 'Hey', 'Hi', 'bas')函数中字符串"Hi"出现在列表的第 3 个字符串位置，因此返回结果为 3；FIELD('Hi', 'Hey', 'Lo', 'Hilo', 'foo')列表中没有字符串"Hi"，因此返回结果为 0。

9.2.18   返回子字符串位置的函数

FIND_IN_SET(s1,s2)函数返回字符串 s1 在字符串列表 s2 中出现的位置，字符串列表是一个由多个逗号分开的字符串组成的列表。如果 s1 不在 s2 或 s2 为空字符串，则返回值为 0。如果任意一个参数为 NULL，则返回值为 NULL。这个函数在第一个参数包含一个逗号","时将无法正常运行。

实例 47 练习使用 FIND_IN_SET(s1,s2)函数

使用 FIND_IN_SET()函数返回子字符串在字符串列表中的位置，执行语句如下：

```
mysql> SELECT FIND_IN_SET('Hi','hihi,Hey,Hi,bas');
+--------------------------------------+
| FIND_IN_SET('Hi','hihi,Hey,Hi,bas')  |
+--------------------------------------+
|                   3                  |
+--------------------------------------+
```

虽然 FIND_IN_SET(s1,s2)和 FIELD(s,s1,s2,s3,…)两个函数格式不同，但作用类似，都可

以返回指定字符串在字符串列表中的位置。

9.2.19　选取字符串函数

MAKE_SET(x,s1,s2,s3,…)函数返回由 x 的二进制数指定的相应位的字符串组成的字符串，s1 对应比特 1，s2 对应比特 01，以此类推。s1,s2,s3,…中的 NULL 值不会被添加到结果中。

实例 48　练习使用 MAKE_SET 函数

使用 MAKE_SET 函数根据二进制位选取指定字符串，执行语句如下：

```
SELECT MAKE_SET(1,'a','b','c') as col1, MAKE_SET(1 |
4,'hello','nice','world') as col2,
    MAKE_SET(1 | 4,'hello','nice',NULL,'world') as col3,
MAKE_SET(0,'a','b','c') as col4;
+------+-------------+-------+------+
| col1 | col2        | col3  | col4 |
+------+-------------+-------+------+
| a    | hello,world | hello |      |
+------+-------------+-------+------+
```

1 的二进制值为 0001，4 的二进制值为 0100，1 与 4 进行或操作之后的二进制值为 0101，从右到左第 1 位和第 3 位为 1。MAKE_SET(1,'a','b','c')函数返回第 1 个字符串；SET(1 | 4,'hello','nice','world')返回从左端开始第 1 个和第 3 个字符串组成的字符串；NULL 不会添加到结果中，因此 SET(1 | 4,'hello','nice',NULL,'world')只返回第 1 个字符串'hello'；SET(0,'a','b','c')返回空字符串。

9.3　日期和时间函数

日期和时间函数主要用来处理日期和时间的值。一般的日期函数除了使用 DATE 类型的参数外，也可以使用 DATETIME 或 TIMESTAMP 类型的参数，只是忽略了这些类型值的时间部分。类似的情况还有以 TIME 类型为参数的函数，可以接受 TIMESTAMP 类型的参数，只是忽略了日期部分。许多日期函数可以同时接受数值和字符串类型的参数。本节将介绍 MySQL 数据库中常用日期和时间函数的作用，如表 9-3 所示。

表 9-3　MySQL 数据库中常用日期和时间函数

日期和时间函数	作　用
CURDATE()和 CURRENT_DATE()	获取系统当前的日期
CURTIME()和 CURRENT_TIME()	获取系统当前的时间值
CURRENT_TIMESTAMP()、LOCALTIME()、NOW()、SYSDATE()	获取系统当前的日期和时间值
UNIX_TIMESTAMP()	以 UNIX 时间戳的形式返回当前时间
UNIX_TIMESTAMP(date)	将时间 date 以 UNIX 时间戳的形式返回

网站开发课堂

续表

日期和时间函数	作 用
FROM_UNIXTIME(date)	把 UNIX 时间戳转化为普通格式的时间
UTC_DATE()	返回 UTC 日期，UTC 为世界标准时间
UTC_TIME()	返回 UTC 时间
MONTH(date)	返回日期参数 date 中的月份，范围为 1~12 月
MONTHNAME(date)	返回日期参数 data 中的月份名称，如 January
DAYNAME(date)	返回日期参数 date 对应的星期几，如 Monday
DAYOFWEEK(date)	返回日期参数 date 对应的星期几，1 表示周日，2 表示周一，…，7 表示周六
WEEK(date,mode)	返回日期参数 date 在一年中是第几周，范围是 0~53
WEEKOFYEAR(date)	返回日期参数 date 在一年中是第几周，范围是 1~53
DAYOFYEAR(date)	返回日期参数 date 是本年中第几天
DAYOFMONTH(date)	返回日期参数 date 在本月中是第几天
YEAR(date)	返回日期参数 date 对应的年份
QUARTER(date)	返回日期参数 date 是第几季度，范围是 1~4
HOUR(time)	返回时间参数 time 对应的小时数
MINUTE(time)	返回时间参数 time 对应的分钟数
SECOND(time)	返回时间参数 time 对应的秒数
EXTRACT(type FROM date)	从日期 data 中获取指定的值，type 指定返回的值，如 YEAR、HOUR 等
TIME_TO_SEC(time)	返回将时间参数 time 转换为秒值的数值
SEC_TO_TIME(seconds)	将以秒为单位的时间转换为时间的格式
TO_DAYS(data)	计算日期 data~0000 年 1 月 1 日的天数
ADDTIME(time,expr)	加法计算时间值函数，返回将 expr 值加上原始时间 time 之后的值
SUBTIME(time,expr)	减法计算时间值函数，返回将原始时间 time 减去 expr 值之后的值
DATEDIFF(date1,date2)	计算两个日期之间间隔的函数，返回参数 date1 减去 date2 之后的值
DATE_FORMAT(date,format)	将日期和时间格式化的函数，返回根据参数 format 指定的格式显示的 date 值
TIME_FORMAT(time,format)	将时间格式化的函数，返回根据参数 format 指定的格式显示的 time 值
GET_FORMAT (val_type,format_type)	返回日期、时间字符串的显示格式的函数，返回值是一个格式字符串。val_type 表示日期数据类型，包含有 DATE、DATETIME 和 TIME；format_type 表示格式化显示类型，包含有 EUR、INTERVAL、ISO、JIS、USA
DATE_ADD(date,INTERVAL expr type) ADDDATE(date,INTERVAL expr type)	执行日期的加运算

9.3.1　获取当前日期和当前时间

CURDATE()和 CURRENT_DATE()函数作用相同，都是将当前日期按照"YYYY-MM-DD"或"YYYYMMDD"格式的值返回，具体格式根据函数是用在字符串还是用在数字语境中而定。

实例 49　练习使用日期函数

使用日期函数获取系统当期日期，执行语句如下：

```
mysql> SELECT CURDATE(),CURRENT_DATE();
+------------+----------------+
| CURDATE()  | CURRENT_DATE() |
+------------+----------------+
| 2022-05-20 | 2022-05-20     |
+------------+----------------+
```

可以看到，两个函数作用相同，都返回了相同的系统当前的日期。

CURTIME()和 CURRENT_TIME()函数作用相同，都是将当前时间以"HH:MM:SS"或"HHMMSS"的格式返回，具体格式根据函数是用在字符串还是用在数字语境中而定。

实例 50　练习使用时间函数

使用时间函数获取系统当期时间，执行语句如下：

```
mysql> SELECT CURTIME(),CURRENT_TIME();
+------------+----------------+
| CURTIME()  | CURRENT_TIME() |
+------------+----------------+
| 13:41:04   | 13:41:04       |
+------------+----------------+
```

9.3.2　获取当前日期和时间

CURRENT_TIMESTAMP()、LOCALTIME()、NOW()和 SYSDATE()这 4 个函数的作用相同，均返回当前日期和时间值，格式为"YYYY-MM-DD HH:MM:SS"或"YYYYMMDDHHMMSS"，具体格式根据函数是用在字符串还是用在数字语境而定。

实例 51　练习使用日期和时间函数

使用日期和时间函数获取当前系统日期和时间，执行语句如下：

```
mysql> SELECT CURRENT_TIMESTAMP(),LOCALTIME(),NOW(),SYSDATE();
+---------------------+---------------------+---------------------+----------+
| CURRENT_TIMESTAMP() | LOCALTIME()         | NOW()               | SYSDATE()|
+---------------------+---------------------+---------------------+----------+
| 2022-05-20 13:41:52 | 2022-05-20 13:41:52 | 2022-05-20 13:41:52 | 2022-05-
20 13:41:52 |
+---------------------+---------------------+---------------------+----------+
```

可以看到，4 个函数返回的结果是相同的。

9.3.3　获取 UNIX 格式的时间

UNIX_TIMESTAMP(date)若无参数调用，则返回一个无符号整数类型的 UNIX 时间戳('1970-01-01 00:00:00' GMT 之后的秒数)。若用 date 来调用 UNIX_TIMESTAMP()，它会将参数值以'1970-01-01 00:00:00' GMT 后的秒数的形式返回。

实例 52　练习使用 UNIX_TIMESTAMP 函数

使用 UNIX_TIMESTAMP 函数返回 UNIX 格式的时间戳，执行语句如下：

```
mysql> SELECT UNIX_TIMESTAMP(), UNIX_TIMESTAMP(NOW()), NOW();
+------------------+-----------------------+---------------------+
| UNIX_TIMESTAMP() | UNIX_TIMESTAMP(NOW()) | NOW()               |
+------------------+-----------------------+---------------------+
|       1653042421 |            1653042421 | 2022-05-20 18:27:01 |
+------------------+-----------------------+---------------------+
```

FROM_UNIXTIME(date)函数把 UNIX 时间戳转换为普通格式的日期、时间值，与 UNIX_TIMESTAMP(date)函数互为反函数。

实例 53　练习使用 FROM_UNIXTIME 函数

使用 FROM_UNIXTIME 函数将 UNIX 时间戳转换为普通格式时间，执行语句如下：

```
mysql> SELECT FROM_UNIXTIME('1591789532');
+----------------------------------+
| FROM_UNIXTIME('1591789532')      |
+----------------------------------+
| 2020-06-10 19:45:32.000000       |
+----------------------------------+
```

9.3.4　返回 UTC 日期和返回 UTC 时间

UTC_DATE()函数返回当前 UTC(世界标准时间)日期值，其格式为"YYYY-MM-DD"或"YYYYMMDD"，具体格式取决于函数是用在字符串还是用在数字语境中。

实例 54　练习使用 UTC_DATE()函数

使用 UTC_DATE()函数返回当前 UTC 日期值，执行语句如下：

```
mysql> SELECT UTC_DATE();
+------------+
| UTC_DATE() |
+------------+
| 2022-05-20 |
+------------+
```

从返回结果可以看出，使用 UTC_DATE()函数返回的值为当前时区的日期值。

UTC_TIME()返回当前 UTC 时间值，其格式为"HH:MM:SS"或"HHMMSS"，具体格式取决于函数是用在字符串还是用在数字语境中。

实例 55　练习使用 UTC_TIME()函数

使用 UTC_TIME()函数返回当前 UTC 时间值，执行语句如下：

```
mysql> SELECT UTC_TIME();
+--------------+
| UTC_TIME()   |
+--------------+
| 10:30:07     |
+--------------+
```

从返回结果可以看出，UTC_TIME()函数返回当前时区的时间值。

9.3.5　获取指定日期的月份

MONTH(date)函数返回日期参数 date 对应的月份，范围为 1～12 月。

实例 56　练习使用 MONTH(date)函数

使用 MONTH(date)函数返回指定日期中的月份，执行语句如下：

```
mysql> SELECT MONTH('2020-08-13');
+----------------------+
| MONTH('2020-08-13')  |
+----------------------+
|                    8 |
+----------------------+
```

从返回结果可以看出，使用 MONTH(date)函数返回日期 date 对应的月份。

实例 57　练习使用 MONTHNAME(date)函数

使用 MONTHNAME(date)函数返回指定日期中的月份的英文名称，执行语句如下：

```
mysql> SELECT MONTHNAME('2019-08-13');
+--------------------------+
| MONTHNAME('2019-08-13')  |
+--------------------------+
| August                   |
+--------------------------+
```

9.3.6　获取指定日期的星期数

DAYNAME(date)函数返回日期参数 date 对应的英文名称，如 Sunday、Monday 等。

实例 58　练习使用 DAYNAME(date)函数

使用 DAYNAME(date)函数返回指定日期的英文名称，执行语句如下：

```
mysql> SELECT DAYNAME('2020-08-13');
+------------------------+
| DAYNAME('2020-08-13')  |
+------------------------+
| Thursday               |
+------------------------+
```

DAYOFWEEK(date)函数返回日期参数 date 对应的一周中的索引(位置)。1 表示周日,2 表示周一,…,7 表示周六)。

实例 59 练习使用 DAYOFWEEK(date)函数

使用 DAYOFWEEK(date)函数返回日期对应的周索引,执行语句如下:

```
mysql> SELECT DAYOFWEEK('2020-08-13');
+----------------------------------+
| DAYOFWEEK('2020-08-13')          |
+----------------------------------+
|                            5     |
+----------------------------------+
```

9.3.7 获取指定日期在一年中的星期周数

WEEK(date)函数用于计算日期 date 是一年中的第几周。WEEK()的双参数形式允许指定该星期是否起始于周日或周一,以及返回值的范围是否为 0～53 或 1～53。

实例 60 练习使用 WEEK(date)函数

使用 WEEK(date)函数查询指定日期是一年中的第几周,执行语句如下:

```
mysql> SELECT WEEK('2020-08-20',1);
+----------------------------+
| WEEK('2020-08-20',1)       |
+----------------------------+
|                      34    |
+----------------------------+
```

WEEKOFYEAR(date)函数用于计算某天位于一年中的第几周,范围是 1～53。

实例 61 练习使用 WEEKOFYEAR(date)函数

使用 WEEKOFYEAR(date)函数查询指定日期是一年中的第几周,执行语句如下:

```
mysql> SELECT WEEKOFYEAR('2020-08-20');
+------------------------------------+
| WEEKOFYEAR('2020-08-20')           |
+------------------------------------+
|                            34      |
+------------------------------------+
```

实例 62 练习使用 EXTRACT(type FROM date/time)函数

使用 EXTRACT(type FROM date/time)函数提取日期、时间参数中指定的类型,执行语句如下:

```
mysql> SELECT NOW(),EXTRACT(YEAR FROM NOW())AS c1,EXTRACT(YEAR_MONTH FROM
NOW())AS c2,EXTRACT(DAY_MINUTE FROM'2020-08-06 12:22:49')AS c3;
+---------------------+------+--------+-------+
| NOW()               | c1   | c2     | c3    |
+---------------------+------+--------+-------+
| 2022-05-20 18:35:30 | 2022 | 202205 | 61222 |
+---------------------+------+--------+-------+
```

由执行结果可以看出，EXTRACT 函数可以取出当前系统日期、时间的年份和月份，也可以取出指定日期、时间的日期数和分钟数，结果由日期数、小时数和分钟数组成。

9.3.8　时间和秒钟的相互转换

TIME_TO_SEC(time)返回已转换为秒的 time 参数。转换公式为：小时×3600+分钟×60+秒。

实例 63　练习使用 TIME_TO_SEC(time)函数

使用 TIME_TO_SEC(time)函数将时间值转换为秒值的操作，执行语句如下：

```
mysql> SELECT TIME_TO_SEC('18:35:25');
+-------------------------------+
| TIME_TO_SEC('18:35:25')       |
+-------------------------------+
|                         66925 |
+-------------------------------+
```

由执行结果可以看出，根据计算公式：18×3600+35×60+25，得出结果秒数 66925。

实例 64　练习使用 SEC_TO_TIME(seconds)函数

使用 SEC_TO_TIME(seconds)函数将秒值转换为时间格式的操作，执行语句如下：

```
mysql> SELECT SEC_TO_TIME(66925);
+--------------------------+
| SEC_TO_TIME(66925)       |
+--------------------------+
| 18:35:25                 |
+--------------------------+
```

由执行结果可以看出，将上一个范例中得到的秒数 66925 通过函数 SEC_TO_TIME 计算，返回结果的时间值 18:35:25 为字符串型。

9.3.9　日期和时间的加减运算

DATE_ADD(date,INTERVAL expr type)和 ADDDATE(date,INTERVAL expr type)两个函数作用相同，均用来执行日期的加运算。

实例 65　日期的加运算

使用 DATE_ADD(date,INTERVAL expr type)和 ADDDATE(date,INTERVAL expr type)函数执行日期的加法运算操作，执行语句如下：

```
mysql> SELECT DATE_ADD('2020-10-31 23:59:59', INTERVAL 1 SECOND) AS c1,
    ADDDATE('2020-10-31 23:59:59', INTERVAL 1 SECOND) AS c2,
    DATE_ADD('2020-10-31 23:59:59', INTERVAL '1:1' MINUTE_SECOND) AS c3;
+---------------------+---------------------+---------------------+
| c1                  | c2                  | c3                  |
+---------------------+---------------------+---------------------+
| 2020-11-01 00:00:00 | 2020-11-01 00:00:00 | 2020-11-01 00:01:00 |
+---------------------+---------------------+---------------------+
```

由执行结果可以看出，DATE_ADD 和 ADDDATE 函数功能完全相同，在原始时间'2020-10-31 23:59:59'上加一秒的结果都是'2020-11-01 00:00:00'；在原始时间加 1 分钟 1 秒的写法是表达式'1:1'，最终可得结果为'2020-11-01 00:01:00'。

实例 66 日期的减运算

使用 DATE_SUB(date,INTERVAL expr type)和 SUBDATE(date,INTERVAL expr type)函数执行日期的减法运算操作，执行语句如下：

```
mysql> SELECT DATE_SUB('2020-01-02', INTERVAL 31 DAY) AS c1,
 SUBDATE('2020-01-02', INTERVAL 31 DAY) AS c2,
 DATE_SUB('2020-01-01 00:01:00',INTERVAL '0 0:1:1' DAY_SECOND) AS c3;
+------------+------------+---------------------+
| c1         | c2         | c3                  |
+------------+------------+---------------------+
| 2019-12-02 | 2019-12-02 | 2019-12-31 23:59:59 |
+------------+------------+---------------------+
```

由执行结果可以看出，DATE_SUB 和 SUBDATE 函数功能完全相同。

注意　　DATE_ADD 和 DATE_SUB 函数在指定加、减的时间段时，也可以指定负值。加法的负值即返回原始时间之前的日期和时间，减法的负值即返回原始时间之后的日期和时间。

实例 67 时间的加运算

用 ADDTIME(time,expr)函数进行时间的加法运算的操作，执行语句如下：

```
mysql> SELECT ADDTIME('2020-10-31
23:59:59','0:1:1'),ADDTIME('10:30:59','5:10:37');
+----------------------------------------+-------------------------------+
| ADDTIME('2020-10-31 23:59:59','0:1:1') | ADDTIME('10:30:59','5:10:37') |
+----------------------------------------+-------------------------------+
| 2020-11-01 00:01:00                    | 15:41:36                      |
+----------------------------------------+-------------------------------+
```

由执行结果可以看出，在原始日期、时间'2020-10-31 23:59:59'上加 0 小时 1 分 1 秒之后，返回的日期时间是'2020-11-01 00:01:00'；在原始时间'10:30:59'上加 5 小时 10 分 37 秒之后，返回的日期时间是'15:41:36'。

实例 68 时间的减运算

使用 SUBTIME(time,expr)函数进行时间的减法运算的操作，执行语句如下：

```
mysql> SELECT SUBTIME('2020-10-31
23:59:59','0:1:1'),SUBTIME('10:30:59','5:12:37');
+----------------------------------------+-------------------------------+
| SUBTIME('2020-10-31 23:59:59','0:1:1') | SUBTIME('10:30:59','5:12:37') |
+----------------------------------------+-------------------------------+
| 2020-10-31 23:58:58                    | 05:18:22                      |
+----------------------------------------+-------------------------------+
```

由执行结果可以看出，在原始日期、时间'2020-10-31 23:59:59'上减去 0 小时 1 分 1 秒之后，返回的日期、时间是'2020-10-31 23:58:58'；在原始时间'10:30:59'上减去 5 小时 12 分 37 秒之后，返回的日期时间是'05:18:22'。

实例 69　计算两日期之间的间隔天数

使用 DATEDIFF(date1,date2)函数计算两个日期之间的间隔天数的操作，执行语句如下：

```
mysql> SELECT DATEDIFF('2020-10-30','2020-01-06');
+-------------------------------------+
| DATEDIFF('2020-10-30','2020-01-06') |
+-------------------------------------+
|                                 298 |
+-------------------------------------+
```

由执行结果可以看出，DATEDIFF 函数返回 date1 减去 date2 之后的值，参数忽略时间值，只是将日期值相减。

9.3.10　将日期和时间进行格式化

DATE_FORMAT(date,format)根据 format 指定的格式显示 date 值。

实例 70　练习使用 DATE_FORMAT(date,format)函数

使用 DATE_FORMAT(date,format)函数根据 format 指定的格式显示 date 值的操作，执行语句如下：

```
mysql> SELECT DATE_FORMAT('2020-08-08 20:43:58','%W %M %Y %l %p')AS c1,
 DATE_FORMAT('2020-08-08','%D %b %y %T')AS c2;
+-----------------------------------+-----------------------------+
| c1                                | c2                          |
+-----------------------------------+-----------------------------+
| Saturday August 2020 8 PM         | 8th Aug 20 00:00:00         |
+-----------------------------------+-----------------------------+
```

由执行结果可以看出，在 c1 中，将日期、时间值'2020-08-08 20:43:58'格式化为指定格式'%W %M %Y %l %p'，可得结果'Saturday August 2020 8 PM'；在 c2 中，将日期值'2020-08-08'按照指定格式'%D %b %y %T'进行格式化之后返回结果'8th Aug 20 00:00:00'。

实例 71　练习使用 TIME_FORMAT(time,format)函数

使用 TIME_FORMAT(time,format)函数根据 format 指定的格式显示 time 值的操作，执行语句如下：

```
mysql> SELECT TIME_FORMAT('2020-08-08 20:48:58','%W %M %Y %l %p %r') AS c1,
  TIME_FORMAT('15:45:55','%l %p %r')AS
c2,TIME_FORMAT('35:08:55','%H %k %h %r')AS c3;
+-------+-----------------------+---------------------------+
| c1    | c2                    | c3                        |
+-------+-----------------------+---------------------------+
| NULL  | 3 PM 03:45:55 PM      | 35 35 11 11:08:55 AM      |
+-------+-----------------------+---------------------------+
```

由执行结果可以看出，在 c1 中，此函数的参数 format 中如果包含非时间格式说明符时，返回结果为 NULL。

实例 72　练习使用 GET_FORMAT(val_type,format_type)函数

使用 GET_FORMAT(val_type,format_type)函数返回日期、时间字符串的显示格式的操作，执行语句如下：

```
mysql> SELECT GET_FORMAT(DATE,'EUR'),GET_FORMAT(DATETIME,'USA');
+------------------------+----------------------------+
| GET_FORMAT(DATE,'EUR') | GET_FORMAT(DATETIME,'USA') |
+------------------------+----------------------------+
| %d.%m.%Y               | %Y-%m-%d %H.%i.%s          |
+------------------------+----------------------------+
```

由执行结果可以看出，在 GET_FORMAT 函数中，参数 val_type 和 format_type 的取值不同，得到的日期、时间格式化字符串的结果也不同。

实例 73　练习使用 GET_FORMAT 函数

在 DATE_FORMAT 函数中，使用 GET_FORMAT 函数返回的显示格式字符串来显示指定的日期值，执行语句如下：

```
mysql> SELECT NOW(),DATE_FORMAT(NOW(),GET_FORMAT(DATE,'EUR'));
+---------------------+-------------------------------------------+
| NOW()               | DATE_FORMAT(NOW(),GET_FORMAT(DATE,'EUR')) |
+---------------------+-------------------------------------------+
| 2022-05-20 18:47:28 | 20.05.2022                                |
+---------------------+-------------------------------------------+
```

由执行结果可以看出，当前系统时间 NOW()函数返回值是'2022-05-20 18:47:28'，使用 GET_FORMAT 函数将此日期时间值格式化为欧洲习惯的日期，最终可得结果'20.05.2022'。

9.4　其他系统函数

在 MySQL 数据库中，除了数学函数、字符串函数、时间与日期函数外，还有一些其他内置函数，如条件判断函数、系统信息函数、数据加密函数等。

9.4.1　条件判断函数

条件判断函数也被称为控制流函数，函数根据满足的条件不同，执行相应的流程。MySQL 数据库中的条件判断函数有 IF、IFNULL 和 CASE 等，如表 9-4 所示。

表 9-4　MySQL 数据库中的条件判断函数

控制流函数	作　用
IF(expr,v1,v2)	返回表达式 expr 得到不同运算结果时对应的值。若 expr 是 TRUE(expr<>0 and expr<>NULL),则 IF()的返回值为 v1，否则返回值为 v2
IFNULL(v1,v2)	返回参数 v1 或 v2 的值。假如 v1 不为 NULL，则返回值为 v1，否则返回值为 v2

续表

控制流函数	作　用
CASE	写法一：CASE expr WHEN v1 THEN r1 [WHEN v2 THEN r2] …[WHEN vn THEN rn] …[ELSE r(n+1)]　 END 写法二：CASE WHEN v1 THEN r1[WHEN v2 THEN r2] …[WHEN vn THEN rn]…ELSE r(n+1) END

实例 74　练习使用 IF(expr,v1,v2)函数

使用 IF(expr,v1,v2)函数根据 expr 表达式结果返回相应值的操作，执行语句如下：

```
mysql> SELECT IF(1<2,1,0)AS c1,IF(1>5,'√','×')AS
c2,IF(STRCMP('abc','ab'),'yes','no') AS c3;
+----+----+-----+
| c1 | c2 | c3  |
+----+----+-----+
| 1  | ×  | yes |
+----+----+-----+
```

由执行结果可以看出，在 c1 中，表达式 1<2 所得结果为 true，则返回结果为 v1，即数值 1；在 c2 中，表达式 1>5 所得结果为 false，则返回结果为 v2，即字符串'×'；在 c3 中，先用函数 STRCMP 比较两个字符串的大小，字符串'abc'和'ab'比较结果返回值为 1，也就是表达式 expr 返回结果不等于 0 且不等于 NULL 值，则返回值为 v1，即字符串'yes'。

实例 75　练习使用 IFNULL(v1,v2)函数

使用 IFNULL(v1,v2)函数根据 v1 取值返回相应值的操作，执行语句如下：

```
mysql> SELECT IFNULL(8,9),IFNULL(NULL,'OK'),IFNULL(SQRT(-8),'false'),SQRT(-
8);
+------------+------------------+-------------------------+----------+
| IFNULL(8,9) | IFNULL(NULL,'OK') | IFNULL(SQRT(-8),'false') | SQRT(-8) |
+------------+------------------+-------------------------+----------+
|          8 | OK               | false                   |     NULL |
+------------+------------------+-------------------------+----------+
```

由执行结果可以看出，当 IFNULL 函数中参数 v1=8 和 v2=9 都不为空，即 v1=8 不为空，返回 v1 的值为 8；当 v1=NULL，则返回 v2 的值即字符串'OK'；当 v1=SQRT(-8)时，函数 SQRT(-8)返回值为 NULL，即 v1=NULL，所以返回 v2 为字符串'false'。

实例 76　使用 CASE 函数根据 expr 取值返回相应值

使用 CASE 函数根据 expr 取值返回相应值的操作，执行语句如下：

```
mysql> SELECT CASE WEEKDAY(NOW()) WHEN 0 THEN '星期一' WHEN 1 THEN '星期二'
WHEN 2 THEN '星期三' WHEN 3 THEN '星期四' WHEN 4 THEN '星期五' WHEN 5 THEN '星期
六' ELSE '星期天' END AS column1, NOW(),WEEKDAY(NOW()),DAYNAME(NOW());
+---------+---------------------+----------------+----------------+
| column1 | NOW()               | WEEKDAY(NOW()) | DAYNAME(NOW()) |
+---------+---------------------+----------------+----------------+
| 星期一   | 2022-05-23 10:45:56 |              0 | Monday         |
+---------+---------------------+----------------+----------------+
```

由执行结果可以看出,NOW()函数得到当前系统时间是 2022 年 05 月 23 日,函数 DAYNAME(NOW())得到当天是'Monday',函数 WEEKDAY(NOW())返回当前时间的工作日索引是 0,即对应的是星期一。

实例 77 使用 CASE 函数根据 vn 取值返回相应值

使用 CASE 函数根据 vn 取值返回相应值的操作,执行语句如下:

```
mysql> SELECT CASE WHEN WEEKDAY(NOW())=0 THEN '星期一' WHEN WEEKDAY(NOW())=1
THEN '星期二' WHEN WEEKDAY(NOW())=2 THEN '星期三' WHEN WEEKDAY(NOW())=3 THEN '
星期四' WHEN WEEKDAY(NOW())=4 THEN '星期五' WHEN WEEKDAY(NOW())=5 THEN '星期六'
ELSE '星期天' END AS column1, NOW(),WEEKDAY(NOW()),DAYNAME(NOW());
+---------+---------------------+----------------+----------------+
| column1 | NOW()               | WEEKDAY(NOW()) | DAYNAME(NOW()) |
+---------+---------------------+----------------+----------------+
| 星期一  | 2022-05-23 10:47:14 |              0 | Monday         |
+---------+---------------------+----------------+----------------+
```

此例与实例 76 返回结果一样,只是使用了 CASE 函数的不同写法,WHEN 后面为表达式,当表达式返回结果为 TRUE 时,取 THEN 后面的值,如果都不是,则返回 ELSE 后面的值。

9.4.2　系统信息函数

MySQL 数据库的系统信息包含数据库的版本号、当前用户名和连接数、系统字符集、最后一个自动生成的值等。本章将介绍使用 MySQL 数据库中的函数返回这些系统信息,如表 9-5 所示。

表 9-5　MySQL 数据库中的系统信息函数

系统信息函数	作　用
VERSION()	返回当前 MySQL 版本号的字符串
CONNECTION_ID()	返回 MySQL 服务器当前用户的连接次数
SHOW PROCESSLIST	SHOW PROCESSLIST; 输出结果显示正在运行的线程,不仅可以查看当前所有的连接数,还可以查看当前的连接状态,帮助识别出有问题的查询语句等。如果是 root 账号,则能看到所有用户的当前连接;如果是普通账号,则只能看到自己占用的连接
DATEBASE() SCHEMA()	这两个函数的作用相同,都是显示目前正在使用的数据库名称
USER()、 CURRENT_USER() SYSTEM_USER() SESSION_USER()	获取当前登录用户名的函数。这几个函数返回当前被 MySQL 服务器验证过的用户名和主机名组合。一般情况下,这几个函数返回值是相同的
CHARSET(str)	获取字符串的字符集函数。返回参数字符串 str 使用的字符集
COLLATION(str)	返回参数字符串 str 的排列方式

续表

系统信息函数	作　用
SELECT LAST_INSERT_ID()	获取最后一个自动生成的 ID 值的函数。自动返回最后一个 INSERT 或 UPDATE 为 AUTO_INCREMENT 列设置的第一个发生的值

实例 78　练习使用 SHOW PROCESSLIST 命令

使用 SHOW PROCESSLIST 命令输出当前用户的连接信息的操作，执行语句如下：

```
mysql> SHOW PROCESSLIST;
+----+---------------+-----------------+-------+---------+--------+-------------
------------+-----------------+
| Id | User          | Host            | db    | Command | Time   | State
       | Info           |
+----+---------------+-----------------+-------+---------+--------+-------------
------------+-----------------+
| 5  |event_scheduler| localhost       | NULL  | Daemon  | 334604 | Waiting on
empty queue | NULL           |
|11  | root          | localhost:57021 | hotel | Query   | 0      | init
       | SHOW PROCESSLIST |
+----+---------------+-----------------+-------+---------+--------+-------------
------------+-----------------+
```

由执行结果可以看出，显示出连接信息的 8 列内容，各列的含义与用途详解如下。

- Id 列：用户登录 MySQL 时，系统分配的"connection id"，标识一个用户。
- User 列：显示当前用户。如果不是 root，这个命令就只显示用户权限范围内的 SQL 语句。
- Host 列：显示这个语句是从哪个 IP 地址和端口上发出的。可用来追踪出现问题语句的用户。
- db 列：显示这个进程目前连接的是哪个数据库。
- Command 列：显示当前连接的执行的命令，一般就是休眠(sleep)、查询(query)、连接(connect)。
- Time 列：显示这个状态持续的时间，单位是秒。
- State 列：显示使用当前连接的 SQL 语句的状态，很重要的列，后续会有所有状态的描述。请注意，state 只是语句执行中的某一个状态。一个 SQL 语句，以查询为例，可能需要经过 Copying to tmp table、Sorting result、Sending data 等状态才可以完成。
- Info 列：显示这个 SQL 语句，因为长度有限，所以长的 SQL 语句就显示不全，但它是一个判断问题语句的重要依据。

实例 79　练习使用 CHARSET(str)函数

使用 CHARSET(str)函数返回参数字符串 str 使用的字符集的操作，执行语句如下：

```
SELECT CHARSET('test'),CHARSET(CONVERT('test' USING
latin1)),CHARSET(VERSION());
mysql> SELECT CHARSET('test'),CHARSET(CONVERT('test' USING
latin1)),CHARSET(VERSION());
```

```
+-----------------+-----------------------------------+----------------------+
| CHARSET('test') | CHARSET(CONVERT('test' USING latin1)) | CHARSET(VERSION()) |
+-----------------+-----------------------------------+----------------------+
| gbk             | latin1                            | utf8mb3              |
+-----------------+-----------------------------------+----------------------+
```

由执行结果可以看出，CHARSET('test') 返回系统默认的字符集 unf8；CHARSET(CONVERT('test' USING latin1)) 返回改变字符集函数 convert 转换之后的字符集 latin1；而 VERSION()函数返回的字符串本身就是使用 utf8 字符集。

LAST_INSERT_ID()自动返回最后一个 INSERT 或 UPDATE 操作为 AUTO_INCREMENT 列设置的第一个发生值。

实例80 练习使用 SELECT LAST_INSERT_ID 函数

使用 SELECT LAST_INSERT_ID 查看最后一个自动生成的列值，执行过程如下：

首先一次插入一条记录，这里先创建表 student01，其 ID 字段带有 AUTO_INCREMENT 约束，执行语句如下：

```
CREATE TABLE student01 (Id INT AUTO_INCREMENT NOT NULL PRIMARY KEY,
    Name VARCHAR(30));
```

分别单独向表 student01 中插入 2 条记录：

```
INSERT INTO student01 VALUES(NULL, '张小明');
INSERT INTO student01 VALUES(NULL, '张小磊');
```

查询数据表 student01 中的数据：

```
mysql> SELECT * FROM student01;
+-----+----------+
| Id  | Name     |
+-----+----------+
| 1   | 张小明    |
| 2   | 张小磊    |
+-----+----------+
```

查看已经插入的数据可以发现，最后一条插入的记录的字段 ID 值为 2，使用 SELECT LAST_INSERT_ID()查看最后自动生成的 ID 值。

```
mysql> SELECT LAST_INSERT_ID();
+------------------------+
| LAST_INSERT_ID()       |
+------------------------+
|                   2    |
+------------------------+
```

可以看到，一次插入一条记录时，返回的值为最后一条记录插入的 ID 值。

接下来，一次同时插入多条记录，向表中插入多条记录的执行语句如下：

```
INSERT INTO student01 VALUES (NULL, '王小雷'),(NULL,'张小凤'),(NULL,'展小天');
```

查询已经插入的记录，执行语句如下：

```
mysql> SELECT * FROM student01;
+-----+----------+
| Id  | Name     |
```

```
+-----+---------+
|  1  | 张小明   |
|  2  | 张小磊   |
|  3  | 王小雷   |
|  4  | 张小凤   |
|  5  | 展小天   |
+-----+---------+
```

可以看到最后一条记录的字段 ID 值为 5，使用 SELECT LAST_INSERT_ID()查看最后自动生成的 ID 值：

```
mysql> SELECT LAST_INSERT_ID();
+------------------------+
| LAST_INSERT_ID()       |
+------------------------+
|                  3     |
+------------------------+
SELECT LAST_INSERT_ID();
```

由上述实例可以看出，返回的结果值不是 5 而是 3，这是因为在向数据表中插入一条新记录时，SELECT LAST_INSERT_ID()返回带有 AUTO_INCREMENT 约束的字段最新生成的值为 2；继续向数据表中同时添加 3 条记录，读者可能以为这时 SELECT LAST_INSERT_ID 值为 5，而显示结果却为 3，这是因为当使用一条 INSERT 语句插入多行时，SELECT LAST_INSERT_ID()只返回插入的第一行数据时产生的值，在这里为第 3 条记录。

9.4.3　数据加密函数

MySQL 数据库中加密函数用来对数据进行加密处理，以保证数据表中某些重要数据不被别人窃取，这些函数能保证数据库的安全。使用 MD5(str)函数可以将字符串 str 计算出一个 MD5 比特校验码，该值以 32 位十六进制数字的二进制字符串形式返回。

实例81　练习使用 MD5(str)函数

使用 MD5(str)函数返回加密字符串的操作，执行语句如下：

```
mysql> SELECT MD5('mypassword');
+------------------------------------+
| MD5('mypassword')                  |
+------------------------------------+
| 34819d7beeabb9260a5c854bc85b3e44   |
+------------------------------------+
```

该加密函数的加密形式是可逆的，可以在应用程序中使用。由于 MD5 的加密算法是公开的，所以这种函数的加密级别不高。

9.5　疑 难 解 惑

疑问 1：数据库中的数据一般不以空格开始或结尾，这是为什么？

字符串开头或结尾处的空格是比较敏感的字符，会出现查询不到结果的现象。因此，在输出字符串数据时,最好使用 TRIM()函数去掉字符串开始或结尾的空格。

疑问 2:如何改变默认的字符集?

使用 CONVERT()函数可以改变指定字符串的默认字符集,还可以通过修改配置文件来改变默认的字符集。具体的方法为:在 Windows 中,找到 MySQL 的配置文件 my.ini,该文件在 MySQL 的安装目录下面。然后修改配置文件中的 default-character-set 和 character-set-server 参数值,将其改为想要的字符集名称,如 gbk、gb2312、latin1 等,修改之后重新启动 MySQL 服务,即可生效。最后可以在修改字符集后使用 SHOW VARIABLES LIKE 'character_set_%';命令查看当前字符集,以进行对比。

9.6 跟我学上机

上机练习 1:练习使用数学函数。

(1) 使用数学函数 RAND()生成 3 个 10 以内的随机整数。

(2) 使用 SIN()、COS()、TAN()、COT()函数计算三角函数值,并将计算结果转换成整数值。

上机练习 2:使用字符串和日期函数操作字段值。

(1) 创建表 member,其中包含 5 个字段,分别为 AUTO_INCREMENT 约束的 m_id 字段、VARCHAR 类型的 m_FN 字段,VARCHAR 类型的 m_LN 字段、DATETIME 类型的 m_birth 字段和 VARCHAR 类型的 m_info 字段。

(2) 插入一条记录,m_id 值为默认,m_FN 值为"Halen",m_LN 值为"Park",m_birth 值为 1970-06-29,m_info 值为"GoodMan"。

(3) 使用 SELECT 语句查看数据表 member 的插入结果。

(4) 返回 m_FN 的长度,返回第一条记录中的人的全名,将 m_info 字段值转换成小写字母,将 m_info 的值反向输出。

(5) 计算第一条记录中人的年龄,并计算 m_birth 字段中的值在那一年中的位置,按照"Saturday October 4th 1997"格式输出时间值。

(6) 插入一条新的记录,m_FN 值为"Samuel",m_LN 值为"Green",m_birth 值为系统当前时间,m_info 值为空。使用 LAST_INSERT_ID()查看最后插入的 ID 值。

(7) 使用 SELECT 语句查看数据表 member 的数据记录。

(8) 使用 LAST_INSERT_ID()函数查看最后插入的 ID 值。

(9) 使用 CASE 进行条件判断,如果 m_birth 小于 2000 年,显示"old";如果 m_birth 大于 2000 年,则显示"young"。

第10章

精通数据的查询

数据库管理系统的一个最重要的功能就是数据查询，数据查询不应只是简单返回数据库中存储的数据，还应该根据需要对数据进行筛选，以及确定数据以什么样的格式显示。MySQL 提供了功能强大、灵活的语句来实现这些操作。本章将介绍如何使用 SELECT 语句查询数据表中的一列或多列数据、使用集合函数显示查询结果、连接查询、子查询以及使用正则表达式进行查询等。

本章要点(已掌握的在方框中打勾)

☐ 了解 SELECT 语句
☐ 掌握表单查询的方法
☐ 掌握使用 WHERE 子句进行条件查询的方法
☐ 熟悉操作查询结果的方法
☐ 掌握使用集合函数进行统计查询的方法
☐ 掌握多表嵌套查询的方法
☐ 熟悉多表内查询的方法
☐ 掌握多表外查询的方法
☐ 掌握使用排序函数的方法
☐ 掌握使用正则表达式查询的方法

10.1 认识 SELECT 语句

MySQL 从数据表中查询数据的基本语句为 SELECT 语句，其基本格式如下：

```
SELECT 属性列表
FROM 表名和视图列表
{WHERE 条件表达式1}
{GROUP BY 属性名1}
{HAVING 条件表达式2}
{ORDER BY 属性名2 ASC|DESC }
```

主要参数介绍如下。

- 属性列表：需要查询的字段名。
- 表名和视图列表：从此处指定的表或视图中查询数据，表和视图可以有多个。
- 条件表达式 1：指定查询条件。
- 属性名 1：按该字段中的数据进行分组。
- 条件表达式 2：要满足该表达式的数据才能输出。
- 属性名 2：按该字段中的数据进行排序，排序方式由 ASC 和 DESC 两个参数指出，其中 ASC 参数表示按升序进行排序，这是默认参数；DESC 参数表示按降序进行排序。
- WHERE 子句：如果有 WHERE 子句，则按照"条件表达式 1"执行的条件进行查询；如果没有 WHERE 子句，则查询所有记录。
- GROUP BY 子句：如果有 GROUP BY 子句，就按照"属性名 1"指定的字段进行分组；如果 GROUP BY 子句后存在 HAVING 关键字，那么只有满足"条件表达式 2"中指定的条件才能够输出。在通常情况下，GROUP BY 子句会与 COUNT()、SUM() 等聚合函数一起使用。
- ORDER BY 子句：如果有 ORDER BY 子句，就按照"属性名 2"执行的字段进行排序。排序方式有升序(ASC)和降序(DESC)两种方式，在默认情况下是升序。

10.2 数据的简单查询

一般来讲，简单查询是指对一张表的查询操作，使用的关键字是 SELECT。相信读者对该关键字并不陌生，但是要想真正使用好查询语句，并不是一件很容易的事情，本节就来介绍简单查询数据的方法。

10.2.1 查询表中所有数据

SELECT 查询记录最简单的形式是从一个表中检索所有记录，查询表中所有数据的方法有两种，一种是列出表的所有字段，另一种是使用"*"号查询所有字段。

1. 列出所有字段

在 MySQL 中，可以在 SELECT 语句的"属性列表"中列出所有查询的表中的所有字段，从而查询表中所有数据。

为演示数据的查询操作，使用 school 数据库。

```
USE school;
```

在数据库 school 中创建 students 表。

```
CREATE TABLE students
(
    id      int  primary key,
    name    varchar(20),
    age     int,
    birthplace varchar(20),
    tel     varchar(20),
    remark  varchar(200)
);
```

创建好数据表后，向 students 表中输入数据。

```
INSERT INTO students (id,name,age,birthplace,tel,remark) VALUES
    (101, '王向阳',18,'山东','123456','山东济南'),
    (102, '李玉',19,'河南','123457','河南郑州'),
    (103, '张棵',20,'河南','123458','河南洛阳'),
    (104, '王旭',18,'湖南',NULL,NULL),
    (105, '李夏',17,'河南','123459','河南开封'),
    (106, '刘建立',19,'福建','123455','福建福州'),
    (107, '张丽莉',18,'湖北','123454','湖北武汉');
```

实例 1　查询 students 表中的全部数据

使用 SELECT 语句查询 students 表中的所有字段的数据，执行语句如下：

```
mysql> SELECT id, name,age, birthplace,tel,remark FROM students;
+-----+--------+--------+------------+--------+--------------+
| id  | name   | age    | birthplace | tel    | remark       |
+-----+--------+--------+------------+--------+--------------+
| 101 | 王向阳 | 18     | 山东       | 123456 | 山东济南     |
| 102 | 李玉   | 19     | 河南       | 123457 | 河南郑州     |
| 103 | 张棵   | 20     | 河南       | 123458 | 河南洛阳     |
| 104 | 王旭   | 18     | 湖南       | NULL   | NULL         |
| 105 | 李夏   | 17     | 河南       | 123459 | 河南开封     |
| 106 | 刘建立 | 19     | 福建       | 123455 | 福建福州     |
| 107 | 张丽莉 | 18     | 湖北       | 123454 | 湖北武汉     |
+-----+--------+--------+------------+--------+--------------+
```

2. 使用星号(*)通配符查询所有字段

在 MySQL 中，SELECT 语句的"属性列表"中可以为"*"，语法格式如下：

```
SELECT * FROM 表名;
```

实例 2 　使用 "*" 查询 students 表中的全部数据

从 students 表中查询所有字段数据记录，执行语句如下：

```
mysql> SELECT * FROM students;
+-----+--------+-------+------------+--------+------------+
| id  | name   | age   | birthplace | tel    | remark     |
+-----+--------+-------+------------+--------+------------+
| 101 | 王向阳  |   18  | 山东        | 123456 | 山东济南    |
| 102 | 李玉    |   19  | 河南        | 123457 | 河南郑州    |
| 103 | 张楳    |   20  | 河南        | 123458 | 河南洛阳    |
| 104 | 王旭    |   18  | 湖南        | NULL   | NULL       |
| 105 | 李夏    |   17  | 河南        | 123459 | 河南开封    |
| 106 | 刘建立  |   19  | 福建        | 123455 | 福建福州    |
| 107 | 张丽莉  |   18  | 湖北        | 123454 | 湖北武汉    |
+-----+--------+-------+------------+--------+------------+
```

由执行结果中可以看出，使用星号(*)通配符时，将返回所有数据记录，数据记录按照定义表的顺序显示。

10.2.2 　查询表中想要的数据

使用 SELECT 语句，可以获取多个字段下的数据，只需要在关键字 SELECT 后面指定要查找的字段名称，不同字段名称之间用逗号分隔开，最后一个字段后面不需要加逗号，使用这种查询方式可以获取有针对性的查询结果，语法格式如下：

```
SELECT 字段名1,字段名2,…,字段名n  FROM 表名;
```

实例 3 　查询 students 数据表中学生的学号、姓名和年龄

从 students 表中获取学生的学号、姓名和年龄，执行语句如下：

```
mysql> SELECT id,name, age FROM students;
+-----+--------+-------+
| id  | name   | age   |
+-----+--------+-------+
| 101 | 王向阳  |   18  |
| 102 | 李玉    |   19  |
| 103 | 张楳    |   20  |
| 104 | 王旭    |   18  |
| 105 | 李夏    |   17  |
| 106 | 刘建立  |   19  |
| 107 | 张丽莉  |   18  |
+-----+--------+-------+
```

提示 　　　MySQL 中的 SQL 语句是不区分大小写的，因此，SELECT 和 select 的作用是相同的。许多程序开发人员习惯将关键字大写，而数据列和表名使用小写，读者也应该养成一个良好的编程习惯，这样写出来的语句更容易阅读和维护。

10.2.3　对查询结果进行计算

在 SELECT 查询结果中，可以根据需要使用算术运算符或者逻辑运算符对查询结果进行处理。

实例 4　设置查询列的表达式，从而返回查询结果

查询 students 表中所有学生的名称和年龄，并对年龄加 1 之后输出查询结果，执行语句如下：

```
mysql> SELECT name, age 原来的年龄,age+1 加 1 后的年龄值 FROM students;
+--------+------------+-----------------+
| name   | 原来的年龄 | 加 1 后的年龄值 |
+--------+------------+-----------------+
| 王向阳 |         18 |              19 |
| 李玉   |         19 |              20 |
| 张楳   |         20 |              21 |
| 王旭   |         18 |              19 |
| 李夏   |         17 |              18 |
| 刘建立 |         19 |              20 |
| 张丽莉 |         18 |              19 |
+--------+------------+-----------------+
```

10.2.4　为结果列取别名

当显示查询结果时，选择的列通常是以原表中的列名作为标题。这些列名在建表时，出于节省空间的考虑，通常比较短，含义也模糊。为了改变查询结果中显示的列表，可以在 SELECT 语句的列名后使用"AS 标题名"，这样，在显示时便以该标题名来显示新的列名。

MySQL 中为字段取别名的语法格式如下：

属性名 [AS] 别名

主要参数介绍如下。
- 属性名：字段原来的名称。
- 别名：字段新的名称。
- AS：关键字。可有可无，实现的作用是一样的。通过这种方式，显示结果中"别名"就代替了"属性名"。

实例 5　使用 AS 关键字给列取别名

查询 students 表中所有的记录，并重命名列名，执行语句如下：

```
mysql> SELECT id AS 学号, name AS 姓名, age AS 年龄 FROM students;
+-------+-----------+--------+
| 学号  | 姓名      | 年龄   |
+-------+-----------+--------+
|   101 | 王向阳    |     18 |
|   102 | 李玉      |     19 |
```

```
|  103  | 张棵       |    20   |
|  104  | 王旭       |    18   |
|  105  | 李夏       |    17   |
|  106  | 刘建立     |    19   |
|  107  | 张丽莉     |    18   |
+-------+-----------+---------+
```

10.2.5　在查询时去除重复项

使用 DISTINCT 选项可以在查询结果中删除重复项。

实例6　使用 DISTINCT 删除重复项

查询 students 表中学生的出生地信息，并删除重复项，执行语句如下：

```
mysql> SELECT DISTINCT birthplace FROM students;
+------------+
| birthplace |
+------------+
| 山东       |
| 河南       |
| 湖南       |
| 福建       |
| 湖北       |
+------------+
```

10.2.6　在查询结果中给表取别名

要查询的数据表名称如果比较长，在查询中直接使用表名就会很不方便。这时可以为表取一个别名，来代替数据表的名称。MySQL 中为表取别名的基本形式如下：

表名　表的别名

通过这种方式，"表的别名"就能在此次查询中代替"表名"了。

实例7　为表取别名

查询 students 表中所有的记录，并为 students 表取别名为"学生表"，执行语句如下：

```
mysql> SELECT * FROM students 学生表;
+-----+--------+-----+------------+--------+-----------+
| id  | name   | age | birthplace | tel    | remark    |
+-----+--------+-----+------------+--------+-----------+
| 101 | 王向阳 | 18  | 山东       | 123456 | 山东济南  |
| 102 | 李玉   | 19  | 河南       | 123457 | 河南郑州  |
| 103 | 张棵   | 20  | 河南       | 123458 | 河南洛阳  |
| 104 | 王旭   | 18  | 湖南       | NULL   | NULL      |
| 105 | 李夏   | 17  | 河南       | 123459 | 河南开封  |
| 106 | 刘建立 | 19  | 福建       | 123455 | 福建福州  |
| 107 | 张丽莉 | 18  | 湖北       | 123454 | 湖北武汉  |
+-----+--------+-----+------------+--------+-----------+
```

10.2.7　使用 LIMIT 限制查询数据

当数据表中包含大量的数据时，可以通过指定显示记录数限制返回的结果集中的行数。LIMIT 是 MySQL 中的一个特殊关键字，可以用来指定查询结果从哪条记录开始显示，还可以指定一共显示多少条记录。LIMIT 关键字有两种使用方式：不指定初始位置和指定初始位置。

1. 不指定初始位置

LIMIT 关键字不指定初始位置时，记录从第一条记录开始显示，显示记录的条数由 LIMIT 关键字指定，其语法规则如下：

```
LIMIT 记录数
```

其中，"记录数"参数表示显示记录的条数。如果"记录数"的值小于查询结果的总记录数，将会从第一条记录开始，显示指定条数的记录。如果"记录数"的值大于查询结果的总记录数，数据库系统会直接显示查询出来的所有记录。

实例 8　使用 LIMIT 关键字限制查询数据

查询 students 表中所有的数据记录，但只显示前 3 条，执行语句如下：

```
mysql> SELECT * FROM students LIMIT 3;
+-----+--------+------+------------+--------+-------------+
| id  | name   | age  | birthplace | tel    | remark      |
+-----+--------+------+------------+--------+-------------+
| 101 | 王向阳 |  18  | 山东       | 123456 | 山东济南    |
| 102 | 李玉   |  19  | 河南       | 123457 | 河南郑州    |
| 103 | 张棵   |  20  | 河南       | 123458 | 河南洛阳    |
+-----+--------+------+------------+--------+-------------+
```

由执行结果可以看出，表中只显示了三条记录，该实例说明"LIMIT 3"限制了显示条数为 3。

2. 指定初始位置

LIMIT 关键字可以指定从哪条记录开始显示，并且可以指定显示多少条记录，其语法规则如下：

```
LIMIT 初始位置,记录数
```

其中，"初始位置"参数指定从哪条记录开始显示，"记录数"参数显示记录的条数。第一条记录的位置是 0，第二条记录的位置是 1，后面的记录以此类推。

实例 9　通过指定初始位置来限制查询数据

查询 students 表中所有的数据记录，从第二条记录开始显示，共显示三条数据记录，执行语句如下：

```
mysql> SELECT * FROM students LIMIT 1,3;
+-----+------+------+-----------------+---------+---------------+
```

```
| id  | name | age | birthplace | tel    | remark |        |
+-----+------+-----+------------+--------+--------+--------+
| 102 | 李玉 | 19  | 河南       | 123457 | 河南郑州 |        |
| 103 | 张棵 | 20  | 河南       | 123458 | 河南洛阳 |        |
| 104 | 王旭 | 18  | 湖南       | NULL   | NULL   |        |
+-----+------+-----+------------+--------+--------+--------+
```

结果中只显示了第 2 条、第 3 条和第 4 条数据记录。从结果可以看出 LIMIT 关键字可以指定从哪条记录开始显示，也可以指定显示多少条记录。

LIMIT 关键字是 MySQL 中所特有的。LIMIT 关键字可以指定需要显示的记录的初始位置，0 表示第一条记录。例如，如果需要查询成绩表中前 10 名的学生信息，可以使用 ORDER BY 关键字将记录按照分数降序排序，然后使用 LIMIT 关键字指定只查询前 10 条记录。

10.3　使用 WHERE 子句进行条件查询

WHERE 子句用于给定源表和视图中记录的筛选条件，只有符合筛选条件的记录才能为结果集提供数据，否则将不能入选结果集。WHERE 子句中的筛选条件由一个或多个条件表达式组成。WHERE 子句常用的查询条件有多种，如表 10-1 所示。

表 10-1　WHERE 查询条件

查询条件	符号或关键字
比较	=、<、<=、>、>=、!=、<>、!>、!<
指定范围	BETWEEN AND、NOT BETWEEN AND
指定集合	IN、NOT IN
匹配字符	LIKE、NOT LIKE
是否为空值	IS NULL、IS NOT NULL
多个查询条件	AND、OR

10.3.1　比较查询条件的数据查询

MySQL 在比较查询条件中的关键字或符号如表 10-2 所示。比较字符串数据时，字符的逻辑顺序由字符数据的排序规则来定义。系统将从两个字符串的第一个字符自左至右进行对比，直到对比出两个字符串的大小。

表 10-2　比较运算符表

操 作 符	说　　明
=	相等
<>	不相等
<	小于
<=	小于或等于

续表

操 作 符	说 明
>	大于
>=	大于或等于
!=	不等于，与<>作用相等
!>	不大于
!<	不小于

实例 10　使用关系表达式查询数据记录

查询 students 表中年龄为 18 岁的学生信息，使用"="操作符，执行语句如下：

```
mysql> SELECT id,name, age,birthplace  FROM students  WHERE age =18;
+-----+---------+--------+------------+
| id  | name    | age    | birthplace |
+-----+---------+--------+------------+
| 101 | 王向阳  |   18   | 山东       |
| 104 | 王旭    |   18   | 湖南       |
| 107 | 张丽莉  |   18   | 湖北       |
+-----+---------+--------+------------+
```

该实例采用了简单的相等过滤，查询一个指定列 age 的值为 18。另外，相等判断还可以用来比较字符串。

查询姓名为"李夏"的学生信息，执行语句如下：

```
mysql> SELECT id,name, age,birthplace FROM students WHERE name = '李夏';
+-----+-------+---------+--------------+
| id  | name  | age     | birthplace   |
+-----+-------+---------+--------------+
| 105 | 李夏  |   17    | 河南         |
+-----+-------+---------+--------------+
```

查询年龄小于 19 岁的学生信息，使用"<"操作符，执行语句如下：

```
mysql> SELECT id,name, age,birthplace FROM students WHERE age < 19;
+-----+---------+--------+--------------+
| id  | name    | age    | birthplace   |
+-----+---------+--------+--------------+
| 101 | 王向阳  |   18   | 山东         |
| 104 | 王旭    |   18   | 湖南         |
| 105 | 李夏    |   17   | 河南         |
| 107 | 张丽莉  |   18   | 湖北         |
+-----+---------+--------+--------------+
```

由查询结果可以看出，所有记录的 age 字段的值均小于 19，而大于或等于 19 的记录没有被返回。

10.3.2　带 BETWEEN AND 的范围查询

使用 BETWEEN AND 可以进行范围查询。该运算符需要两个参数，即范围的开始值和结束值。如果记录的字段值满足指定的范围查询条件，则这些记录被返回。

实例 11　使用 BETWEEN AND 查询数据记录

查询学生年龄在 17～19 岁的学生信息，执行语句如下：

```
mysql> SELECT id,name, age,birthplace FROM students WHERE age BETWEEN 17 AND 19;
+-----+--------+------+------------+
| id  | name   | age  | birthplace |
+-----+--------+------+------------+
| 101 | 王向阳 |   18 | 山东       |
| 102 | 李玉   |   19 | 河南       |
| 104 | 王旭   |   18 | 湖南       |
| 105 | 李夏   |   17 | 河南       |
| 106 | 刘建立 |   19 | 福建       |
| 107 | 张丽莉 |   18 | 湖北       |
+-----+--------+------+------------+
```

由查询结果可以看出，返回结果包含了年龄从 17～19 岁的字段值，并且端点值 19 也包括在返回结果中，即 BETWEEN 匹配范围中的所有值，包括开始值和结束值。

如果在 BETWEEN AND 运算符前加关键字 NOT，表示指定范围之外的值，即字段值不满足指定范围内的值，则这些记录被返回。

查询年龄在 18～19 岁之外的学生信息，执行语句如下：

```
mysql> SELECT id,name, age,birthplace FROM students WHERE age NOT BETWEEN 18 AND 19;
+-----+--------+------+------------+
| id  | name   | age  | birthplace |
+-----+--------+------+------------+
| 103 | 张棵   |   20 | 河南       |
| 105 | 李夏   |   17 | 河南       |
+-----+--------+------+------------+
```

由查询结果可以看出，返回的记录包括 age 字段大于 19 和小于 18 的记录，但不包括开始值和结束值。

10.3.3　带 IN 关键字的查询

IN 关键字用来查询满足指定条件范围内的记录。使用 IN 关键字时，将所有检索条件用括号括起来，检索条件用逗号分隔开，只要满足条件范围内的一个值即为匹配项。

实例 12　使用 IN 关键字查询数据记录

查询 id 为 101 和 102 的学生数据记录，执行语句如下：

```
mysql> SELECT id,name, age,birthplace FROM students WHERE id IN (101,102);
+-----+--------+------+------------+
| id  | name   | age  | birthplace |
+-----+--------+------+------------+
| 101 | 王向阳 |   18 | 山东       |
| 102 | 李玉   |   19 | 河南       |
+-----+--------+------+------------+
```

相反地，可以使用关键字 NOT 来检索不在条件范围内的记录。

查询所有 id 不等于 101 和 102 的学生数据记录，执行语句如下：

```
mysql> SELECT id,name, age,birthplace FROM students WHERE id NOT IN (101,102);
+-----+--------+------+------------+
| id  | name   | age  | birthplace |
+-----+--------+------+------------+
| 103 | 张棵   |  20  | 河南       |
| 104 | 王旭   |  18  | 湖南       |
| 105 | 李夏   |  17  | 河南       |
| 106 | 刘建立 |  19  | 福建       |
| 107 | 张丽莉 |  18  | 湖北       |
+-----+--------+------+------------+
```

由查询结果可以看出，该语句在 IN 关键字前面加上了 NOT 关键字，这使得查询的结果与上述实例的结果正好相反。前面检索了 id 等于 101 和 102 的记录，而这里所要求查询的记录中的 id 字段值不等于这两个值中的任一个。

10.3.4　带 LIKE 的字符匹配查询

使用 LIKE 关键字可以匹配字符串是否相等。如果字段的值与指定的字符串相匹配，则满足查询条件，该记录将被查询出来。如果与指定的字符串不匹配，则不满足查询条件，语法格式如下：

```
[NOT] LIKE '字符串'
```

主要参数介绍如下。

- NOT：可选参数，加上 NOT 表示与指定的字符串不匹配时满足条件。
- 字符串：指定用来匹配的字符串，该字符串必须加上单引号或双引号。字符串参数的值既可以是一个完整的字符串，也可以是包含百分号(%)或者下划线(_)的通配符。

【知识扩展】

百分号(%)或者下划线(_)在应用时有很大的区别，区别如下。

- 百分号(%)：可以代表任意长度的字符串，长度可以是 0。例如，b%k 表示以字母 b 开头，以字母 k 结尾的任意长度的字符串，可以是 bk、book、break 等字符串。
- 下划线(_)：只能表示单个字符。例如，b_k 表示以字母 b 开头，以字母 k 结尾的 3 个字符。中间的下划线(_)可以代表任意一个字符，例如 bok、buk 和 bak 等字符串。

实例 13　使用 LIKE 关键字查询数据记录

1. 百分号通配符"%"，匹配任意长度的字符，甚至包括零字符

查询所有籍贯以字符'河'开头的学生信息，执行语句如下：

```
mysql> SELECT id,name, age,birthplace FROM students WHERE birthplace LIKE '河%';
+-----+------+------+------------+
| id  | name | age  | birthplace |
+-----+------+------+------------+
| 102 | 李玉 |  19  | 河南       |
| 103 | 张棵 |  20  | 河南       |
| 105 | 李夏 |  17  | 河南       |
+-----+------+------+------------+
```

该语句查询的结果返回所有以字符'河'开头的学生信息，'%'告诉 MySQL，返回所有 birthplace 字段以字符'河'开头的记录，不管'河'后面有多少个字符。

另外，在搜索匹配时，通配符"%"可以放在不同位置。

在 students 表中，查询学生描述信息中包含字符'南'的记录，执行语句如下：

```
mysql> SELECT name, age,remark FROM students WHERE remark LIKE '%南%';
+------------+------+------------+
| name       | age  | remark     |
+------------+------+------------+
| 王向阳     |   18 | 山东济南   |
| 李玉       |   19 | 河南郑州   |
| 张棵       |   20 | 河南洛阳   |
| 李夏       |   17 | 河南开封   |
+------------+------+------------+
```

该语句查询 remark 字段描述中包含字符'南'的学生信息，只要描述中有字符'南'，而前面或后面不管有多少个字符，都满足查询的条件。

2. 通配符"_"，一次只能匹配任意一个字符

通配符"_"，一次只能匹配任意一个字符，该通配符的用法和"%"相同，区别是"%"匹配多个字符，而"_"只匹配任意单个字符，如果要匹配多个字符，则需要使用相同个数的"_"。

在 students 表中，查询学生籍贯以字符'南'结尾，且字符'南'前面只有 1 个字符的记录，执行语句如下：

```
mysql> SELECT name, age,birthplace FROM students WHERE birthplace LIKE '_南';
+------+-------+----------------+
| name | age   | birthplace     |
+------+-------+----------------+
| 李玉 |   19  | 河南           |
| 张棵 |   20  | 河南           |
| 王旭 |   18  | 湖南           |
| 李夏 |   17  | 河南           |
+------+-------+----------------+
```

由执行结果可以看出，以字符'南'结尾且前面只有 1 个字符的记录有 4 条。

3. NOT LIKE 关键字

NOT LIKE 关键字表示字符串不匹配的情况下满足条件。
查询 students 表中所有不是姓李的学生信息，执行语句如下：

```
mysql> SELECT * FROM students WHERE name NOT LIKE '李%';
+-----+--------+-------+------------+--------+------------+
| id  | name   | age   | birthplace | tel    | remark     |
+-----+--------+-------+------------+--------+------------+
| 101 | 王向阳 |   18  | 山东       | 123456 | 山东济南   |
| 103 | 张棵   |   20  | 河南       | 123458 | 河南洛阳   |
| 104 | 王旭   |   18  | 湖南       | NULL   | NULL       |
| 106 | 刘建立 |   19  | 福建       | 123455 | 福建福州   |
| 107 | 张丽莉 |   18  | 湖北       | 123454 | 湖北武汉   |
+-----+--------+-------+------------+--------+------------+
```

10.3.5　未知空数据的查询

数据表创建的时候，设计者可以指定某列中是否可以包含空值。空值不同于 0，也不同于空字符串，空值一般表示数据未知、不适用或将在以后添加。在 SELECT 语句中使用 IS NULL 子句，可以查询某字段内容为空的记录。

实例 14　使用 IS NULL 查询空值

查询 students 表中 tel 字段为空的数据记录，执行语句如下：

```
mysql> SELECT * FROM students WHERE tel IS NULL;
+-----+--------+------+-----------+------+--------+
| id  | name   | age  | birthplace | tel  | remark |
+-----+--------+------+-----------+------+--------+
| 104 | 王旭   | 18   | 湖南       | NULL | NULL   |
+-----+--------+------+-----------+------+--------+
```

与 IS NULL 相反的是 IS NOT NULL，该子句查找字段不为空的记录。

查询 students 表中 tel 字段不为空的数据记录，执行语句如下：

```
mysql> SELECT * FROM students WHERE tel IS NOT NULL;
+-----+---------+------+------------+--------+---------+
| id  | name    | age  | birthplace | tel    | remark  |
+-----+---------+------+------------+--------+---------+
| 101 | 王向阳  | 18   | 山东       | 123456 | 山东济南 |
| 102 | 李玉    | 19   | 河南       | 123457 | 河南郑州 |
| 103 | 张棵    | 20   | 河南       | 123458 | 河南洛阳 |
| 105 | 李夏    | 17   | 河南       | 123459 | 河南开封 |
| 106 | 刘建立  | 19   | 福建       | 123455 | 福建福州 |
| 107 | 张丽莉  | 18   | 湖北       | 123454 | 湖北武汉 |
+-----+---------+------+------------+--------+---------+
```

10.3.6　带 AND 的多条件查询

AND 关键字可以用来联合多个条件进行查询，使用 AND 关键字时，只有同时满足所有查询条件的记录才会被查询出来。如果不满足这些查询条件的其中一个，这样的记录将被排除掉，AND 关键字的语法规则如下：

```
条件表达式1 AND 条件表达式2 [...AND 条件表达式n]
```

主要参数介绍如下。

- AND：用于连接两个条件表达式。而且，可以同时使用多个 AND 关键字，这样可以连接更多的条件表达式。
- 条件表达式 n：用于查询的条件。

实例 15　使用 AND 关键字查询数据

使用 AND 关键字来查询 students 表中学号为"101"，而且"birthplace"为"山东"的记录，执行语句如下：

```
mysql> SELECT * FROM students WHERE id=101 AND birthplace LIKE '山东';
+-----+----------+------+------------+--------+------------+
| id  | name     | age  | birthplace | tel    | remark     |
+-----+----------+------+------------+--------+------------+
| 101 | 王向阳    | 18   | 山东        | 123456 | 山东济南    |
+-----+----------+------+------------+--------+------------+
```

由执行结果可以看出,查询出来的记录其学号为"101",且 birthplace 为"山东"。

使用 AND 关键字来查询 students 表中学号为"103","birthplace"为"河南",而且年龄小于 25 岁的记录,执行语句如下:

```
mysql> SELECT * FROM students WHERE id=103 AND birthplace='河南' AND age<25;
+-----+------+------+------------+--------+------------+
| id  | name | age  | birthplace | tel    | remark     |
+-----+------+------+------------+--------+------------+
| 103 | 张棵  | 20   | 河南        | 123458 | 河南洛阳    |
+-----+------+------+------------+--------+------------+
```

由执行结果可以看到,查询出来的记录满足 3 个条件。本实例中使用了"<"和"="这两个运算符,其中,"="可以用 LIKE 替换。

使用 AND 关键字来查询 students 表,查询条件为学号取值在{101,102,103}这个集合之中,年龄范围为 17~21 岁,而且 birthplace 为"河南",执行语句如下:

```
mysql> SELECT *FROM students WHERE id IN (101,102,103) AND age BETWEEN 17
AND 21 AND birthplace LIKE '河南';
+-----+------+------+------------+--------+------------+
| id  | name | age  | birthplace | tel    | remark     |
+-----+------+------+------------+--------+------------+
| 102 | 李玉  | 19   | 河南        | 123457 | 河南郑州    |
| 103 | 张棵  | 20   | 河南        | 123458 | 河南洛阳    |
+-----+------+------+------------+--------+------------+
```

本实例中使用了 IN、BETWEEN AND 和 LIKE 关键字,还使用了通配符"%"。因此,结果中显示的记录同时满足了这 3 个条件表达式。

10.3.7 带 OR 的多条件查询

OR 关键字也可以用来联合多个条件进行查询,但是与 AND 关键字不同,使用 OR 关键字时,只要满足这几个查询条件的其中一个,这样的记录就会被查询出来。如果不满足这些查询条件中的任何一个,这样的记录将被排除掉,OR 关键字的语法规则如下:

条件表达式 1 OR 条件表达式 2 [...OR 条件表达式 n]

主要参数介绍如下。

- OR:用于连接两个条件表达式。而且,可以同时使用多个 OR 关键字,这样可以连接更多的条件表达式。
- 条件表达式 n:用于查询的条件。

实例 16 使用 OR 关键字查询数据

使用 OR 关键字来查询 students 表中学号为"101",或者"birthplace"为"河南"的记录，执行语句如下：

```
mysql> SELECT * FROM students WHERE id=101 OR birthplace LIKE '河南';
+-----+----------+------+------------+--------+------------+
| id  | name     | age  | birthplace | tel    | remark     |
+-----+----------+------+------------+--------+------------+
| 101 | 王向阳    | 18   | 山东       | 123456 | 山东济南    |
| 102 | 李玉      | 19   | 河南       | 123457 | 河南郑州    |
| 103 | 张棵      | 20   | 河南       | 123458 | 河南洛阳    |
| 105 | 李夏      | 17   | 河南       | 123459 | 河南开封    |
+-----+----------+------+------------+--------+------------+
```

　　查询出来的记录学号的值为 102、103 和 105 的记录学号不等于 101。但是，这 3 条记录的 birthplace 字段为"河南"也被查询出来。这就说明使用 OR 关键字时，只要满足多个条件中的其中一个，就可以被查询出来。

　　使用 OR 关键字来查询 students 表，查询条件为学号取值在{101,102,103}这个集合之中，或者年龄范围为 17~21 岁，或者 birthplace 为"河南"，执行语句如下：

```
mysql> SELECT * FROM students
    WHERE id IN (101,102,103) OR age BETWEEN 17 AND 21 OR birthplace LIKE '河南';
+-----+----------+------+------------+--------+------------+
| id  | name     | age  | birthplace | tel    | remark     |
+-----+----------+------+------------+--------+------------+
| 101 | 王向阳    | 18   | 山东       | 123456 | 山东济南    |
| 102 | 李玉      | 19   | 河南       | 123457 | 河南郑州    |
| 103 | 张棵      | 20   | 河南       | 123458 | 河南洛阳    |
| 104 | 王旭      | 18   | 湖南       | NULL   | NULL       |
| 105 | 李夏      | 17   | 河南       | 123459 | 河南开封    |
| 106 | 刘建立    | 19   | 福建       | 123455 | 福建福州    |
| 107 | 张丽莉    | 18   | 湖北       | 123454 | 湖北武汉    |
+-----+----------+------+------------+--------+------------+
```

　　本实例中使用了 IN、BETWEEN AND 和 LIKE 关键字，还使用了通配符"%"。因此，结果中显示的记录只要满足这 3 个条件表达式中的任何一个，这样的记录就会被查询出来。

　　另外，OR 关键字还可以与 AND 关键字一起使用，当两者一起使用时，AND 关键字的优先级要比 OR 高。例如，同时使用 OR 关键字和 AND 关键字来查询 students 表，执行语句如下：

```
mysql> SELECT * FROM students WHERE id IN (101,102,103) AND age=18 OR
birthplace LIKE '河南';
+-----+----------+------+------------+--------+------------+
| id  | name     | age  | birthplace | tel    | remark     |
+-----+----------+------+------------+--------+------------+
| 101 | 王向阳    | 18   | 山东       | 123456 | 山东济南    |
| 102 | 李玉      | 19   | 河南       | 123457 | 河南郑州    |
| 103 | 张棵      | 20   | 河南       | 123458 | 河南洛阳    |
| 105 | 李夏      | 17   | 河南       | 123459 | 河南开封    |
+-----+----------+------+------------+--------+------------+
```

　　从查询结果中可以得出，条件"id IN (101,102,103) AND age=18"确定了学号为 101 的记录。条件"birthplace LIKE '河南'"确定了学号为 102、103 和 105 的记录。

　　如果将条件"id IN (101,102,103) AND age=18"与"birthplace LIKE '河南'"的顺序调换一

下，再来看看执行结果，执行语句如下：

```
mysql> SELECT * FROM students WHERE birthplace LIKE '河南' OR id IN
(101,102,103) AND age=18;
+-----+----------+------+------------+--------+------------+
| id  | name     | age  | birthplace | tel    | remark     |
+-----+----------+------+------------+--------+------------+
| 101 | 王向阳   |  18  | 山东       | 123456 | 山东济南   |
| 102 | 李玉     |  19  | 河南       | 123457 | 河南郑州   |
| 103 | 张楳     |  20  | 河南       | 123458 | 河南洛阳   |
| 105 | 李夏     |  17  | 河南       | 123459 | 河南开封   |
+-----+----------+------+------------+--------+------------+
```

可以看出执行结果是一样的。这就说明，AND 关键字前后的条件先结合，然后再与 OR 关键字的条件结合，也就是说 AND 要比 OR 优先计算。

AND 关键字和 OR 关键字可以连接条件表达式，这些条件表达式中可以使用"="">"等操作符，也可以使用 IN、BETWEEN AND 和 LIKE 等关键字，而且 LIKE 关键字匹配字符串时可以使用"%"和"_"等通配符。

10.4　操作查询的结果

从表中查询出来的数据可能是无序的，或者其排列顺序不是用户所期望的顺序。这时，我们可以对查询结果进行排序，还可以对查询结果分组显示或分组过滤显示。

10.4.1　对查询结果进行排序

为了使查询结果的顺序满足用户的要求，我们可以使用 ORDER BY 关键字对记录进行排序，其基本语法格式如下：

```
ORDER BY 属性名[ASC|DESC]
```

主要参数介绍如下。

- 属性名：按照该字段进行排序。
- ASC：按升序的顺序进行排序。
- DESC：按降序的顺序进行排序。在默认情况下，按照 ASC 方式进行排序。

实例 17　使用默认排序方式

查询 students 表中的所有记录，按照"age"字段进行排序，执行语句如下：

```
mysql> SELECT * FROM students ORDER BY age;
+-----+----------+------+------------+--------+------------+
| id  | name     | age  | birthplace | tel    | remark     |
+-----+----------+------+------------+--------+------------+
| 105 | 李夏     |  17  | 河南       | 123459 | 河南开封   |
| 101 | 王向阳   |  18  | 山东       | 123456 | 山东济南   |
| 104 | 王旭     |  18  | 湖南       | NULL   | NULL       |
| 107 | 张丽莉   |  18  | 湖北       | 123454 | 湖北武汉   |
| 102 | 李玉     |  19  | 河南       | 123457 | 河南郑州   |
```

```
| 106 | 刘建立     |  19  | 福建        | 123455 | 福建福州     |
| 103 | 张棵      |  20  | 河南        | 123458 | 河南洛阳     |
+-----+----------+------+------------+--------+------------+
```

从查询结果可以看出，students 表中的记录是按照"age"字段的值进行升序排序的。这就说明 ORDER BY 关键字可以设置查询结果按某个字段进行排序，而且在默认情况下，是按升序进行排序的。

实例 18　使用升序排序方式

查询 students 表中的所有记录，按照"age"字段的升序方式进行排序，执行语句如下：

```
mysql> SELECT * FROM students ORDER BY age ASC;
+-----+----------+------+------------+--------+------------+
| id  | name     | age  | birthplace | tel    | remark     |
+-----+----------+------+------------+--------+------------+
| 105 | 李夏      |  17  | 河南        | 123459 | 河南开封     |
| 101 | 王向阳     |  18  | 山东        | 123456 | 山东济南     |
| 104 | 王旭      |  18  | 湖南        | NULL   | NULL       |
| 107 | 张丽莉     |  18  | 湖北        | 123454 | 湖北武汉     |
| 102 | 李玉      |  19  | 河南        | 123457 | 河南郑州     |
| 106 | 刘建立     |  19  | 福建        | 123455 | 福建福州     |
| 103 | 张棵      |  20  | 河南        | 123458 | 河南洛阳     |
+-----+----------+------+------------+--------+------------+
```

从查询结果可以看出，students 表中的记录是按照"age"字段的值进行升序排序的。这就说明，加上 ASC 参数，记录是按照升序进行排序的，这与不加 ASC 参数返回的结果相同。

实例 19　使用降序排序方式

查询 students 表中的所有记录，按照"age"字段的降序方式进行排序，执行语句如下：

```
mysql> SELECT * FROM students ORDER BY age DESC;
+-----+----------+------+------------+--------+------------+
| id  | name     | age  | birthplace | tel    | remark     |
+-----+----------+------+------------+--------+------------+
| 103 | 张棵      |  20  | 河南        | 123458 | 河南洛阳     |
| 102 | 李玉      |  19  | 河南        | 123457 | 河南郑州     |
| 106 | 刘建立     |  19  | 福建        | 123455 | 福建福州     |
| 101 | 王向阳     |  18  | 山东        | 123456 | 山东济南     |
| 104 | 王旭      |  18  | 湖南        | NULL   | NULL       |
| 107 | 张丽莉     |  18  | 湖北        | 123454 | 湖北武汉     |
| 105 | 李夏      |  17  | 河南        | 123459 | 河南开封     |
+-----+----------+------+------------+--------+------------+
```

从查询结果可以看出，students 表中的记录是按照"age"字段的值进行降序排序的。这就说明，加上 DESC 参数，记录是按照降序进行排序的。

在查询时，如果数据表中要排序的字段值为空值时，这条记录将显示为第一条记录。因此，按升序排序时，含空值的记录将最先显示，可以理解为空值是该字段的最小值，而按降序排序时，该字段为空值的记录将最后显示。

10.4.2 对查询结果进行分组

分组查询是对数据按照某个或多个字段进行分组，MySQL 中使用 GROUP BY 子句对数据进行分组，基本语法格式为：

```
[GROUP BY 字段] [HAVING <条件表达式>]
```

主要参数介绍如下。

● "字段"：进行分组时所依据的列名称。

● "HAVING <条件表达式>"：指定 GROUP BY 分组显示时需要满足的限定条件。

GROUP BY 子句通常和集合函数一起使用，例如 MAX()、MIN()、COUNT()、SUM()、AVG()。

实例 20 对查询结果进行分组显示

根据学生籍贯对 students 表中的数据进行分组，执行语句如下：

```
mysql> SELECT birthplace, COUNT(*) AS Total FROM students GROUP BY
birthplace;
+------------+-------+
| birthplace | Total |
+------------+-------+
| 山东       |     1 |
| 河南       |     3 |
| 湖南       |     1 |
| 福建       |     1 |
| 湖北       |     1 |
+------------+-------+
```

由执行结果可以看出，birthplace 表示学生籍贯，Total 字段使用 COUNT()函数计算得出，GROUP BY 子句按照籍贯 birthplace 字段分组。

另外，使用 GROUP BY 可以对多个字段进行分组，MySQL 根据多字段的值来进行层次分组，分组层次从左到右，即先按第 1 个字段分组，然后在第 1 个字段值相同的记录中再根据第 2 个字段的值进行分组，以此类推。

根据学生籍贯 birthplace 和学生名称 name 字段对 students 表中的数据进行分组，执行语句如下：

```
mysql> SELECT birthplace,name FROM students GROUP BY birthplace,name;
+------------+----------+
| birthplace | name     |
+------------+----------+
| 山东       | 王向阳   |
| 河南       | 李玉     |
| 河南       | 张棵     |
| 湖南       | 王旭     |
| 河南       | 李夏     |
| 福建       | 刘建立   |
| 湖北       | 张丽莉   |
+------------+----------+
```

由执行结果可以看出，查询记录先按照籍贯 birthplace 进行分组，再对学生名称 name 字段按不同的取值进行分组。

10.4.3 对分组结果过滤查询

GROUP BY 可以和 HAVING 一起限定显示记录所需满足的条件，只有满足条件的分组才会被显示。

实例 21 对查询结果进行分组并过滤显示

根据学生籍贯 birthplace 字段对 students 表中的数据进行分组，并显示学生数量大于 1 的分组信息，执行语句如下：

```
mysql> SELECT birthplace, COUNT(*) AS Total FROM students GROUP BY
birthplace HAVING COUNT(*) > 1;
+------------+-------+
| birthplace | Total |
+------------+-------+
| 河南       |     3 |
+------------+-------+
```

由执行结果可以看出，birthplace 为河南的学生数量大于 1，满足 HAVING 子句条件，因此出现在返回结果中；而其他籍贯的学生数量等于 1，不满足这里的限定条件，因此不在返回结果中。

10.5 使用聚合函数进行统计查询

有时候并不需要返回实际表中的数据，而只是对数据进行总结，MySQL 提供了一些查询功能，可以对获取的数据进行分析和报告，这就是聚合函数，具体的名称和作用如表 10-3 所示。

表 10-3 聚合函数

函　　数	作　　用
AVG()	返回某列的平均值
COUNT()	返回某列的行数
MAX()	返回某列的最大值
MIN()	返回某列的最小值
SUM()	返回某列值的和

10.5.1 使用 SUM()函数求列的和

SUM()是一个求总和的函数，返回指定列值的总和。

实例 22 使用 SUM()函数统计列的和

使用 SUM()函数统计 students 表中学生年龄的总和，执行语句如下：

```
mysql> SELECT SUM(age) AS 总年龄 FROM students;
+----------+
| 总年龄    |
+----------+
|      129 |
+----------+
```

另外，SUM()函数可以与 GROUP BY 一起使用，用来统计不同籍贯的学生总年龄。例如，使用 SUM()函数统计 students 表中不同籍贯学生的年龄和，SUM()函数与 GROUP BY 关键字一起使用，输入 SQL 语句如下：

```
mysql> SELECT birthplace,SUM(age) FROM students GROUP BY birthplace;
+------------+------------+
| birthplace | SUM(age)   |
+------------+------------+
| 山东        |         18 |
| 河南        |         56 |
| 湖南        |         18 |
| 福建        |         19 |
| 湖北        |         18 |
+------------+------------+
```

注意

SUM()函数在计算时，忽略列值为 NULL 的行。

10.5.2 使用 AVG()函数求列平均值

AVG()函数通过计算返回的行数和每一行数据的和，求得指定列数据的平均值。

实例 23 使用 AVG()函数统计列的平均值

在 students 表中，查询籍贯为"河南"的学生年龄的平均值，执行语句如下：

```
mysql> SELECT AVG(age) AS avg_age FROM students WHERE birthplace='河南';
+---------+
| avg_age |
+---------+
| 18.6667 |
+---------+
```

该实例中通过添加查询过滤条件，计算出指定籍贯学生的年龄平均值，而不是所有学生的年龄平均值。

另外，AVG()函数可以与 GROUP BY 一起使用，用来计算每个分组的平均值。

在 students 表中，查询每一个籍贯的学生年龄的平均值，执行语句如下：

```
mysql> SELECT birthplace,AVG(age) AS avg_age FROM students GROUP BY
birthplace;
```

```
+------------+---------+
| birthplace | avg_age |
+------------+---------+
| 山东       | 18.0000 |
| 河南       | 18.6667 |
| 湖南       | 18.0000 |
| 福建       | 19.0000 |
| 湖北       | 18.0000 |
+------------+---------+
```

GROUP BY 子句根据学号字段对记录进行分组，然后计算出每个分组的平均值，这种分组求平均值的方法非常有用，例如，求不同班级学生成绩的平均值、求不同部门工人的平均工资、求各地的年平均气温等。

10.5.3　使用 MAX()函数求列最大值

MAX()函数返回指定列中的最大值。

实例 24　使用 MAX()函数查找列的最大值

在 students 表中查找年龄最大值，执行语句如下：

```
mysql> SELECT MAX(age) AS max_age FROM students;
+-----------+
| max_age   |
+-----------+
|    20     |
+-----------+
```

由执行结果可以看出，MAX()函数查询出了 age 字段的最大值 20。

MAX()函数也可以和 GROUP BY 子句一起使用，用来求每个分组中的最大值。

在 students 表中查找不同籍贯的年龄最高的学生，执行语句如下：

```
mysql> SELECT birthplace, MAX(age) AS max_age FROM students GROUP BY
birthplace;
+------------+-----------+
| birthplace | max_age   |
+------------+-----------+
| 山东       |    18     |
| 河南       |    20     |
| 湖南       |    18     |
| 福建       |    19     |
| 湖北       |    18     |
+------------+-----------+
```

由执行结果可以看出，GROUP BY 子句根据 birthplace 字段对记录进行分组，然后计算出了每个分组中的最大值。

10.5.4　使用 MIN()函数求列最小值

MIN()函数返回查询列中的最小值。

实例 25 使用 MIN() 函数查找列的最小值

在 students 表中查找学生的最低年龄值，执行语句如下：

```
mysql> SELECT MIN(age) AS min_age FROM students;
+---------+
| min_age |
+---------+
|      17 |
+---------+
```

由结果可以看出，MIN () 函数查询出了 age 字段的最小值 17。

另外，MIN() 函数也可以和 GROUP BY 子句一起使用，用来求每个分组中的最小值。

在 students 表中查找不同籍贯的学生的年龄最低值，执行语句如下：

```
mysql> SELECT birthplace, MIN(age) AS min_age FROM students GROUP BY
birthplace;
+------------+---------+
| birthplace | min_age |
+------------+---------+
| 山东       |      18 |
| 河南       |      17 |
| 湖南       |      18 |
| 福建       |      19 |
| 湖北       |      18 |
+------------+---------+
```

由执行结果可以看出，GROUP BY 子句根据 birthplace 字段对记录进行分组，然后计算出了每个分组中的最小值。

提示　MIN() 函数与 MAX() 函数类似，不仅适用于查找数值类型，也可用于字符类型。

10.5.5 使用 COUNT() 函数统计

COUNT() 函数统计数据表中包含的记录行的总数，或者根据查询结果返回列中包含的数据行数。其使用方法有以下两种。

- COUNT(*)：计算表中总的行数，无论某列有数值还是为空值。
- COUNT(字段名)：计算指定列下总的行数，计算时将忽略字段值为空值的行。

实例 26 使用 COUNT() 函数统计数据表的行数

查询 students 表中总的行数，执行语句如下：

```
mysql> SELECT COUNT(*) AS 学生总数 FROM students;
+-------------+
| 学生总数    |
+-------------+
|           7 |
+-------------+
```

由查询结果可以看出，COUNT(*)返回 students 表中记录的总行数，不管其值是什么，返回的总数的名称为学生总数。

当要查询的信息为空值时，COUNT()函数不计算该行记录。

查询 students 表中有联系电话信息的学生记录总数，执行语句如下：

```
mysql> SELECT COUNT(tel) AS tel_num FROM students;
+---------+
| tel_num |
+---------+
|       6 |
+---------+
```

由查询结果可以看出，表中 7 个学生记录只有 1 个没有描述信息，因此返回数值为 6。

　　　　实例 26 中的两个小例子中不同的数值，说明了两种方式在计算总数的时候对待 NULL 值的方式不同：指定列的值为空的行被 COUNT()函数忽略；如果不指定列，而是在 COUNT()函数中使用星号 "*"，则所有记录都不会被忽略。

另外，COUNT()函数与 GROUP BY 子句可以一起使用，用来计算不同分组中的记录总数。

在 students 表中，使用 COUNT()函数统计不同籍贯的学生数量，执行语句如下：

```
mysql> SELECT birthplace '籍贯', COUNT(name) '学生数量' FROM students GROUP BY
birthplace;
+--------+--------------+
| 籍贯   | 学生数量      |
+--------+--------------+
| 山东   |            1 |
| 河南   |            3 |
| 湖南   |            1 |
| 福建   |            1 |
| 湖北   |            1 |
+--------+--------------+
```

由执行结果可以看出，GROUP BY 子句先按照籍贯进行分组，然后计算每个分组中的总记录数。

10.6　多表嵌套查询

多表嵌套查询又称为子查询，在 SELECT 子句中先计算子查询，子查询结果作为外层另一个查询的过滤条件，查询可以基于一个表或者多个表。子查询中可以使用比较运算符，如 "<" "<=" ">" ">=" 和 "!=" 等，其常用的操作符有 ANY、SOME、ALL、IN、EXISTS 等。

10.6.1　使用比较运算符的嵌套查询

嵌套查询中可以使用的比较运算符有 "<" "<=" "=" ">=" 和 "!=" 等。为演示多表之间的嵌套查询操作，创建水果表(fruits 表)和水果供应商表(suppliers 表)，执行语句如下：

```
CREATE TABLE fruits
(
    f_id      char(10),
    s_id      INT,
    f_name    VARCHAR(255),
    f_price   decimal(8,2)
);
CREATE TABLE suppliers
(
    s_id      char(10),
    s_name    varchar(50),
    s_city    varchar(50)
);
```

创建好数据表后，下面分别向这两张数据表中添加数据记录，执行语句如下：

```
INSERT INTO fruits (f_id, s_id, f_name, f_price)
VALUES('a1', 101,'苹果',5.2),
  ('b1',101,'黑莓', 10.2),
  ('bs1',102,'橘子', 11.2),
  ('bs2',105,'甜瓜',8.2),
  ('t1',102,'香蕉', 10.3),
  ('t2',102,'葡萄', 5.3),
  ('o2',103,'椰子', 10.2),
  ('c0',101,'樱桃', 3.2),
  ('a2',103, '杏子',2.2),
  ('l2',104,'柠檬', 6.4),
  ('b2',104,'浆果', 7.6),
  ('m1',106,'芒果', 15.6);

INSERT INTO suppliers (s_id, s_name, s_city)
VALUES('101','润绿果蔬', '天津'),
  ('102','绿色果蔬', '上海'),
  ('103','阳光果蔬', '北京'),
  ('104','生鲜果蔬', '郑州'),
  ('105','天天果蔬', '上海'),
  ('106','新鲜果蔬', '云南'),
  ('107','老高果蔬', '广东');
```

实例 27 使用比较运算符进行嵌套查询

在 suppliers 表中查询供应商所在城市等于"北京"的供应商编号 s_id，然后在 fruits 表中查询所有该供应商编号的水果信息，执行语句如下：

```
mysql> SELECT f_id, f_name FROM fruits WHERE s_id=
(SELECT s_id FROM suppliers WHERE s_city = '北京');
+-------+----------+
| f_id  | f_name   |
+-------+----------+
| o2    | 椰子     |
| a2    | 杏子     |
+-------+----------+
```

该子查询首先在 suppliers 表中查找 s_city 等于"北京"的供应商编号 s_id，然后在外层查询时，在 fruits 表中查找 s_id 等于内层查询返回值的记录。

结果表明，在"北京"的水果供应商总共供应 2 种水果类型，分别为"杏子""椰子"。

在 suppliers 表中查询 s_city 等于"北京"的供应商编号 s_id，然后在 fruits 表中查询所有非该供应商的水果信息，执行语句如下：

```
mysql> SELECT f_id, f_name FROM fruits WHERE s_id<>
(SELECT s_id FROM suppliers WHERE s_city = '北京');
+------+----------+
| f_id | f_name   |
+------+----------+
| a1   | 苹果      |
| b1   | 黑莓      |
| bs1  | 橘子      |
| bs2  | 甜瓜      |
| t1   | 香蕉      |
| t2   | 葡萄      |
| c0   | 樱桃      |
| l2   | 柠檬      |
| b2   | 浆果      |
| m1   | 芒果      |
+------+----------+
```

该子查询的执行过程与前面相同，在这里使用了不等于"<>"运算符，因此返回的结果和前面正好相反。

10.6.2　使用 IN 的嵌套查询

使用 IN 关键字进行嵌套查询时，内层查询语句仅仅返回一个数据列，这个数据列里的值将提供给外层查询语句进行比较操作。

实例 28　使用 IN 关键字进行嵌套查询

在 fruits 表中查询水果编号为"a1"的水果供应商编号，然后根据供应商编号 s_id 查询其供应商名称 s_name，执行语句如下：

```
mysql> SELECT s_name FROM suppliers WHERE s_id IN
(SELECT s_id FROM fruits WHERE f_id = 'a1');
+-------------+
| s_name      |
+-------------+
| 润绿果蔬     |
+-------------+
```

这个查询过程可以分步执行，首先内层子查询查出 fruits 表中符合条件的供应商编号的 s_id，查询结果为 101。然后执行外层查询，在 suppliers 表中查询供应商编号的 s_id 等于 101 的供应商名称。

另外，上述查询过程可以分开执行这两条 SELECT 语句，对比其返回值。子查询语句可以写为如下形式，以实现相同的效果：

```
mysql> SELECT s_name FROM suppliers WHERE s_id IN(101);
```

这个例子说明，在处理 SELECT 语句时，MySQL 实际上执行了两个操作过程，即先执行内层子查询，再执行外层查询，内层子查询的结果作为外层查询的比较条件。

SELECT 语句中可以使用 NOT IN 运算符，其作用与 IN 正好相反。

与前一个例子语句类似，但是在 SELECT 语句中使用 NOT IN 运算符，执行语句如下：

```
mysql> SELECT s_name FROM suppliers WHERE s_id NOT IN
(SELECT s_id FROM fruits WHERE f_id = 'a1');
+------------+
| s_name     |
+------------+
| 绿色果蔬   |
| 阳光果蔬   |
| 生鲜果蔬   |
| 天天果蔬   |
| 新鲜果蔬   |
| 老高果蔬   |
+------------+
```

10.6.3　使用 ANY 的嵌套查询

ANY 关键字也是在嵌套查询中经常使用的。通常会使用比较运算符来连接 ANY 得到的结果，用于比较某一列的值是否全部大于 ANY 后面子查询中的最小值或者小于 ANY 后面嵌套查询中的最大值。

实例 29　使用 ANY 关键字进行嵌套查询

使用嵌套查询来查询供应商"润绿果蔬"的水果价格大于供应商"阳光果蔬"提供的水果价格信息，执行语句如下：

```
mysql> SELECT * FROM fruits WHERE f_price>ANY (SELECT f_price FROM fruits
WHERE s_id=(SELECT s_id FROM suppliers WHERE s_name='阳光果蔬')) AND s_id=101;
+-------+------+---------+---------+
| f_id  | s_id | f_name  | f_price |
+-------+------+---------+---------+
| a1    | 101  | 苹果    | 5.20    |
| b1    | 101  | 黑莓    | 10.20   |
| c0    | 101  | 樱桃    | 3.20    |
+-------+------+---------+---------+
```

由执行结果可以看出，ANY 前面的运算符">"代表了对 ANY 后面嵌套查询的结果中任意值进行是否大于的判断，如果要判断小于可以使用运算符"<"，判断不等于可以使用运算符"！="。

10.6.4　使用 ALL 的嵌套查询

ALL 关键字与 ANY 不同，使用 ALL 关键字时需要同时满足所有内层查询的条件。

实例 30　使用 ALL 关键字进行嵌套查询

使用嵌套查询来查询供应商"润绿果蔬"的水果价格大于供应商"天天果蔬"提供的水果信息，执行语句如下：

```
mysql> SELECT * FROM fruits WHERE f_price>ALL (SELECT f_price FROM fruits
WHERE s_id=(SELECT s_id FROM suppliers WHERE s_name='天天果蔬')) AND s_id=101;
+------+------+--------+---------+
| f_id | s_id | f_name | f_price |
+------+------+--------+---------+
| b1   | 101  | 黑莓    | 10.20   |
+------+------+--------+---------+
```

由结果可以看出，"润绿果蔬"提供的水果信息只返回水果价格大于"天天果蔬"提供的水果价格最大值的水果信息。

10.6.5　使用 SOME 的子查询

SOME 关键字的用法与 ANY 关键字的用法相似，但是意义不同。SOME 通常用于比较满足查询结果中的任意一个值，而 ANY 要满足所有值才可以。因此，在实际应用中，需要特别注意查询条件。

实例 31　使用 SOME 关键字进行嵌套查询

查询水果信息表，并使用 SOME 关键字选出所有"天天果蔬"与"生鲜果蔬"的水果信息，执行语句如下：

```
mysql> SELECT * FROM fruits  WHERE s_id=
SOME(SELECT s_id FROM suppliers WHERE s_name='天天果蔬' OR s_name='生鲜果蔬');
+-------+-------+--------+---------+
| f_id  | s_id  | f_name | f_price |
+-------+-------+--------+---------+
| bs2   | 105   | 甜瓜    | 8.20    |
| l2    | 104   | 柠檬    | 6.40    |
| b2    | 104   | 浆果    | 7.60    |
+-------+-------+--------+---------+
```

由查询结果可以看出，所有"天天果蔬"与"生鲜果蔬"的水果信息都查询出来了，这个关键字与 IN 关键字可以完成相同的功能。也就是说，当在 SOME 运算符前面使用"="时，就代表了 IN 关键字的用途。

10.6.6　使用 EXISTS 的嵌套查询

EXISTS 关键字是"存在"的意思，应用于嵌套查询中，只要嵌套查询返回的结果为空，返回结果就是 TRUE，此时外层查询语句将进行查询；否则就是 FALSE，外层语句将不进行查询。通常情况下，EXISTS 关键字用在 WHERE 子句中。

实例 32　使用 EXISTS 关键字进行嵌套查询

查询 suppliers 表中是否存在 s_id=106 的供应商，如果存在就查询 fruits 表中的水果信息，执行语句如下：

```
mysql> SELECT * FROM fruits WHERE EXISTS (SELECT s_name FROM suppliers WHERE
s_id =106);
+-------+------+--------+---------+
| f_id  | s_id | f_name | f_price |
```

```
+-------+------+--------+--------+
| a1    | 101  | 苹果    |   5.20 |
| b1    | 101  | 黑莓    |  10.20 |
| bs1   | 102  | 橘子    |  11.20 |
| bs2   | 105  | 甜瓜    |   8.20 |
| t1    | 102  | 香蕉    |  10.30 |
| t2    | 102  | 葡萄    |   5.30 |
| o2    | 103  | 椰子    |  10.20 |
| c0    | 101  | 樱桃    |   3.20 |
| a2    | 103  | 杏子    |   2.20 |
| l2    | 104  | 柠檬    |   6.40 |
| b2    | 104  | 浆果    |   7.60 |
| m1    | 106  | 芒果    |  15.60 |
+-------+------+--------+--------+
```

由查询结果可以看出，内层查询结果表明 suppliers 表中存在 s_id=106 的记录，因此 EXISTS 表达式返回 TRUE；外层查询语句接收 TRUE 之后对 fruits 表进行查询，返回所有的记录。

EXISTS 关键字还可以和条件表达式一起使用。

查询 suppliers 表中是否存在 s_id=106 的供应商，如果存在就查询 fruits 表中 f_price 大于 5 的记录，执行语句如下：

```
mysql> SELECT * FROM fruits WHERE f_price >5 AND EXISTS
(SELECT s_name FROM suppliers WHERE s_id = 106);
+-------+------+--------+--------+
| f_id  | s_id | f_name | f_price |
+-------+------+--------+--------+
| a1    | 101  | 苹果    |   5.20 |
| b1    | 101  | 黑莓    |  10.20 |
| bs1   | 102  | 橘子    |  11.20 |
| bs2   | 105  | 甜瓜    |   8.20 |
| t1    | 102  | 香蕉    |  10.30 |
| t2    | 102  | 葡萄    |   5.30 |
| o2    | 103  | 椰子    |  10.20 |
| l2    | 104  | 柠檬    |   6.40 |
| b2    | 104  | 浆果    |   7.60 |
| m1    | 106  | 芒果    |  15.60 |
+-------+------+--------+--------+
```

由查询结果可以看出，内层查询结果表明 suppliers 表中存在 s_id=106 的记录，因此 EXISTS 表达式返回 TRUE；外层查询语句接收 TRUE 之后根据查询条件 f_price>5 对 fruits 表进行查询，返回结果为 f_price 大于 5 的记录。

NOT EXISTS 与 EXISTS 使用方法相同，但返回的结果相反。子查询如果至少返回一行，那么 NOT EXISTS 的结果为 FALSE，此时外层查询语句将不进行查询；如果子查询没有返回任何行，那么 NOT EXISTS 返回的结果是 TRUE，此时外层语句将进行查询。

查询 suppliers 表中是否存在 s_id=106 的供应商，如果不存在就查询 fruits 表中的记录，执行语句如下：

```
mysql> SELECT * FROM fruits WHERE NOT EXISTS
(SELECT s_name FROM suppliers WHERE s_id = 106);
Empty set (0.00 sec)
```

该条语句的查询结果将为空值，因为查询语句 SELECT s_name FROM suppliers WHERE s_id=106 对 suppliers 表查询返回了一条记录，NOT EXISTS 表达式返回 FALSE，外层表达式接收 FALSE，将不再查询 fruits 表中的记录。

注意　　EXISTS 和 NOT EXISTS 的结果只取决于是否会返回行，而不取决于这些行的内容，所以这个子查询输入列表通常是无关紧要的。

10.7　多表内连接查询

连接是关系数据库模型的主要特点，连接查询是关系数据库中最主要的查询，主要包括内连接、外连接等。内连接查询操作列出与连接条件匹配的数据行，使用比较运算符比较被连接列的列值。

具体语法格式如下：

```
SELECT column_name1, column_name2,……
FROM table1 INNER JOIN table2
ON conditions;
```

主要参数介绍如下。
- table1：数据表 1，通常在内连接中被称为左表。
- table2：数据表 2，通常在内连接中被称为右表。
- INNER JOIN：内连接的关键字。
- ON conditions：设置内连接的条件。

10.7.1　内连接的简单查询

内连接可以理解为等值连接，它的查询结果全部都是符合条件的数据。

实例 33　使用内连接方式查询

使用内连接查询 fruits 表和 suppliers 表，执行语句如下：

```
mysql> SELECT * FROM fruits INNER JOIN suppliers ON fruits.s_id = suppliers.s_id;
+------+------+--------+---------+------+---------+--------+
| f_id | s_id | f_name | f_price | s_id | s_name  | s_city |
+------+------+--------+---------+------+---------+--------+
| a1   | 101  | 苹果   |    5.20 | 101  | 润绿果蔬 | 天津   |
| b1   | 101  | 黑莓   |   10.20 | 101  | 润绿果蔬 | 天津   |
| bs1  | 102  | 橘子   |   11.20 | 102  | 绿色果蔬 | 上海   |
| bs2  | 105  | 甜瓜   |    8.20 | 105  | 天天果蔬 | 上海   |
| t1   | 102  | 香蕉   |   10.30 | 102  | 绿色果蔬 | 上海   |
| t2   | 102  | 葡萄   |    5.30 | 102  | 绿色果蔬 | 上海   |
| o2   | 103  | 椰子   |   10.20 | 103  | 阳光果蔬 | 北京   |
| c0   | 101  | 樱桃   |    3.20 | 101  | 润绿果蔬 | 天津   |
| a2   | 103  | 杏子   |    2.20 | 103  | 阳光果蔬 | 北京   |
| l2   | 104  | 柠檬   |    6.40 | 104  | 生鲜果蔬 | 郑州   |
```

```
| b2   | 104 | 浆果   |     7.60 | 104 | 生鲜果蔬  | 郑州  |
| m1   | 106 | 芒果   |    15.60 | 106 | 新鲜果蔬  | 云南  |
+------+-----+--------+----------+-----+----------+-------+
```

10.7.2 相等内连接的查询

相等连接又叫等值连接，在连接条件中使用等于号(=)运算符比较被连接列的列值，其查询结果中列出被连接表中的所有列，包括其中的重复列。下面给出一个实例。

fruits 表中的 s_id 与 suppliers 表中的 s_id 具有相同的含义，两个表通过这个字段建立联系。接下来从 fruits 表中查询 f_name、f_price 字段，从 suppliers 表中查询 s_id、s_name。

实例 34 使用相等内连接方式查询

在 fruits 表和 suppliers 表之间使用 INNER JOIN 语法进行内连接查询，执行语句如下：

```
mysql> SELECT suppliers.s_id,s_name,f_name, f_price FROM fruits INNER JOIN
suppliers ON fruits.s_id = suppliers.s_id;
+------+-----------+--------+----------+
| s_id | s_name    | f_name | f_price  |
+------+-----------+--------+----------+
| 101  | 润绿果蔬   | 苹果   |     5.20 |
| 101  | 润绿果蔬   | 黑莓   |    10.20 |
| 102  | 绿色果蔬   | 橘子   |    11.20 |
| 105  | 天天果蔬   | 甜瓜   |     8.20 |
| 102  | 绿色果蔬   | 香蕉   |    10.30 |
| 102  | 绿色果蔬   | 葡萄   |     5.30 |
| 103  | 阳光果蔬   | 椰子   |    10.20 |
| 101  | 润绿果蔬   | 樱桃   |     3.20 |
| 103  | 阳光果蔬   | 杏子   |     2.20 |
| 104  | 生鲜果蔬   | 柠檬   |     6.40 |
| 104  | 生鲜果蔬   | 浆果   |     7.60 |
| 106  | 新鲜果蔬   | 芒果   |    15.60 |
+------+-----------+--------+----------+
```

在查询语句中，两个表之间的关系通过 INNER JOIN 指定，在使用这种语法时，连接的条件使用 ON 子句给出而不是 WHERE，ON 和 WHERE 后面指定的条件相同。

10.7.3 不等内连接的查询

不等内连接查询是指在连接条件中使用除等于运算符以外的其他比较运算符，比较被连接的列的列值。这些运算符包括 ">" ">=" "<=" "<" "!>" "!<" 和 "<>"。

实例 35 使用不等内连接方式查询

在 fruits 表和 suppliers 表之间使用 INNER JOIN 语法进行内连接查询，执行语句如下：

```
mysql> SELECT suppliers.s_id, s_name, f_name,f_price FROM fruits INNER JOIN
suppliers ON fruits.s_id > suppliers.s_id;
+------+-------------+----------+-------------+
| s_id | s_name      | f_name   | f_price     |
+------+-------------+----------+-------------+
```

```
| 101   | 润绿果蔬       | 橘子      |    11.20   |
| 104   | 生鲜果蔬       | 甜瓜      |     8.20   |
| 103   | 阳光果蔬       | 甜瓜      |     8.20   |
| 102   | 绿色果蔬       | 甜瓜      |     8.20   |
| 101   | 润绿果蔬       | 甜瓜      |     8.20   |
| 101   | 润绿果蔬       | 香蕉      |    10.30   |
| 101   | 润绿果蔬       | 葡萄      |     5.30   |
| 102   | 绿色果蔬       | 椰子      |    10.20   |
| 101   | 润绿果蔬       | 椰子      |    10.20   |
| 102   | 绿色果蔬       | 杏子      |     2.20   |
| 101   | 润绿果蔬       | 杏子      |     2.20   |
| 103   | 阳光果蔬       | 柠檬      |     6.40   |
| 102   | 绿色果蔬       | 柠檬      |     6.40   |
| 101   | 润绿果蔬       | 柠檬      |     6.40   |
| 103   | 阳光果蔬       | 浆果      |     7.60   |
| 102   | 绿色果蔬       | 浆果      |     7.60   |
| 101   | 润绿果蔬       | 浆果      |     7.60   |
| 105   | 天天果蔬       | 芒果      |    15.60   |
| 104   | 生鲜果蔬       | 芒果      |    15.60   |
| 103   | 阳光果蔬       | 芒果      |    15.60   |
| 102   | 绿色果蔬       | 芒果      |    15.60   |
| 101   | 润绿果蔬       | 芒果      |    15.60   |
| 107   | 老高果蔬       | 火龙果    |    15.80   |
| 106   | 新鲜果蔬       | 火龙果    |    15.80   |
| 105   | 天天果蔬       | 火龙果    |    15.80   |
| 104   | 生鲜果蔬       | 火龙果    |    15.80   |
| 103   | 阳光果蔬       | 火龙果    |    15.80   |
| 102   | 绿色果蔬       | 火龙果    |    15.80   |
| 101   | 润绿果蔬       | 火龙果    |    15.80   |
+-------+--------------+----------+------------+
```

10.7.4 特殊的内连接查询

如果在一个连接查询中，涉及的两个表是同一个表，那么这种查询称为自连接查询，也被称为特殊的内连接(相互连接的表在物理上为同一张表，但可以在逻辑上分为两张表)。

实例 36 使用特殊内连接方式查询

查询供应商编号 s_id=101 的其他水果信息，执行语句如下：

```
mysql> SELECT DISTINCT f1.f_id, f1.f_name, f1.f_price FROM fruits AS f1,
fruits AS f2 WHERE f1. s_id = f2. s_id AND f2. s_id=101;
+-------+---------+---------+
| f_id  | f_name  | f_price |
+-------+---------+---------+
| c0    | 樱桃     |   3.20  |
| b1    | 黑莓     |  10.20  |
| a1    | 苹果     |   5.20  |
+-------+---------+---------+
```

此处查询的两个表是相同的表，为了防止产生二义性，对表使用了别名。fruits 表第一次出现的别名为 f1，第二次出现的别名为 f2，使用 SELECT 语句返回列时明确指出返回以 f1 为前缀的列的全名，WHERE 连接两个表，并按照第二个表的 s_id 对数据进行过滤，返回所需数据。

10.7.5 带条件的内连接查询

带选择条件的连接查询是指在连接查询的过程中，通过添加过滤条件限制查询的结果，使查询的结果更加准确。

实例 37 使用带条件的内连接方式查询

在 fruits 表和 suppliers 表中，使用 INNER JOIN 语法查询 fruits 表中供应商编号为 101 的水果编号、名称与供应商所在城市 s_city，执行语句如下：

```
SELECT fruits.f_id, fruits.f_name,suppliers.s_city
FROM fruits INNER JOIN suppliers ON fruits.s_id= suppliers.s_id AND
fruits.s_id=101;
+-------+--------+--------+
| f_id  | f_name | s_city |
+-------+--------+--------+
| c0    | 樱桃   | 天津   |
| b1    | 黑莓   | 天津   |
| a1    | 苹果   | 天津   |
+-------+--------+--------+
```

由查询结果可以看出，在连接查询时指定查询供应商编号为 101 的水果编号、名称及该供应商的所在地信息，添加了过滤条件之后返回的结果将会变少，因此返回结果只有 3 条记录。

10.8 多表外连接查询

几乎所有的查询语句，查询结果全部都是需要符合条件才能查询出来的。换句话说，如果执行查询语句后没有符合条件的结果，那么在结果中就不会有任何记录。外连接查询则与之相反，通过外连接查询，可以在查询出符合条件的结果后显示出某张表中不符合条件的数据。

10.8.1 认识外连接查询

外连接查询包括左外连接、右外连接及全外连接，具体的语法格式如下：

```
SELECT column_name1, column_name2,……
FROM table1 LEFT|RIGHT|FULL OUTER JOIN table2
ON conditions;
```

主要参数介绍如下。

- table1：数据表 1，通常在外连接中被称为左表。
- table2：数据表 2，通常在外连接中被称为右表。
- LEFT OUTER JOIN(左连接)：左外连接，使用左外连接时得到的查询结果中，除了符合条件的查询结果部分外，还要加上左表中余下的数据。
- RIGHT OUTER JOIN(右连接)：右外连接，使用右外连接时得到的查询结果中，除了符合条件的查询结果部分外，还要加上右表中余下的数据。

- FULL OUTER JOIN(全连接)：全外连接，使用全外连接时得到的查询结果中，除了符合条件的查询结果部分外，还要加上左表和右表中余下的数据。
- ON conditions：设置外连接中的条件，与 WHERE 子句后面的写法一样。

为了显示 3 种外连接的演示效果，首先将两张数据表中根据部门编号相等作为条件时的记录查询出来，这是因为员工信息表与部门信息表是根据部门编号字段关联的。

以供应商编号相等作为条件来查询两张表的数据记录，执行语句如下：

```
SELECT * FROM fruits,suppliers WHERE fruits.s_id=suppliers.s_id;
+------+------+--------+---------+------+----------+--------+
| f_id | s_id | f_name | f_price | s_id | s_name   | s_city |
+------+------+--------+---------+------+----------+--------+
| a1   | 101  | 苹果   |    5.20 | 101  | 润绿果蔬 | 天津   |
| b1   | 101  | 黑莓   |   10.20 | 101  | 润绿果蔬 | 天津   |
| bs1  | 102  | 橘子   |   11.20 | 102  | 绿色果蔬 | 上海   |
| bs2  | 105  | 甜瓜   |    8.20 | 105  | 天天果蔬 | 上海   |
| t1   | 102  | 香蕉   |   10.30 | 102  | 绿色果蔬 | 上海   |
| t2   | 102  | 葡萄   |    5.30 | 102  | 绿色果蔬 | 上海   |
| o2   | 103  | 椰子   |   10.20 | 103  | 阳光果蔬 | 北京   |
| c0   | 101  | 樱桃   |    3.20 | 101  | 润绿果蔬 | 天津   |
| a2   | 103  | 杏子   |    2.20 | 103  | 阳光果蔬 | 北京   |
| l2   | 104  | 柠檬   |    6.40 | 104  | 生鲜果蔬 | 郑州   |
| b2   | 104  | 浆果   |    7.60 | 104  | 生鲜果蔬 | 郑州   |
| m1   | 106  | 芒果   |   15.60 | 106  | 新鲜果蔬 | 云南   |
+------+------+--------+---------+------+----------+--------+
```

从查询结果可以看出，在查询结果左侧是员工信息表中符合条件的全部数据，在右侧是部门信息表中符合条件的全部数据。

下面分别使用 3 种外连接来根据 fruits.s_id=suppliers.s_id 这个条件查询数据，请注意观察查询结果的区别。

10.8.2　左外连接的查询

左外连接的结果包括 LEFT OUTER JOIN 关键字左边连接表的所有行，而不仅仅是连接列所匹配的行。

实例 38　使用左外连接方式查询

使用左外连接方式查询，将水果信息表作为左表，供应商信息表作为右表，为演示左外连接查询的需要，这里需要在 fruits 表中添加一条数据记录，具体的语法格式如下：

```
mysql> INSERT INTO fruits (f_id, s_id, f_name, f_price) VALUES ('m2',108,'火龙果', 15.8);
```

然后执行左外连接查询，执行语句如下：

```
mysql> SELECT * FROM fruits LEFT OUTER JOIN suppliers ON
fruits.s_id=suppliers.s_id;
+------+------+--------+---------+------+----------+--------+
| f_id | s_id | f_name | f_price | s_id | s_name   | s_city |
+------+------+--------+---------+------+----------+--------+
```

```
| a1   | 101   | 苹果      |    5.20   | 101   | 润绿果蔬   | 天津      |
| b1   | 101   | 黑莓      |   10.20   | 101   | 润绿果蔬   | 天津      |
| bs1  | 102   | 橘子      |   11.20   | 102   | 绿色果蔬   | 上海      |
| bs2  | 105   | 甜瓜      |    8.20   | 105   | 天天果蔬   | 上海      |
| t1   | 102   | 香蕉      |   10.30   | 102   | 绿色果蔬   | 上海      |
| t2   | 102   | 葡萄      |    5.30   | 102   | 绿色果蔬   | 上海      |
| o2   | 103   | 椰子      |   10.20   | 103   | 阳光果蔬   | 北京      |
| c0   | 101   | 樱桃      |    3.20   | 101   | 润绿果蔬   | 天津      |
| a2   | 103   | 杏子      |    2.20   | 103   | 阳光果蔬   | 北京      |
| l2   | 104   | 柠檬      |    6.40   | 104   | 生鲜果蔬   | 郑州      |
| b2   | 104   | 浆果      |    7.60   | 104   | 生鲜果蔬   | 郑州      |
| m1   | 106   | 芒果      |   15.60   | 106   | 新鲜果蔬   | 云南      |
| m2   | 108   | 火龙果    |   15.80   | NULL  | NULL     | NULL     |
+------+-------+----------+-----------+-------+----------+----------+
```

结果最后显示的 1 条记录,s_id 等于 108 的供应商编号在供应商信息表中没有记录,所以该条记录只取出了 fruits 表中相应的值,而从 suppliers 表中取出的值为空值。

10.8.3 右外连接的查询

右外连接是左外连接的反向连接,将返回 RIGHT OUTER JOIN 关键字右边表中的所有行。如果右表的某行在左表中没有匹配行,则左表将返回空值。

实例 39 使用右外连接方式查询

使用右外连接查询,将水果表作为左表、水果供应商信息表作为右表,执行语句如下:

```
mysql> SELECT * FROM fruits RIGHT OUTER JOIN suppliers ON fruits.
s_id=suppliers.s_id;
+------+-------+----------+-----------+-------+----------+----------+
| f_id | s_id  | f_name   | f_price   | s_id  | s_name   | s_city   |
+------+-------+----------+-----------+-------+----------+----------+
| c0   | 101   | 樱桃      |    3.20   | 101   | 润绿果蔬   | 天津      |
| b1   | 101   | 黑莓      |   10.20   | 101   | 润绿果蔬   | 天津      |
| a1   | 101   | 苹果      |    5.20   | 101   | 润绿果蔬   | 天津      |
| t2   | 102   | 葡萄      |    5.30   | 102   | 绿色果蔬   | 上海      |
| t1   | 102   | 香蕉      |   10.30   | 102   | 绿色果蔬   | 上海      |
| bs1  | 102   | 橘子      |   11.20   | 102   | 绿色果蔬   | 上海      |
| a2   | 103   | 杏子      |    2.20   | 103   | 阳光果蔬   | 北京      |
| o2   | 103   | 椰子      |   10.20   | 103   | 阳光果蔬   | 北京      |
| b2   | 104   | 浆果      |    7.60   | 104   | 生鲜果蔬   | 郑州      |
| l2   | 104   | 柠檬      |    6.40   | 104   | 生鲜果蔬   | 郑州      |
| bs2  | 105   | 甜瓜      |    8.20   | 105   | 天天果蔬   | 上海      |
| m1   | 106   | 芒果      |   15.60   | 106   | 新鲜果蔬   | 云南      |
| NULL | NULL  | NULL     |    NULL   | 107   | 老高果蔬   | 广东      |
+------+-------+----------+-----------+-------+----------+----------+
```

结果最后显示的 1 条记录,s_id 等于 107 的供应商编号在水果信息表中没有记录,所以该条记录只取出了 suppliers 表中相应的值,而从 fruits 表中取出的值为空值。

10.9　使用排序函数

在 MySQL 中，可以对返回的查询结果排序，排序函数提供了一种按升序的方式组织输出结果集。用户可以为每一行，或每一个分组指定一个唯一的序号。MySQL 中有四个可以使用的排序函数，分别是 ROW_NUMBER()、RANK()、DENSE_RANK()和 NTILE()函数。

10.9.1　ROW_NUMBER()函数

ROW_NUMBER()函数为每条记录增添递增的顺序数值序号，即使存在相同的值也是递增序号。

实例 40　使用 ROW_NUMBER()函数对查询结果进行分组排序

按照编号对水果信息表中的水果进行分组排序，执行语句如下：

```
mysql> SELECT ROW_NUMBER() OVER (ORDER BY s_id ASC) AS ROWID,s_id,f_name
FROM fruits;
+-------+------+----------+
| ROWID | s_id | f_name   |
+-------+------+----------+
|     1 |  101 | 苹果     |
|     2 |  101 | 黑莓     |
|     3 |  101 | 樱桃     |
|     4 |  102 | 橘子     |
|     5 |  102 | 香蕉     |
|     6 |  102 | 葡萄     |
|     7 |  103 | 椰子     |
|     8 |  103 | 杏子     |
|     9 |  104 | 柠檬     |
|    10 |  104 | 浆果     |
|    11 |  105 | 甜瓜     |
|    12 |  106 | 芒果     |
|    13 |  108 | 火龙果   |
+-------+------+----------+
```

从返回结果可以看到，每一条记录都有一个不同的数字序号。

10.9.2　RANK()函数

如果两个或多个行与一个排名关联，则每个关联行将得到相同的排名。例如，如果两位学生具有相同的 s_score 值，则他们将并列第一。由于已有两行排名在前，所以具有下一个最高 s_score 的学生将排名第三，使用 RANK 函数并不总返回连续整数。

实例 41　使用 RANK()函数对查询结果进行分组排序

在水果信息表中，使用 RANK()函数可以根据 s_id 字段查询的结果进行分组排序，执行语句如下：

```
mysql> SELECT RANK() OVER (ORDER BY s_id ASC) AS RankID,s_id,f_name FROM fruits;
+---------+------+---------+
| RankID  | s_id | f_name  |
+---------+------+---------+
|       1 |  101 | 苹果    |
|       1 |  101 | 黑莓    |
|       1 |  101 | 樱桃    |
|       4 |  102 | 橘子    |
|       4 |  102 | 香蕉    |
|       4 |  102 | 葡萄    |
|       7 |  103 | 椰子    |
|       7 |  103 | 杏子    |
|       9 |  104 | 柠檬    |
|       9 |  104 | 浆果    |
|      11 |  105 | 甜瓜    |
|      12 |  106 | 芒果    |
|      13 |  108 | 火龙果  |
+---------+------+---------+
```

返回的结果中有相同 s_id 值的记录的序号相同，第 4 条记录的序号为一个跳号，与前面三条记录的序号不连续。

注意 排序函数只与 SELECT 和 ORDER BY 语句一起使用，不能直接在 WHERE 或者 GROUP BY 子句中使用。

10.9.3 DENSE_RANK()函数

DENSE_RANK()函数返回结果集分区中行的排名，在排名中没有任何间断。行的排名等于所讨论行之前的所有排名数加一。即相同的数据序号相同，接下来顺序递增。

实例 42 使用 DENSE_RANK()函数对查询结果进行分组排序

在水果信息表中，可以用 DENSE_RANK()函数根据 s_id 字段查询的结果进行分组排序，执行语句如下：

```
mysql> SELECT DENSE_RANK() OVER (ORDER BY s_id ASC) AS DENSEID,s_id,f_name
FROM fruits;
+---------+------+---------+
| DENSEID | s_id | f_name  |
+---------+------+---------+
|       1 |  101 | 苹果    |
|       1 |  101 | 黑莓    |
|       1 |  101 | 樱桃    |
|       2 |  102 | 橘子    |
|       2 |  102 | 香蕉    |
|       2 |  102 | 葡萄    |
|       3 |  103 | 椰子    |
|       3 |  103 | 杏子    |
|       4 |  104 | 柠檬    |
|       4 |  104 | 浆果    |
```

```
|       5 |   105 | 甜瓜     |
|       6 |   106 | 芒果     |
|       7 |   108 | 火龙果   |
+---------+------+---------+
```

从返回的结果中可以看出，具有相同 s_id 的记录组有相同的排列序号值，序号值依次递增。

10.9.4　NTILE()函数

NTILE(N)函数用来将查询结果中的记录分为 N 组。各个组有编号，编号从"1"开始。对于每一个行，NTILE()函数将返回此行所属的组的编号。

实例 43　使用 NTILE(N)函数对查询结果进行分组排序

在水果信息表中，使用 NTILE()函数可以根据 s_id 字段查询的结果进行分组排序，执行语句如下：

```
mysql> SELECT NTILE(5) OVER (ORDER BY s_id ASC) AS NTILEID,s_id,f_name FROM fruits;
+---------+------+---------+
| NTILEID | s_id | f_name  |
+---------+------+---------+
|       1 |  101 | 苹果    |
|       1 |  101 | 黑莓    |
|       1 |  101 | 樱桃    |
|       2 |  102 | 橘子    |
|       2 |  102 | 香蕉    |
|       2 |  102 | 葡萄    |
|       3 |  103 | 椰子    |
|       3 |  103 | 杏子    |
|       3 |  104 | 柠檬    |
|       4 |  104 | 浆果    |
|       4 |  105 | 甜瓜    |
|       5 |  106 | 芒果    |
|       5 |  108 | 火龙果  |
+---------+------+---------+
```

由执行结果可以看出，NTILE(5)将返回记录分为 5 组，每组一个序号，序号依次递增。

10.10　使用正则表达式查询

正则表达式(regular expression)是一种文本模式，包括普通字符(例如，a 到 z 之间的字母)和特殊字符(称为元字符)。正则表达式的查询能力比普通字符的查询能力更强大，而且更加灵活，因此可以应用于非常复杂的数据查询。在 MySQL 中，使用 REGEXP 关键字来匹配查询正则表达式，语法规则如下：

```
属性名 REGEXP '匹配方式'
```

主要参数介绍如下。

● 属性名：需要查询的字段名称。

- 匹配方式：以哪种方式来进行匹配查询，匹配方式参数中有很多模式匹配字符，它们分别表示不同的意思，如表 10-4 所示。

表 10-4　正则表达式的模式匹配字符

字　符	描　述
^	匹配字符串开始的位置
$	匹配字符串结尾的位置
.	匹配字符串中的任意一个字符，包括回车和换行
[字符集合]	匹配"字符集合"中的任何一个字符
[^字符集合]	匹配除了"字符集合"以外的任何一个字符
S1|S2|S3	匹配 S1、S2 和 S3 中的任意一个字符串
*	代表多个该符号之前的字符，包括 0 和 1 个
+	代表多个该符号之前的字符，包括 1 个
字符串 {n}	字符串出现 n 次
字符串 {m,n}	字符串至少出现 m 次，最多 n 次

为演示使用正则表达式查询操作，创建 info 数据表。

```
CREATE TABLE info
(
    id      int,
    name    varchar(25)
);
```

然后在 info 数据表中添加数据记录。

```
INSERT INTO info (id,name) VALUES
      (1, 'Arice'),
      (2, 'Eric'),
      (3, 'Tom'),
      (4, 'Jack'),
      (5, 'Lucy'),
      (6, 'Sum'),
      (7, 'abc123'),
      (8, 'aaa'),
      (9, 'dadaaa'),
      (10, 'aaaba'),
      (11, 'ababab'),
      (12, 'ab321'),
      (13, 'Rose');
```

10.10.1　查询以特定字符或字符串开头的记录

使用字符"^"可以匹配以特定字符或字符串开头的记录。

实例 44　使用字符"^"查询数据

从 info 表 name 字段中查询以字母"L"开头的记录，执行语句如下：

```
mysql> SELECT * FROM info WHERE name REGEXP '^L';
+------+------+
| id   | name |
+------+------+
|    5 | Lucy |
+------+------+
```

由查询结果显示，查询出了 name 字段中以字母 L 开头的一条记录。

从 info 表 name 字段中查询以字符串"aaa"开头的记录，执行语句如下：

```
mysql> SELECT * FROM info WHERE name REGEXP '^aaa';
+------+---------+
| id   | name    |
+------+---------+
|    8 | aaa     |
|   10 | aaaba   |
+------+---------+
```

由查询结果显示，查询出了 name 字段中以字母"aaa"开头的两条记录。

10.10.2　查询以特定字符或字符串结尾的记录

使用字符"$"可以匹配以特定字符或字符串结尾的记录。

实例 45　使用字符"$"查询数据

从 info 表 name 字段中查询以字母"c"结尾的记录，执行语句如下：

```
mysql> SELECT * FROM info WHERE name REGEXP 'c$';
+------+------+
| id   | name |
+------+------+
|    2 | Eric |
+------+------+
```

由查询结果显示，查询出了 name 字段中以字母"c"结尾的一条记录。

从 info 表 name 字段中查询以字符串"aaa"结尾的记录，执行语句如下：

```
mysql> SELECT * FROM info WHERE name REGEXP 'aaa$';
+------+---------+
| id   | name    |
+------+---------+
|    8 | aaa     |
|    9 | dadaaa  |
+------+---------+
```

由查询结果显示，查询出了 name 字段中以字母"aaa"结尾的两条记录。

10.10.3　用符号"."来代替字符串中的任意一个字符

在用正则表达式查询时，可以用"."来替代字符串中的任意一个字符。

实例 46　使用字符"."查询数据

从 info 表 name 字段中查询以字母"L"开头，以字母"y"结尾，中间有两个任意字符的记录，执行语句如下：

```
mysql> SELECT * FROM info WHERE name REGEXP '^L..y$';
+------+------+
| id   | name |
+------+------+
|    5 | Lucy |
+------+------+
```

在上述语句中，^L 表示以字母 L 开头，两个 "." 表示两个任意字符，y$表示以字母 y 结尾。显示查询结果为 Lucy，这个刚好是以字母 L 开头，以字母 y 结尾，中间有两个任意字符的记录。

10.10.4 匹配指定字符中的任意一个

使用方括号([])可以将需要查询的字符组成一个字符集，只要记录中包含方括号中的任意字符，该记录就会被查询出来，例如，通过 "[abc]" 可以查询包含 a、b 和 c 3 个字母中任何一个的记录。

实例 47 使用字符 "[]" 查询数据

从 info 表 name 字段中查询包含 e、o、c 字母中的任意一个记录，执行语句如下：

```
mysql> SELECT * FROM info WHERE name REGEXP '[eoc]';
+------+----------+
| id   | name     |
+------+----------+
|    1 | Arice    |
|    2 | Eric     |
|    3 | Tom      |
|    4 | Jack     |
|    5 | Lucy     |
|    7 | abc123   |
|   13 | Rose     |
+------+----------+
```

另外，使用方括号还可以指定集合的区间，例如[a-z]表示从 a 到 z 的所有字母；"[0-9]" 表示从 0 到 9 的所有数字，"[a-z0-9]" 表示包含所有的小写字母和数字。

从 info 表 name 字段中查询包含数字的记录，执行语句如下：

```
mysql> SELECT * FROM info WHERE name REGEXP '[0-9]';
+------+----------+
| id   | name     |
+------+----------+
|    7 | abc123   |
|   12 | ab321    |
+------+----------+
```

由查询结果显示，name 字段取值都包含数字。

从 info 表 name 字段中查询包含数字或字母 a、b、c 的记录，执行语句如下：

```
mysql> SELECT * FROM info WHERE name REGEXP '[0-9a-c]';
+------+----------+
| id   | name     |
+------+----------+
```

```
|    1 | Arice     |
|    2 | Eric      |
|    4 | Jack      |
|    5 | Lucy      |
|    7 | abc123    |
|    8 | aaa       |
|    9 | dadaaa    |
|   10 | aaaba     |
|   11 | ababab    |
|   12 | ab321     |
+------+-----------+
```

由查询结果显示，name 字段取值都包含数字或者字母 a、b、c 中的任意一个。

使用方括号可以指定需要匹配字符的集合，如果需要匹配字母 a、b 和 c 时，可以使用 [abc]指定字符集合，每个字符之间不需要用符号隔开，如果要匹配所有字母，可以使用[a-zA-Z]。字母 a 和 z 之间用"-"隔开，字母 z 和 A 之间不需要用符号隔开。

10.10.5 匹配指定字符以外的字符

使用[^]字符串集合可以匹配指定字符以外的字符。

实例 48 使用字符"[^]"查询数据

从 info 表 name 字段中查询包含从"a"到"w"字母和数字以外的字符的记录，执行语句如下：

```
mysql> SELECT * FROM info WHERE name REGEXP '[^a-w0-9]';
+------+------+
| id   | name |
+------+------+
|    5 | Lucy |
+------+------+
```

查询结果只有 Lucy，name 字段取值中包含 y 字母，这个字母是在指定范围之外的。

10.10.6 匹配指定字符串

正则表达式可以匹配字符串，当表中的记录包含这个字符串时，就可以将该记录查询出来。如果指定多个字符串时，需要用符号"|"隔开，只要匹配这些字符串中的任意一个即可。

实例 49 使用字符"|"查询数据

从 info 表 name 字段中查询包含"ic"的记录，执行语句如下：

```
mysql> SELECT * FROM info WHERE name REGEXP 'ic';
+------+---------+
| id   | name    |
+------+---------+
|    1 | Arice   |
|    2 | Eric    |
+------+---------+
```

查询结果包含 Arice 和 Eric 两条记录，这两条记录都包含"ic"。

从 info 表 name 字段中查询包含"ic、uc 和 bd"的记录，执行语句如下：

```
mysql> SELECT * FROM info WHERE name REGEXP 'ic|uc|bd';
+------+----------+
| id   | name     |
+------+----------+
|    1 | Arice    |
|    2 | Eric     |
|    5 | Lucy     |
+------+----------+
```

查询结果中包含 ic、uc 和 bd 3 个字符串中的任意一个。

在指定多个字符串时，需要使用符号"|"将这些字符串隔开，每个字符串与"|"之间不能有空格。因为，查询过程中，数据库系统会将空格也当作一个字符，这样就查询不出想要的结果。

10.10.7 用"*"和"+"来匹配多个字符

在正则表达式中，"*"和"+"都可以匹配多个该符号之前的字符，但是，"+"至少表示一个字符，而"*"可以表示 0 个字符。

实例 50 使用字符"*"和"+"查询数据

从 info 表 name 字段中查询字母"c"之前出现过"a"的记录，执行语句如下：

```
mysql> SELECT * FROM info WHERE name REGEXP 'a*c';
+------+----------+
| id   | name     |
+------+----------+
|    1 | Arice    |
|    2 | Eric     |
|    4 | Jack     |
|    5 | Lucy     |
|    7 | abc123   |
+------+----------+
```

从查询结果可以看出，Arice、Eric 和 Lucy 中的字母"c"之前并没有"a"。因为"*"可以表示 0 个，所以"a*c"表示字母"c"之前有 0 个或者多个"a"出现。

从 info 表 name 字段中查询字母"c"之前出现过"a"的记录，这里使用符号"+"，执行语句如下：

```
mysql> SELECT * FROM info WHERE name REGEXP 'a+c';
+------+-------+
| id   | name  |
+------+-------+
|    4 | Jack  |
+------+-------+
```

这里查询结果只有一条，因为只有 Jack 是刚好字母"c"前面出现了"a"。因为"a+c"表示字母"c"前面至少有一个字母"a"。

10.10.8　使用{M}或者{M,N}来指定字符串连续出现的次数

在正则表达式中，"字符串{M}"表示字符串连续出现 M 次，"字符串{M,N}"表示字符串连续出现至少 M 次，最多 N 次。例如，ab{2}表示字符串"ab"连续出现两次，ab{2,5}表示字符串"ab"连续出现至少两次，最多 5 次。

实例 51　使用{M}或者{M,N}查询数据

从 info 表 name 字段中查询"a"出现过 3 次的记录，执行语句如下：

```
mysql> SELECT * FROM info WHERE name REGEXP 'a{3}';
+------+----------+
| id   | name     |
+------+----------+
|    8 | aaa      |
|    9 | dadaaa   |
|   10 | aaaba    |
+------+----------+
```

查询结果中都包含了 3 个"a"。

从 info 表 name 字段中查询"ab"出现过最少一次，最多 3 次的记录，执行语句如下：

```
mysql> SELECT * FROM info WHERE name REGEXP 'ab{1,3}';
+------+----------+
| id   | name     |
+------+----------+
|    7 | abc123   |
|   10 | aaaba    |
|   11 | ababab   |
|   12 | ab321    |
+------+----------+
```

查询结果中，aaaba、abc123、ab321 中"ab"出现了一次，ababab 中"ab"出现了 3 次。

总之，使用正则表达式可以灵活地设置查询条件，这样，可以让 MySQL 数据库的查询功能更加强大。而且，MySQL 数据库中的正则表达式与编程语言相似，因此，学好正则表达式，会对学习编程语言有很大的帮助。

10.11　疑　难　解　惑

疑问 1：在 MySQL 数据库中查询出的中文数据是乱码，怎么解决？

安装好数据库后，导入数据，由于之前数据采用的是 gbk 编码，而安装 MySQL 过程中使用的是 utf8 编码，所以导致查询出来的数据是乱码。解决方法：登录 MySQL，使用 set names gbk 命令后，再次查询，中文显示正常。

疑问 2：在 SELECT 语句中，何时使用分组子句？何时不必使用分组子句？

SELECT 语句中使用分组子句的先决条件是要有聚合函数，当聚合函数值与其他属性的值无关时，可不必使用分组子句。当聚合函数值与其他属性的值有关时，则必须使用分组子句。

10.12 跟我学上机

上机练习 1：创建数据表并在数据表中插入数据。

创建数据表 employee 和 dept，表结构以及表中的数据记录，如表 10-5~表 10-8 所示。

表 10-5　employee 表结构

字 段 名	字段说明	数据类型	主 键	外 键	非 空	唯 一	自 增
e_no	员工编号	INT	是	否	是	是	否
e_name	员工姓名	VARCHAR(50)	否	否	是	否	否
e_gender	员工性别	CHAR(2)	否	否	否	否	否
dept_no	部门编号	INT	否	否	是	否	否
e_job	职位	VARCHAR(50)	否	否	否	否	否
e_salary	薪水	INT	否	否	是	否	否
hireDate	入职日期	DATE	否	否	是	否	否

表 10-6　dept 表结构

字 段 名	字段说明	数据类型	主 键	外 键	非 空	唯 一	自 增
d_no	部门编号	INT	是	是	是	是	是
d_name	部门名称	VARCHAR(50)	否	否	是	否	否
d_location	部门地址	VARCHAR(100)	否	否	否	否	否

表 10-7　employee 表中的数据记录

e_no	e_name	e_gender	dept_no	e_job	e_salary	hireDate
1001	SMITH	m	20	CLERK	800	2005-11-12
1002	ALLEN	f	30	SALESMAN	1600	2003-05-12
1003	WARD	f	30	SALESMAN	1250	2003-05-12
1004	JONES	m	20	MANAGER	2975	1998-05-18
1005	MARTIN	m	30	SALESMAN	1250	2001-06-12
1006	BLAKE	f	30	MANAGER	2850	1997-02-15
1007	CLARK	m	10	MANAGER	2450	2002-09-12
1008	SCOTT	m	20	ANALYST	3000	2003-05-12
1009	KING	f	10	PRESIDENT	5000	1995-01-01
1010	TURNER	f	30	SALESMAN	1500	1997-10-12
1011	ADAMS	m	20	CLERK	1100	1999-10-05
1012	JAMES	f	30	CLERK	950	2008-06-15

表 10-8　dept 表中的数据记录

d_no	d_name	d_location
10	ACCOUNTING	ShangHai
20	RESEARCH	BeiJing
30	SALES	ShenZhen
40	OPERATIONS	FuJian

(1)　创建 dept 数据表，并为 d_no 字段添加主键约束。

(2)　创建 employee 表，为 dept_no 字段添加外键约束，employee 表 dept_no 字段依赖于父表 dept 的主键 d_no 字段。

(3)　向 dept 表中插入数据。

(4)　向 employee 表中插入数据。

上机练习 2：查询数据表中满足条件的数据记录。

(1)　在 employee 表中，查询所有记录的 e_no、e_name 和 e_salary 字段值。

(2)　在 employee 表中，查询 dept_no 等于 10 和 20 的所有记录。

(3)　在 employee 表中，查询工资范围在 800~2500 元的员工信息。

(4)　在 employee 表中，查询部门编号为 20 的员工信息。

(5)　在 employee 表中，查询每个部门最高工资的员工信息。

(6)　查询员工 BLAKE 所在部门和部门所在地。

(7)　查询所有员工的部门和部门信息。

(8)　在 employee 表中，计算每个部门各有多少名员工。

(9)　在 employee 表中，计算不同类型职工的总工资数。

(10)　在 employee 表中，计算不同部门的平均工资。

(11)　在 employee 表中，查询工资低于 1500 元的员工信息。

(12)　在 employee 表中，将查询记录先按部门编号由高到低排列，再按员工工资由高到低排列。

(13)　在 employee 表中，查询员工姓名以字母"A"或"S"开头的员工的信息。

(14)　在 employee 表中，查询到目前为止，工龄大于或等于 10 年的员工信息。

第 11 章

存储过程与存储函数

在 MySQL 数据库中，存储过程就是一条或者多条 SQL 语句的集合，可视为批文件，但是其作用不仅限于批处理。通过使用存储过程，可以将经常使用的 SQL 语句封装起来，以免重复编写相同的 SQL 语句。本章就来介绍如何创建存储过程和存储函数，以及如何调用、查看、修改、删除存储过程和存储函数等。

本章要点(已掌握的在方框中打勾)

- ☐ 掌握如何创建存储过程
- ☐ 掌握如何创建存储函数
- ☐ 熟悉变量的使用方法
- ☐ 掌握如何调用存储过程和存储函数
- ☐ 熟悉如何查看存储过程和存储函数
- ☐ 掌握修改存储过程和存储函数的方法
- ☐ 熟悉如何删除存储过程和存储函数

11.1 创建存储过程与存储函数

在 MySQL 数据库中，存储程序可以分为存储过程和存储函数。创建存储过程和存储函数使用的语句分别是：CREATE PROCEDURE 和 CREATE FUNCTION。

11.1.1 创建存储过程的语法格式

创建存储过程，需要使用 CREATE PROCEDURE 语句，基本语法格式如下：

```
CREATE PROCEDURE sp_name ( [proc_parameter] )
[characteristics ...] routine_body
```

主要参数介绍如下。

- CREATE PROCEDURE：用来创建存储过程的关键字。
- sp_name：存储过程的名称。
- proc_parameter：指定存储过程的参数列表。列表形式如下：

```
[ IN | OUT | INOUT ] param_name type
```

主要参数介绍如下。

(1) IN：输入参数。

(2) OUT：输出参数。

(3) INOUT：既可以输入，也可以输出。

(4) param_name：参数名称。

(5) type：参数的类型，该类型可以是 MySQL 数据库中的任意类型。

- characteristics：指定存储过程的特性，有以下取值。

(1) LANGUAGE SQL：说明 routine_body 部分是由 SQL 语句组成的，SQL 是 LANGUAGE 特性的唯一值。

(2) [NOT] DETERMINISTIC：指明存储过程执行的结果是否正确。DETERMINISTIC 表示结果是确定的。每次执行存储过程时，相同的输入会得到相同的输出。NOT DETERMINISTIC 表示结果是不确定的。相同的输入可能得到不同的输出。如果没有指定任意一个值，默认为 NOT DETERMINISTIC。

(3) { CONTAINS SQL | NO SQL | READS SQL DATA | MODIFIES SQL DATA }：指明子程序使用 SQL 语句的限制。CONTAINS SQL 表明子程序包含 SQL 语句，但是不包含读写数据的语句。NO SQL 表明子程序不包含 SQL 语句。READS SQL DATA 说明子程序包含读数据的语句。MODIFIES SQL DATA 表明子程序包含写数据的语句。在默认情况下，系统会指定为 CONTAINS SQL。

(4) SQL SECURITY { DEFINER | INVOKER }：指明谁有权限来执行。DEFINER 表示只有定义者才能执行。INVOKER 表示拥有权限的调用者可以执行。在默认情况下，系统会指定为 DEFINER。

(5) COMMENT 'string'：注释信息，可以用来描述存储过程或存储函数。

- routine_body：是 SQL 代码的内容，可以用 BEGIN...END 来表示 SQL 代码的开始和结束。

为了本章的案例演示，这里需要创建数据表和插入演示数据。首先创建数据表：

```
CREATE TABLE student (id INT, name VARCHAR(30));
```

分别单独向 student 表中插入 3 条记录：

```
INSERT INTO student VALUES(1, '小宇');
INSERT INTO student VALUES(2, '小明');
INSERT INTO student VALUES(3, '小林');
```

11.1.2　创建不带参数的存储过程

最简单的一种自定义存储过程就是不带参数的存储过程，下面介绍如何创建一个不带参数的存储过程。

实例 1　创建用于查看数据表的存储过程

创建用于查看 student 表的存储过程，执行语句如下：

```
DELIMITER //
CREATE PROCEDURE Proc_student()
    BEGIN
        SELECT * FROM student;
    END //
```

11.1.3　创建带有参数的存储过程

在设计数据库应用系统时，可能需要根据用户的输入信息产生对应的查询结果，这时就需要把用户的输入信息作为参数传递给存储过程，即开发者需要创建带有参数的存储过程。

实例 2　创建用于查看指定数据表信息的存储过程

在 student 表中，创建存储过程 Proc_stu_01，根据输入的学生学号，查询学生的相关信息，如姓名、年龄与班级等信息，执行语句如下：

```
DELIMITER //
CREATE PROCEDURE Proc_stu_01 (aa INT)
BEGIN
SELECT * FROM student WHERE id=aa;
END //
```

该段代码创建一个名为 Proc_stu_01 的存储过程，使用一个整数类型的参数"aa"来执行存储过程。

另外，存储过程可以是很多语句的复杂的组合，其本身也可以调用其他函数来组成更加复杂的操作。

实例3 创建用于查看数据表数据记录的存储过程

创建一个获取 student 表记录条数的存储过程，名称为 CountStu，执行语句如下：

```
DELIMITER //
CREATE PROCEDURE CountStu (OUT pp1 INT)
BEGIN
SELECT COUNT(*) INTO pp1 FROM student;
END //
```

11.1.4 创建存储函数

使用 CREATE FUNCTION 语句可以创建存储函数，基本语法格式如下：

```
CREATE FUNCTION func_name ( [func_parameter] )
 RETURNS type
[characteristic ...] routine_body
```

主要参数介绍如下。

- CREATE FUNCTION：用来创建存储函数的关键字。
- func_name：存储函数的名称。
- func_parameter：存储过程的参数列表。参数列表形式如下：

```
[ IN | OUT | INOUT ] param_name type
```

参数介绍如下。

(1) IN：输入参数。

(2) OUT：输出参数。

(3) INOUT：既可以输入，也可以输出。

(4) param_name：参数名称。

(5) type：参数的类型，该类型可以是 MySQL 数据库中的任意类型。

实例4 创建用于返回查询结果的存储函数

在 student 表中，创建存储函数，名称为 name_student，该函数返回 SELECT 语句的查询结果，数值类型为字符串型，执行语句如下：

```
DELIMITER //
CREATE FUNCTION name_student (aa INT)
RETURNS CHAR(50)
BEGIN
  RETURN  (SELECT name FROM student WHERE id=aa);
END //
```

这里创建一个名称为 name_student 的存储函数，参数定义 "aa"，返回一个 char 类型的结果。SELECT 语句从 student 表中查询学号等于 "aa" 的记录，并将该记录中的 "姓名" 字段返回。

注意 如果在创建存储过程或存储函数中报错：you *might* want to use the less safe
log_bin_trust_function_creators variable。需要执行以下代码：

```
SET GLOBAL log_bin_trust_function_creators = 1;
```

11.2　调用存储过程与存储函数

当存储过程创建完毕后，就可以调用存储过程了，本节就来介绍调用存储过程和存储函数的方法。

11.2.1　调用不带参数的存储过程

在 MySQL 中调用存储过程时，需要使用 Call 语句，其语法格式如下：

```
CALL sp_name([parameter[,...]])
```

主要参数介绍如下。

- sp_name：存储过程名称。
- parameter：存储过程的参数。

实例 5　调用不带参数的存储过程 Proc_student

执行不带参数的存储过程 Proc_student 来查看学生信息，执行语句如下：

```
mysql> CALL Proc_student;
//
+------+---------+
| id   | name    |
+------+---------+
|    1 | 小宇    |
|    2 | 小明    |
|    3 | 小林    |
+------+---------+
```

即可完成调用不带参数存储过程的操作，实例 5 是查询学生信息表。

11.2.2　调用带有参数的存储过程

调用带有参数的存储过程时，需要给出参数的值，当有多个参数时，给出的参数顺序与创建存储过程语句中的参数顺序一致，即参数传递的顺序就是定义的顺序。

实例 6　调用带参数的存储过程 Proc_stu_01

调用带有参数的存储过程 Proc_stu_01，根据输入的学生 id 值，查询学生信息，学生的 id 值可以自行定义，如这里定义学生的 id 值为 2，执行语句如下：

```
mysql> CALL Proc_stu_01(2);
    //
+------+---------+
| id   | name    |
+------+---------+
|    2 | 小明    |
+------+---------+
```

调用带有输入参数的存储过程时需要指定参数，如果没有指定参数，系统会提示错误，如果希望不给出参数时存储过程也能正常运行,或者希望为用户提供一个默认的返回结果,可以通过设置参数的默认值来实现。

11.2.3 调用存储函数

存储函数的使用方法与 MySQL 内部函数的使用方法是一样的,存储函数与 MySQL 内部函数的性质也相同。区别在于,存储函数是用户自己定义的,而内部函数是 MySQL 的开发者定义的。

实例7 调用存储函数 name_student

调用存储函数 name_student,执行语句如下:

```
mysql> SELECT name_student (3);
    //
+-----------------------+
| name_student2 (3)     |
+-----------------------+
| 小林                  |
+-----------------------+
```

虽然存储函数和存储过程的定义稍有不同,但可以实现相同的功能,读者应该在实际应用中灵活选择使用。

11.3 修改存储过程与存储函数

修改存储过程可以改变存储过程中的参数或者语句,可以通过 SQL 语句中的 ALTER PROCEDURE 语句来实现。

11.3.1 修改存储过程

存储过程创建完成后,如果需要修改,可以使用 ALTER PROCEDURE 语句来修改存储过程。在修改存储过程时,MySQL 会覆盖以前定义的存储过程,语法格式如下:

```
ALTER {PROCEDURE | FUNCTION} sp_name [characteristic ...]
```

主要参数介绍如下。

- sp_name:待修改的存储过程名称。
- characteristic:指定特性。可能的取值为:

```
{ CONTAINS SQL | NO SQL | READS SQL DATA | MODIFIES SQL DATA }
| SQL SECURITY { DEFINER | INVOKER }
| COMMENT 'string'
```

主要参数介绍如下。

- CONTAINS SQL:存储过程包含 SQL 语句,但不包含读或写数据的语句。
- NO SQL:存储过程中不包含 SQL 语句。
- READS SQL DATA:存储过程中包含读数据的语句。

- MODIFIES SQL DATA：存储过程中包含写数据的语句。
- SQL SECURITY { DEFINER | INVOKER }：指明谁有权限来执行。
- DEFINER：只有定义者自己才能够执行。
- INVOKER：调用者可以执行。
- COMMENT 'string'：注释信息。

下面给出一个实例，介绍使用 SQL 语句修改存储过程的方法。

实例8　修改存储过程 Proc_students

修改存储过程 Proc_students 的定义。将读写权限改为 MODIFIES SQL DATA，并指明调用者 SSOER 可以执行。

首先查询 Proc_students 修改前的信息：

```
mysql> SELECT SPECIFIC_NAME,SQL_DATA_ACCESS,SECURITY_TYPE
FROM information_schema.Routines WHERE ROUTINE_NAME='Proc_students' ;
//
+----------------+----------------------+----------------+
| SPECIFIC_NAME  | SQL_DATA_ACCESS      | SECURITY_TYPE  |
+----------------+----------------------+----------------+
| Proc_students  | CONTAINS SQL         | DEFINER        |
+----------------+----------------------+----------------+
```

修改存储过程 Proc_students 的定义，语句执行如下：

```
ALTER PROCEDURE Proc_students  MODIFIES SQL DATA  SQL SECURITY INVOKER ;
//
```

查看 Proc_students 修改后的信息。

```
mysql> SELECT SPECIFIC_NAME,SQL_DATA_ACCESS,SECURITY_TYPE
FROM information_schema.Routines WHERE ROUTINE_NAME='Proc_students' ;
//
+----------------+----------------------+----------------+
| SPECIFIC_NAME  | SQL_DATA_ACCESS      | SECURITY_TYPE  |
+----------------+----------------------+----------------+
| Proc_students  | MODIFIES SQL DATA    | INVOKER        |
+----------------+----------------------+----------------+
```

结果显示，存储过程修改成功。从查询的结果可以看出，访问数据的权限(SQL_DATA_ACCESS)已经变成 MODIFIES SQL DATA，安全类型(SECURITY_TYPE)已经变成了 INVOKER。

11.3.2　修改存储函数

存储函数创建完成后，如果需要修改，可以使用 alter 语句来进行修改，其语法格式如下：

```
ALTER FUNCTION sp_name [characteristic ...]
```

Sp_name 为待修改的存储函数名称，characteristic 来指定特性，可能的取值为：

```
{ CONTAINS SQL | NO SQL | READS SQL DATA | MODIFIES SQL DATA }
| SQL SECURITY { DEFINER | INVOKER }
| COMMENT 'string'
```

实例 9 修改存储函数 name_student

修改存储函数 name_student 的定义。将读写权限改为 MODIFIES SQL DATA，并指明调用者 SSOER 可以执行。

首先查询 name_student 修改前的信息：

```
mysql> SELECT SPECIFIC_NAME,SQL_DATA_ACCESS,SECURITY_TYPE
FROM information_schema.Routines WHERE ROUTINE_NAME='name_student' ;
//
+---------------+-----------------+---------------+
| SPECIFIC_NAME | SQL_DATA_ACCESS | SECURITY_TYPE |
+---------------+-----------------+---------------+
| name_student  | CONTAINS SQL    | DEFINER       |
+---------------+-----------------+---------------+
```

修改存储函数 name_student 的定义，代码执行如下：

```
ALTER  FUNCTION  name_student MODIFIES SQL DATA SQL SECURITY INVOKER ;
//
```

然后查询 name_student 修改后的信息，结果如下：

```
mysql> SELECT SPECIFIC_NAME,SQL_DATA_ACCESS,SECURITY_TYPE
    FROM information_schema.Routines WHERE ROUTINE_NAME='name_student' ;
    //
+---------------+------------------+---------------+
| SPECIFIC_NAME | SQL_DATA_ACCESS  | SECURITY_TYPE |
+---------------+------------------+---------------+
| name_student  | MODIFIES SQL DATA| INVOKER       |
+---------------+------------------+---------------+
```

查询结果显示，存储函数修改成功。从查询的结果可以看出，访问数据的权限 (SQL_DATA_ACCESS)已经变成 MODIFIES SQL DATA，安全类型(SECURITY_TYPE)已经变成了 INVOKER。

11.4 查看存储过程与存储函数

许多系统存储过程、系统函数和目录视图都会提供有关存储过程的信息，可以使用这些系统存储过程来查看存储过程的定义，我们可以通过以下方法来查看存储过程与存储函数。

11.4.1 查看存储过程的状态

使用 SHOW PROCEDURE STATUS 语句可以查看存储过程的状态，语法格式如下：

```
SHOW PROCEDURE  STATUS [LIKE 'pattern']
```

这个语句是一个 MySQL 的扩展。它返回存储过程的特征，如所属数据库、名称、类型、创建者及创建和修改日期。如果没有指定样式，根据使用的语句，所有存储过程被列出。Like 语句表示的是匹配存储过程的名称。

实例 10　查看存储过程 CountStu 的状态

使用 SHOW PROCEDURE STATUS 语句查看存储过程 CountStu 的状态，执行语句如下：

```
mysql> SHOW PROCEDURE STATUS like 'C%'\G//
*************************** 1. row ***************************
                Db: school
              Name: CountStu
              Type: PROCEDURE
           Definer: root@localhost
          Modified: 2022-05-24 13:09:26
           Created: 2022-05-24 13:09:26
     Security_type: DEFINER
           Comment:
character_set_client: gbk
collation_connection: gbk_chinese_ci
  Database Collation: utf8mb4_0900_ai_ci
......省略
```

"SHOW PROCEDURE STATUS like 'C%'\G"语句获取了数据库中所有的名称以字母"C"开头的存储过程信息。通过得到的结果可以得出以字母"C"开头的存储过程名称为 CountStu，该存储过程所在的数据库为 school，类型为 PROCEDURE，创建时间等相关信息。

　　　　SHOW STATUS 语句只能查看存储过程操作哪一个数据库、存储过程的名称、类型、是谁定义的、创建和修改时间、字符编码等信息，其不能查询存储过程具体定义。如果查看详细定义，需要使用 SHOW CREATE 语句。

11.4.2　查看存储过程的信息

使用 SHOW CREATE PROCEDURE 语句可以查看存储过程的信息，语法格式如下：

```
SHOW CREATE PROCEDURE sp_name
```

该语句是一个 MySQL 的扩展。类似于 SHOW CREATE TABLE，它返回一个可用来重新创建已命名存储过程的确切字符串。

实例 11　查看存储过程 CountStu 的定义内容

使用 SHOW CREATE PROCEDURE 语句查看 CountStu 存储过程，执行语句如下：

```
mysql> SHOW CREATE PROCEDURE CountStu\G
*************************** 1. row ***************************
         Procedure: CountStu
          sql_mode: STRICT_TRANS_TABLES,NO_ENGINE_SUBSTITUTION
   Create Procedure: CREATE DEFINER='root'@'localhost' PROCEDURE
'CountStu'(OUT pp1 INT)
BEGIN
SELECT COUNT(*) INTO pp1 FROM students;
END
character_set_client: gbk
collation_connection: gbk_chinese_ci
  Database Collation: utf8mb4_0900_ai_ci
```

执行上面的语句可以得出存储过程 CountStu 的具体的定义语句、该存储过程的 sql_mode、数据库设置的一些信息。

11.4.3 通过表查看存储过程

INFORMATION_SCHEMA 是信息数据库，其中保存着关于 MySQL 服务器所维护的所有其他数据库的信息。该数据库中的 ROUTINES 表提供存储过程的信息。通过查询该表可以查询相关存储过程的信息，语法格式如下：

```
Select * from information_schema.routines
   Where routine_name='sp_name';
```

主要参数介绍如下。

- routine_name：字段存储所有存储子程序的名称。
- sp_name：需要查询的存储过程名称。

实例 12 通过表查看存储过程 CountStu 的信息

从 INFORMATION_SCHEMA.ROUTINES 表中查询存储过程 CountStu 的信息，执行语句如下：

```
mysql> SELECT * FROM information_schema.Routines WHERE
ROUTINE_NAME='CountStu' \G
*************************** 1. row ***************************
          SPECIFIC_NAME: CountStu
        ROUTINE_CATALOG: def
         ROUTINE_SCHEMA: school
           ROUTINE_NAME: CountStu
           ROUTINE_TYPE: PROCEDURE
              DATA_TYPE:
CHARACTER_MAXIMUM_LENGTH: NULL
  CHARACTER_OCTET_LENGTH: NULL
      NUMERIC_PRECISION: NULL
          NUMERIC_SCALE: NULL
     DATETIME_PRECISION: NULL
     CHARACTER_SET_NAME: NULL
         COLLATION_NAME: NULL
         DTD_IDENTIFIER: NULL
           ROUTINE_BODY: SQL
     ROUTINE_DEFINITION: BEGIN
SELECT COUNT(*) INTO pp1 FROM students;
END
          EXTERNAL_NAME: NULL
      EXTERNAL_LANGUAGE: SQL
         PARAMETER_STYLE: SQL
        IS_DETERMINISTIC: NO
        SQL_DATA_ACCESS: CONTAINS SQL
               SQL_PATH: NULL
          SECURITY_TYPE: DEFINER
                CREATED: 2022-05-24 13:09:26
           LAST_ALTERED: 2022-05-24 13:09:26
               SQL_MODE: STRICT_TRANS_TABLES,NO_ENGINE_SUBSTITUTION
        ROUTINE_COMMENT:
                DEFINER: root@localhost
```

```
      CHARACTER_SET_CLIENT: gbk
   COLLATION_CONNECTION: gbk_chinese_ci
      DATABASE_COLLATION: utf8mb4_0900_ai_ci
```

11.4.4　查看存储函数的信息

用户可以使用 SHOW STATUS 语句或 SHOW CREATE 语句来查看存储函数的状态信息，也可以直接从系统的 information_schema 数据库中查询。

SHOW STATUS 语句可以查看存储函数的状态，其基本语法格式如下：

```
SHOW FUNCTION STATUS [LIKE 'pattern']
```

这个语句是一个 MySQL 的扩展。它返回子程序的特征，如数据库、名字、类型、创建者及创建和修改日期。如果没有指定样式，根据使用的语句，所有存储程序或所有自定义函数的信息将被列出。PROCEDURE 和 FUNCTION 分别表示查看存储过程和存储函数；LIKE 语句表示匹配存储过程或存储函数的名称。

实例 13　使用 SHOW STATUS 语句查看存储函数

使用 SHOW STATUS 语句查看存储函数，执行语句如下：

```
mysql> SHOW FUNCTION STATUS LIKE 'N%'\G
*************************** 1. row ***************************
               Db: school
             Name: name_student
             Type: FUNCTION
          Definer: root@localhost
         Modified: 2022-05-24 18:50:41
          Created: 2022-05-24 13:24:09
    Security_type: INVOKER
          Comment:
character_set_client: gbk
collation_connection: gbk_chinese_ci
  Database Collation: utf8mb4_0900_ai_ci
*************************** 2. row ***************************
               Db: school
             Name: name_student2
             Type: FUNCTION
          Definer: root@localhost
         Modified: 2022-05-24 18:23:33
          Created: 2022-05-24 18:23:33
    Security_type: DEFINER
          Comment:
character_set_client: gbk
collation_connection: gbk_chinese_ci
  Database Collation: utf8mb4_0900_ai_ci
```

"SHOW FUNCTION STATUS LIKE 'N%'\G" 语句获取数据库中所有名称以字母"N"开头存储函数的信息。通过上面的语句可以看到，这个存储函数所在的数据库为 school，存储函数的名称为 name_student。

实例 14　查看存储函数 name_student 的状态

除了 SHOW STATUS 之外，MySQL 还可以使用 SHOW CREATE 语句查看存储函数的状态，执行语句如下：

```
SHOW CREATE FUNCTION sp_name
```

这个语句是一个 MySQL 的扩展。类似于 SHOW CREATE TABLE，它返回一个可用来重新创建已命名子程序的确切字符串。FUNCTION 表示查看的存储函数；LIKE 语句表示匹配存储函数的名称。

使用 SHOW CREATE 语句查看存储函数 name_student 的状态，执行语句如下：

```
mysql> SHOW CREATE FUNCTION name_student \G
*************************** 1. row ***************************
        Function: name_student
        sql_mode: STRICT_TRANS_TABLES,NO_ENGINE_SUBSTITUTION
 Create Function: CREATE DEFINER='root'@'localhost' FUNCTION
'name_student'(aa INT) RETURNS char(50) CHARSET utf8mb4
  MODIFIES SQL DATA
  SQL SECURITY INVOKER
BEGIN
  RETURN  (SELECT name FROM students
WHERE id=aa);
END
character_set_client: gbk
collation_connection: gbk_chinese_ci
 Database Collation: utf8mb4_0900_ai_ci
```

执行上面的语句可以得到存储函数的名称为 name_student，sql_mode 为 sql 的模式，Create Function 为存储函数的具体定义语句，还有数据库设置的一些信息。

MySQL 中存储过程和存储函数的信息存储在 information_schema 数据库下的 Routines 表中。可以通过查询该表的记录来查询存储过程和存储函数的信息，其基本语法格式如下：

```
SELECT * FROM information_schema.Routines WHERE ROUTINE_NAME=' sp_name ' ;
```

其中，ROUTINE_NAME 字段中存储的是存储过程和存储函数的名称；sp_name 参数表示存储过程或存储函数的名称。

实例 15 通过表查看存储函数 name_student 的信息

查询名称为 name_student 的存储函数的信息，执行语句如下：

```
mysql> SELECT * FROM information_schema.Routines
    WHERE ROUTINE_NAME='name_student'  AND  ROUTINE_TYPE = 'FUNCTION' \G
*************************** 1. row ***************************
          SPECIFIC_NAME: name_student
        ROUTINE_CATALOG: def
         ROUTINE_SCHEMA: school
           ROUTINE_NAME: name_student
           ROUTINE_TYPE: FUNCTION
              DATA_TYPE: char
CHARACTER_MAXIMUM_LENGTH: 50
  CHARACTER_OCTET_LENGTH: 200
      NUMERIC_PRECISION: NULL
          NUMERIC_SCALE: NULL
     DATETIME_PRECISION: NULL
     CHARACTER_SET_NAME: utf8mb4
         COLLATION_NAME: utf8mb4_0900_ai_ci
         DTD_IDENTIFIER: char(50)
```

```
            ROUTINE_BODY: SQL
      ROUTINE_DEFINITION: BEGIN
  RETURN  (SELECT name FROM students
WHERE id=aa);
END
           EXTERNAL_NAME: NULL
       EXTERNAL_LANGUAGE: SQL
         PARAMETER_STYLE: SQL
        IS_DETERMINISTIC: NO
        SQL_DATA_ACCESS: MODIFIES SQL DATA
                SQL_PATH: NULL
           SECURITY_TYPE: INVOKER
                 CREATED: 2022-05-24 13:24:09
            LAST_ALTERED: 2022-05-24 18:50:41
                SQL_MODE: STRICT_TRANS_TABLES,NO_ENGINE_SUBSTITUTION
         ROUTINE_COMMENT:
                 DEFINER: root@localhost
    CHARACTER_SET_CLIENT: gbk
    COLLATION_CONNECTION: gbk_chinese_ci
      DATABASE_COLLATION: utf8mb4_0900_ai_ci
```

在 information_schema 数据库下的 Routines 表中，存储所有存储过程和存储函数的定义。使用 SELECT 语句查询 Routines 表中的存储过程和存储函数的定义时，一定要使用 ROUTINE_NAME 字段指定存储过程或存储函数的名称，否则，将查询出所有的存储过程或存储函数的定义。如果有存储过程和存储函数名称相同，则需要同时指定 ROUTINE_TYPE 字段表明查询是哪种类型的存储程序。

11.5　删除存储过程

对于不需要的存储过程，我们可以将其删除，使用 DROP PROCEDURE 语句便可删除存储过程，该语句可从当前数据库中删除一个或多个存储过程，其基本语法格式如下：

```
DROP  PROCEDURE  sp_name;
```

sp_name 参数表示存储过程名称。

实例 16　删除存储过程 CountStu

删除 CountStu 存储过程，执行语句如下：

```
mysql> DROP PROCEDURE CountStu;
   //
```

检查删除是否成功，可以通过查询 information_schema 数据库下的 Routines 表来确认。执行语句如下：

```
mysql> SELECT * FROM information_schema.Routines WHERE
ROUTINE_NAME='CountStu';
   //
Empty set (0.00 sec)
```

通过查询结果可以得出"CountStu"存储过程已经被删除。

11.6　删除存储函数

删除存储函数，可以使用 DROP 语句，其基本语法格式如下：

```
DROP FUNCTION [IF EXISTS] sp_name
```

这个语句可被用来移除一个存储函数，即从服务器移除一个指定的子程序。sp_name 为要移除的存储函数的名称。

提示

　　IF EXISTS 子句是一个 MySQL 的扩展。如果自定义函数不存在，它可防止发生错误，并产生一个可以用 SHOW WARNINGS 查看的警告。

实例 17　删除存储函数 name_student

删除存储函数 name_student，执行语句如下：

```
mysql> DROP FUNCTION name_student;
    //
```

11.7　疑 难 解 惑

疑问 1：存储过程中可以调用其他存储过程吗？

存储过程包含用户定义的 SQL 语句集合，可以使用 CALL 语句调用存储过程，当然在存储过程中也可以使用 CALL 语句调用其他存储过程，但是不能使用 DROP 语句删除其他存储过程。

疑问 2：MySQL 存储过程和存储函数有什么区别？

在本质上它们都是存储程序。存储函数只能通过 return 语句返回单个值或者表对象；而存储过程不允许执行 return，但是可以通过 out 参数返回多个值。存储函数限制比较多，不能用临时表，只能用表变量，还有一些函数都不可用等；而存储过程的限制相对就比较少。存储函数可以嵌入在 SQL 语句中使用，可以在 SELECT 语句中作为查询语句的一个部分调用；而存储过程一般是作为一个独立的部分来执行。

11.8　跟我学上机

上机练习 1：创建存储函数统计表的记录数。

创建一个名称为 sch 的数据表，其结构如表 11-1 所示，sch 表内容如表 11-2 所示。

表 11-1　sch 表结构

字 段 名	字段说明	数据类型	主　键	外　键	非　空	唯　一
id	INT(10)	是	否	是	是	否
name	VARCHAR (50)	否	否	是	否	否
glass	VARCHAR(50)	否	否	是	否	否

表 11-2　sch 表内容

id	name	glass
1	xiaoming	glass 1
2	xiaojun	glass 2

(1)　创建一个 sch 表。

(2)　向 sch 表中插入表 11-2 中的数据。

(3)　通过 DESC 命令查看创建的表格。

(4)　通过 SELECT * FROM sch 来查看插入表格的内容。

(5)　创建一个存储函数用来统计 sch 表中的记录数，函数名为 count_sch()。

(6)　调用存储函数 count_sch()用来统计 sch 表中的记录数。

上机练习 2：创建存储过程统计表的记录数与 id 值的和

创建一个存储过程 add_id，同时使用前面创建的存储函数返回 sch 表中的记录数，最后计算出表中所有的 id 之和。

第 12 章

MySQL 触发器

　　MySQL 触发器和存储过程一样，都是嵌入 MySQL 的一段程序。触发器是由事件来触发某个操作，这些事件包括 INSERT、UPDATAE 和 DELETE 语句。如果定义了触发程序，当数据库执行这些语句的时候就会激发触发器执行相应的操作，触发程序是与表有关的命名数据库对象，当表上出现特定事件时，将激活该对象。本章通过实例来介绍触发器的含义、如何创建触发器、查看触发器、触发器的使用方法及如何删除触发器。

本章要点(已掌握的在方框中打勾)

☐ 了解触发器
☐ 掌握创建触发器的方法
☐ 掌握查看触发器的方法
☐ 掌握触发器的使用技巧
☐ 掌握删除触发器的方法

12.1　了解触发器

触发器与表紧密相连，可以将触发器看作表定义的一部分，当对表执行插入、删除或更新操作时，触发器会自动执行以检查表的数据完整性和约束性。

触发器最重要的作用是能够确保数据的完整性，但同时要注意每一个数据操作只能设置一个触发器。另外，触发器是建立在触发事件上的，例如，我们在对表执行插入、删除或更新操作时，MySQL 就会触发相应的事件，并自动执行和这些事件相关的触发器。

总之，触发器的作用主要体现在以下几个方面。

(1) 强制数据库间的引用完整性。

(2) 触发器是自动的。当对表中的数据做了任何修改之后立即被激活。

(3) 触发器可以通过数据库中的相关表进行层叠更改。

(4) 触发器可以强制限制。这些限制比用 CHECK 约束所定义的更复杂，但与 CHECK 约束不同的是，触发器可以引用其他表中的列。

12.2　创建触发器

触发器是由事件来触发某个操作，这些事件包括 INSERT、UPDATAE 和 DELETE 语句，本节将介绍如何创建触发器。

12.2.1　创建一条执行语句的触发器

使用 CREATE TRIGGER 语句可以创建只有一个执行语句的触发器，其基本语法格式如下：

```
CREATE TRIGGER trigger_name trigger_time trigger_event
ON tbl_name FOR EACH ROW trigger_stmt;
```

主要参数介绍如下。

● trigger_name：标识触发器名称，用户自行指定。

● trigger_time：标识触发时间，可以指定为 before 或 after。

● trigger_event：标识触发事件，包括 INSERT、UPDATE 和 DELETE。

● tbl_name：标识建立触发器的表名，即在哪张表上建立触发器。

● trigger_stmt：指定触发器程序体，触发器程序可以使用 begin 和 end 作为开始和结束，中间包含多条语句。

实例 1　创建只有一个执行语句的触发器

创建一个 students02 表，表中有两个字段，分别为 id 字段和 name 字段，执行语句如下：

```
CREATE TABLE students02 (
        id          INT,
        name        VARCHAR(50)
);
```

　　然后创建一个名为 in_stu 的触发器，触发的条件是在向 students 表插入数据之前，对新插入 id 字段值进行加 1 求和计算，执行语句如下：

```
mysql> CREATE TRIGGER in_stu
    BEFORE INSERT ON students02
    FOR EACH ROW SET @ss = NEW.id +1;
```

设置变量的初始值为 0，执行语句如下：

```
mysql> SET @ss =0;
```

插入数据，启动触发器，执行语句如下：

```
mysql> INSERT INTO students02 VALUES(1, '小宇'),(2, '小明');
```

再次查询变量 "ss" 的值，执行语句如下：

```
mysql> SELECT @ss;
+-------+
| @ss   |
+-------+
|   3   |
+-------+
```

从结果可以看出，在插入数据时，执行了触发器 in_stu。

下面再创建一个触发器，当插入的 id=3 时，将姓名设置为 "小林"，执行语句如下：

```
DELIMITER //
CREATE TRIGGER name_student
 BEFORE INSERT
 ON students02
FOR EACH ROW
BEGIN
  IF new.id=3 THEN
   set new.name='小林';
END IF;
END //
```

下面向数据表中插入演示数据，检查触发器是否启动，执行语句如下：

```
INSERT INTO students02 VALUES (3, '小林');
//
```

下面查询 students02 表中的数据，执行语句如下：

```
mysql> SELECT * FROM students02;
    //
+------+---------+
| id   | name    |
+------+---------+
|   1  | 小宇    |
|   2  | 小明    |
|   3  | 小林    |
+------+---------+
```

从结果中可以看出，插入的数据中的 name 字段发生了变化，说明触发器正常执行了。

12.2.2　创建多个执行语句的触发器

创建多个执行语句的触发器的语法格式如下：

```
CREATE TRIGGER trigger_name trigger_time trigger_event
ON tbl_name FOR EACH ROW trigger_stmt
```

实例 2　创建包含多个执行语句的触发器

创建数据表 test1、test2、test3，执行语句如下：

```
mysql> CREATE TABLE test1(a1 INT);
mysql> CREATE TABLE test2(a2 INT);
mysql> CREATE TABLE test3(a3 INT);
```

创建触发器 tri_mu，当向 test1 插入数据时，将 a1 的值进行加 10 操作，然后将该值插入 a2 字段中，将 a1 的值进行加 20 操作，然后将该值插入 a3 字段中，执行语句如下：

```
DELIMITER //
CREATE TRIGGER tri_mu BEFORE INSERT ON test1
  FOR EACH ROW
BEGIN
    INSERT INTO test2 SET a2 = NEW.a1+10;
    INSERT INTO test3 SET a3 = NEW.a1+20;
  END//
```

接着向 test1 数据表插入数据，执行语句如下：

```
mysql> INSERT INTO test1 VALUES (1);
//
```

下面查看 test1 数据表中的数据，执行语句如下：

```
mysql> SELECT * FROM test1;
//
+------+
| a1   |
+------+
|   1 |
+------+
```

下面检验触发器 tri_mu 是否被执行，先查看 test2 数据表中的数据。

```
mysql> SELECT * FROM test2;
//
+------+
| a2   |
+------+
|   11 |
+------+
```

接着查看 test3 数据表中的数据。

```
mysql> SELECT * FROM test3;
//
+-------+
| a3    |
+-------+
```

```
|   21   |
+-------+
```

从上述查询结果可以得知，在向 test1 数据表插入记录的时候，test2、test3 都发生了变化，这就说明触发器 tri_mu 已经被启用。

12.3　查看触发器

查看触发器是指查看数据库中已存在的触发器的定义、状态和语法信息等。查看触发器常用的方法有使用 SHOW TRIGGERS 语句查看和使用 INFORMATION_SCHEMA 查看两种，下面分别进行介绍。

12.3.1　使用 SHOW TRIGGERS 语句查看

在 MySQL 中，可以使用 SHOW TRIGGERS 语句查看触发器的基本信息，但是使用该语句时无法查询指定的触发器，它只能查询所有触发器的信息。如果数据库系统中的触发器有很多，将会显示很多信息，这样不方便找到所需要的触发器信息。因此，在触发器很少时，可以使用 SHOW TRIGGERS 语句。SHOW TRIGGERS 语句的基本语法格式如下：

```
SHOW TRIGGERS;
```

实例 3　使用 SHOW TRIGGERS 命令查看触发器

通过 SHOW TRIGGERS 命令查看触发器，执行语句如下：

```
mysql> SHOW TRIGGERS \G
*************************** 1. row ***************************
          Trigger: name_student
            Event: INSERT
            Table: students
        Statement: BEGIN
 IF new.id=3 THEN
  set new.name='小林';
END IF;
END
           Timing: BEFORE
          Created: 2022-05-25 13:02:49.63
         sql_mode: STRICT_TRANS_TABLES,NO_ENGINE_SUBSTITUTION
          Definer: root@localhost
character_set_client: gbk
collation_connection: gbk_chinese_ci
  Database Collation: utf8mb4_0900_ai_ci
……省略
```

触发器查询结果中主要参数的含义如下。

● Trigger：触发器的名称，在这里两个触发器的名称分别为 in_newstu 和 testmm。

● Event：激活触发器的事件。

● Table：激活触发器的操作对象表。

● Statement：触发器执行的操作，还有一些其他信息，比如 sql 的模式、触发器的定义账户和字符集等。

- Timing：触发器触发的时间。

12.3.2 使用 INFORMATION_SCHEMA 语句查看

在 MySQL 中，所有触发器的定义都存在 INFORMATION_SCHEMA 数据库的 TRIGGERS 表格中，可以通过查询命令 SELECT 来查看。通过查询 TRIGGERS 表，可以获取到数据库中所有触发器的详细信息，也可以获取到指定触发器的详细信息，具体的语法格式如下：

```
SELECT * FROM information_schema.triggers
WHERE [WHERE TRIGGER_NAME= 'trigger_name'];
```

主要参数介绍如下。

- *：查询所有的列的信息。
- information_schema：数据库系统中的数据库名称。
- triggers：数据库下的 triggers 表，如果查询指定的触发器则需要添加 WHERE 条件语句。
- TRIGGER_NAME：triggers 表中的字段。
- trigger_name：指定的触发器名称。

实例4 通过 SELECT 命令查看触发器

通过 SELECT 命令查看触发器，执行语句如下：

```
mysql> SELECT * FROM INFORMATION_SCHEMA.TRIGGERS
    WHERE TRIGGER_NAME= 'in_stu'\G
*************************** 1. row ***************************
           TRIGGER_CATALOG: def
            TRIGGER_SCHEMA: school
              TRIGGER_NAME: in_stu
        EVENT_MANIPULATION: INSERT
      EVENT_OBJECT_CATALOG: def
       EVENT_OBJECT_SCHEMA: school
        EVENT_OBJECT_TABLE: students02
              ACTION_ORDER: 1
          ACTION_CONDITION: NULL
          ACTION_STATEMENT: SET @ss = NEW.id +1
        ACTION_ORIENTATION: ROW
            ACTION_TIMING: BEFORE
ACTION_REFERENCE_OLD_TABLE: NULL
ACTION_REFERENCE_NEW_TABLE: NULL
  ACTION_REFERENCE_OLD_ROW: OLD
  ACTION_REFERENCE_NEW_ROW: NEW
                   CREATED: 2022-05-25 12:57:58.21
                  SQL_MODE: STRICT_TRANS_TABLES,NO_ENGINE_SUBSTITUTION
                   DEFINER: root@localhost
      CHARACTER_SET_CLIENT: gbk
      COLLATION_CONNECTION: gbk_chinese_ci
        DATABASE_COLLATION: utf8mb4_0900_ai_ci
```

SELECT 命令通过 WHERE 来指定查看特定名称的触发器。

触发器查询结果中主要参数的含义如下。

- TRIGGER_SCHEMA：触发器所在的数据库。
- TRIGGER_NAME：指定触发器的名称。
- EVENT_OBJECT_TABLE：在数据表上触发。
- ACTION_STATEMENT：触发器触发的时候执行的具体操作。
- ACTION_ORIENTATION：ROW，表示在每条记录上都触发。
- ACTION_TIMING：触发的时刻是 BEFORE，剩下的是和系统相关的信息。

另外，也可以不指定触发器名称，这样将查看所有的触发器，执行语句如下：

```
mysql> SELECT * FROM INFORMATION_SCHEMA.TRIGGERS \G
*************************** 1. row ***************************
           TRIGGER_CATALOG: def
            TRIGGER_SCHEMA: sakila
              TRIGGER_NAME: ins_film
         EVENT_MANIPULATION: INSERT
       EVENT_OBJECT_CATALOG: def
        EVENT_OBJECT_SCHEMA: sakila
         EVENT_OBJECT_TABLE: film
               ACTION_ORDER: 1
           ACTION_CONDITION: NULL
           ACTION_STATEMENT: BEGIN
  INSERT INTO film_text (film_id, title, description)
     VALUES (new.film_id, new.title, new.description);
  END
         ACTION_ORIENTATION: ROW
             ACTION_TIMING: AFTER
ACTION_REFERENCE_OLD_TABLE: NULL
ACTION_REFERENCE_NEW_TABLE: NULL
  ACTION_REFERENCE_OLD_ROW: OLD
  ACTION_REFERENCE_NEW_ROW: NEW
                   CREATED: 2022-05-12 11:59:37.06
                  SQL_MODE: STRICT_TRANS_TABLES,STRICT_ALL_TABLES,NO_ZERO_IN_DATE,
NO_ZERO_DATE,ERROR_FOR_DIVISION_BY_ZERO,TRADITIONAL,NO_ENGINE_SUBSTITUTION
                   DEFINER: root@localhost
      CHARACTER_SET_CLIENT: utf8mb4
      COLLATION_CONNECTION: utf8mb4_0900_ai_ci
        DATABASE_COLLATION: utf8mb4_0900_ai_ci
......省略
```

SELECT 命令会显示 TRIGGERS 表中所有的触发器信息。

12.4 删除触发器

如果用户想要删除某个触发器，可以直接使用 DROP TRIGGER 语句来删除 MySQL 中已经定义的触发器，基本语法格式如下：

```
DROP TRIGGER [schema_name.] [IF EXISTS] trigger_name;
```

主要参数介绍如下。

- schema_name：数据库名称，是可选的。如果省略了 schema，将从当前数据库中舍弃触发程序。
- trigger_name：要删除的触发器的名称。

- IF EXISTS：用来阻止不存在的触发程序被删除的错误。如果待删除的触发程序不存在，系统会出现触发程序不存在的提示信息。

实例 5 通过 DROP TRIGGER 命令删除触发器

删除触发器 tri_mu，执行语句如下：

```
mysql>DROP TRIGGER school.tri_mu;
//
```

在上述代码中 school 是触发器所在的数据库，tri_mu 是一个触发器的名称。

12.5 疑 难 解 惑

疑问 1：在创建触发器时，为什么会出现报错？

在创建触发器时，首先需要做的是检查该表中是否存在其他类型的触发器，如果该表已经存在 INSERT 触发器、UPDATE 触发器或 DELETE 触发器中的任意一种，那么当在该表中创建这一类型的触发器时，就会出现报错，这是因为一张表中只能有一种类型的操作触发器。

疑问 2：当在数据表中创建后触发的 INSERT 触发器后，什么时候能调用该触发器？

触发器是在数据表执行触发事件时自动执行的。本问题中的触发器是在表中创建的，而且是一个后触发的 INSERT 触发器，它会在表中执行 INSERT 操作之后自动触发。

12.6 跟我学上机

上机练习 1：创建触发器 num_sum。

创建一个触发器，要求每更新一次 persons 表的 num 字段后，都要更新 sales 表对应的 sum 字段。其中，persons 表结构如表 12-1 所示，sales 表结构如表 12-2 所示，persons 表内容如表 12-3 所示，按照操作过程完成操作。

表 12-1 persons 表结构

字 段 名	字段说明	数据类型	主 键	外 键	非 空	唯 一
name	varchar (40)	否	否	是	否	否
num	int(11)	否	否	是	否	否

表 12-2 sales 表结构

字 段 名	字段说明	数据类型	主 键	外 键	非 空	唯 一
name	varchar (40)	否	否	是	否	否
sum	int(11)	否	否	是	否	否

表 12-3　persons 表内容

name	num
xiaoming	20
xiaojun	69

(1)　创建一个 persons 表。

(2)　创建一个 sales 表。

(3)　创建触发器 num_sum。在更新过 persons 表的 num 字段后，更新 sales 表的 sum 字段。

上机练习 2：触发器 num_sum 的应用。

(1)　向 persons 表中插入记录。

(2)　查询 persons 表中的数据记录。

(3)　查询 sales 表中的数据记录。

第13章

MySQL 用户权限管理

MySQL 是一个多用户数据库，具有功能强大的访问控制系统，可以为不同用户指定允许的权限。MySQL 用户可以分为普通用户和 root 用户。root 用户是超级管理员，拥有很高的权限，包括创建用户、删除用户和修改用户的密码等管理权限；普通用户只拥有被授予的各种权限。用户管理包括管理用户账户、权限等。本章将向读者介绍 MySQL 用户管理中的相关知识点，包括权限表、账户管理和权限管理。

本章要点(已掌握的在方框中打勾)

☐ 认识权限表
☐ 掌握权限表的用法
☐ 掌握账户管理的方法
☐ 掌握权限管理的方法
☐ 掌握管理用户角色的用法

13.1 认识权限表

MySQL 服务器通过权限表来控制用户对数据库的访问，权限表存放在 mysql 数据库中，由 mysql_install_db 脚本初始化。存储账户权限信息表主要有：user、db、tables_priv、columns_priv 和 procs_priv，这些权限表中最重要的是 user 表和 db 表。

13.1.1 user 表

user 表是 MySQL 中最重要的一个权限表，可以使用 DESC 来查看 user 表的基本结构。user 表中记录着允许连接到服务器的账号信息，里面的权限是全局级的。例如，一个用户在 user 表中被授予了 DELETE 权限，那么该用户可以删除 MySQL 服务器上所有数据库中的任意记录。在 MySQL 中，user 表有 51 个字段，这些字段可以分为 4 类，分别是用户字段、权限字段、安全字段和资源控制字段。

1. 用户字段

user 表的用户字段包括 Host、User、authentication_string，分别表示主机名、用户名和密码。其中 user 和 host 为 user 表的联合主键。当用户与服务器之间建立连接时，输入的账户信息中的用户名称、主机名和密码必须与 user 表中对应的字段匹配，只有三个值都匹配时，才允许连接的建立。这三个字段的值就是创建账户时保存的账户信息。修改用户密码，实际就是修改 user 表的 authentication_string 字段的值。

2. 权限字段

权限字段决定了用户的权限，描述了在全局范围内允许对数据和数据库进行的操作。其包括查询权限、修改权限等普通权限，还包括关闭服务器、超级权限和加载用户等高级权限。普通权限用于操作数据库，高级权限用于数据库管理。

3. 安全字段

user 表中的安全字段有 6 个，其中两个是与 ssl 相关的，两个是与 x509 相关的，另外两个是与授权插件相关的。ssl 用于加密，x509 标准用于标识用户。Plugin 字段标识可以用于验证用户身份的插件，如果该字段为空，则服务器使用内建授权验证机制验证用户身份。用户可以通过 SHOW VARIABLES LIKE 'have_openssl'语句来查询服务器是否支持 ssl 功能。

4. 资源控制字段

资源控制字段用来限制用户使用的资源，包含以下 4 个字段。

(1) max_questions：用户每小时允许执行的查询操作次数。

(2) max_updates：用户每小时允许执行的更新操作次数。

(3) max_connections：用户每小时允许执行的连接操作次数。

(4) max_user_connections：用户允许同时建立的连接次数。

如果一个小时内用户查询或连接数量超过资源控制限制，则用户将被锁定，直到下一个小时，才可以再次执行对应的操作，用户可以使用 GRANT 语句更新这些字段的值。

13.1.2　db 表

db 表是 MySQL 数据中非常重要的权限表。db 表中存储了用户对某个数据库的操作权限，决定了用户能从哪个主机存取哪个数据库。

db 表的字段大致可以分为两类：用户列和权限列。

1．用户列

db 表用户列有 3 个字段，分别是 Host、User、Db，标识从某个主机连接某个用户对某个数据库的操作权限，这 3 个字段的组合构成了 db 表的主键。一般情况下，db 表就可以满足权限控制需求了。

2．权限列

db 表中 Create_priv 和 Alter_priv 这两个字段表明用户是否有创建和修改存储过程的权限。user 表中的权限是针对所有数据库的，如果希望用户只对某个数据库有操作权限，那么需要将 user 表中对应的权限设置为 N，然后在 db 表中设置对应数据库的操作权限。

例如，有一个名称为 Zhangting 的用户分别从名称为 large.domain.com 和 small.domain.com 的两个主机连接到数据库，并需要操作 books 数据库。这时，可以将用户名称 Zhangting 添加到 db 表中，而 db 表中的 Host 字段值为空，然后将两个主机地址分别作为两条记录的 Host 字段值添加到 host 表中，并将两个表的数据库字段设置为相同的值 books。当有用户连接到 MySQL 服务器时，如果 db 表中没有用户登录的主机名称，则 MySQL 会从 host 表中查找相匹配的值，并根据查询的结果决定用户的操作是否被允许。

13.1.3　tables_priv 表

tables_priv 表用来对表设置操作权限，使用"DESC tables_priv;"语句可以查看表的字段信息，如表 13-1 所示。

表 13-1　tables_priv 表字段信息

字　段　名	数据类型	默　认　值
Host	char(255)	
Db	char(64)	
User	char(32)	
Table_name	char(64)	
Grantor	varchar(288)	
Timestamp	timestamp	CURRENT_TIMESTAMP
Table_priv	set('Select','Insert','Update','Delete','Create','Drop','Grant', 'References','Index','Alter','Create View','Show view','Trigger'	
Column_priv	set('Select','Insert','Update','References')	

tables_priv 表中有 8 个字段，分别是 Host、Db、User、Table_name、Grantor、Timestamp、Table_priv 和 Column_priv，各个字段说明如下。

(1) Host 字段：主机名。

(2) Db 字段：数据库名。

(3) User 字段：用户名。

(4) Table_name 字段：表名。

(5) Grantor 字段：修改该记录的用户。

(6) Timestamp 字段：修改该记录的时间。

(7) Table_priv 字段：对表的操作权限包括 Select、Insert、Update、Delete、Create、Drop、Grant、References、Index 和 Alter。

(8) Column_priv 字段：对表中的列的操作权限包括 Select、Insert、Update 和 References。

13.1.4 columns_priv 表

columns_priv 表用来对表的某一列设置权限，使用"DESC columns_priv;"语句可以查看表的字段信息，如表 13-2 所示。

表 13-2 columns_priv 表结构

字段名	数据类型	默认值
Host	char(255)	
Db	char(64)	
User	char(32)	
Table_name	char(64)	
Column_name	char(64)	
Timestamp	timestamp	CURRENT_TIMESTAMP
Column_priv	set('Select','Insert','Update','References')	

columns_priv 表中有 7 个字段，分别是 Host、Db、User、Table_name、Column_name、Timestamp 和 Column_priv，其中 Column_name 用来指定对哪些数据列具有操作权限。

13.1.5 procs_priv 表

procs_priv 表可以对存储过程和存储函数设置操作权限。使用"DESC procs_priv;"语句可以查看表的字段信息，如表 13-3 所示。

procs_priv 表中有 8 个字段，分别是 Host、Db、User、Routine_name、Routine_type、Grantor、Proc_priv 和 Timestamp，各个字段的说明如下。

(1) Host、Db 和 User 字段：分别表示主机名、数据库名和用户名。

(2) Routine_name 字段：存储过程或存储函数的名称。

(3) Routine_type 字段：存储过程或存储函数的类型，有两个值，分别是 FUNCTION 和 PROCEDURE。FUNCTION 表示这是一个存储函数；PROCEDURE 表示这是一个存储过程。

(4) Grantor 字段：插入或修改该记录的用户。

(5) Proc_priv 字段：拥有的权限，包括 Execute、Alter Routine、Grant 三种。

(6) Timestamp 字段：记录更新时间。

表 13-3　procs_priv 表结构

字段名	数据类型	默认值
Host	char(255)	
Db	char(64)	
User	char(32)	
Routine_name	char(64)	
Routine_type	enum('FUNCTION','PROCEDURE')	NULL
Grantor	char(288)	
Proc_priv	set('Execute','Alter Routine','Grant')	
Timestamp	timestamp	CURRENT_TIMESTAMP

13.2　用户账户管理

MySQL 提供许多语句用来管理用户账号，这些语句可以用来管理包括登录和退出 MySQL 服务器、创建普通用户、删除普通用户、修改用户的密码等内容。MySQL 数据库的安全性，需要通过账户管理来保证。

13.2.1　登录和退出 MySQL 服务器

登录 MySQL 时，需使用 mysql 命令并在后面指定登录主机以及用户名和密码。本小节将详细介绍 mysql 命令的常用参数以及登录和退出 MySQL 服务器的方法。

通过 mysql –help 命令可以查看 mysql 命令帮助信息。mysql 命令的常用参数如下。

(1) -h 主机名，可以使用该参数指定主机名或 ip，如果不指定，则默认是 localhost。

(2) -u 用户名，可以使用该参数指定用户名。

(3) -p 密码，可以使用该参数指定登录密码。如果该参数后面有一段字段，则该段字符串将作为用户的密码直接登录。如果后面没有内容，则登录的时候会提示输入密码。注意：该参数后面的字符串和-p 之前不能有空格。

(4) -P 端口号，该参数后面接 MySQL 服务器的端口号，默认值为 3306。

(5) 数据库名，可以在命令的最后指定数据库名。

(6) -e 执行 sql 语句。如果指定了该参数，将在登录后执行-e 后面的命令或 sql 语句并退出。

实例 1　使用 root 用户登录 MySQL 服务器

使用 root 用户登录到本地 MySQL 服务器的 school 库中，执行语句如下：

```
MySQL -h localhost -u root -p school
```

执行结果如下：

```
C:\Program Files\MySQL\MySQL Server 8.0\bin>MySQL -h localhost -u root -p
school
Enter password: *******
Welcome to the MySQL monitor.  Commands end with ; or \g.
Your MySQL connection id is 11
Server version: 8.0.17 MySQL Community Server - GPL
Copyright (c) 2000, 2019, Oracle and/or its affiliates. All rights reserved.
Oracle is a registered trademark of Oracle Corporation and/or its
affiliates. Other names may be trademarks of their respective
owners.
Type 'help;' or '\h' for help. Type '\c' to clear the current input
statement.
mysql>
```

执行语句时，会提示 Enter password:，如果没有设置密码，可以直接按 Enter 键；如果已设置正确密码后，就可以直接登录到服务器下面的 school 数据库中。

实例 2 使用 root 用户登录 MySQL 服务器并执行查询操作

使用 root 用户登录到本地 MySQL 服务器的 school 数据库中，同时执行一条查询语句。执行语句如下：

```
MySQL -h localhost -u root -p school -e "DESC students;"
```

执行结果如下：

```
C:\Program Files\MySQL\MySQL Server 8.0\bin>MySQL -h localhost -u root -p
mydb -e "DESC students;"
Enter password: *******
+-------------+--------------+------+-----+---------+-------+
| Field       | Type         | Null | Key | Default | Extra |
+-------------+--------------+------+-----+---------+-------+
| id          | int          | NO   | PRI | NULL    |       |
| name        | varchar(20)  | YES  |     | NULL    |       |
| age         | int          | YES  |     | NULL    |       |
| birthplace  | varchar(20)  | YES  |     | NULL    |       |
| tel         | varchar(20)  | YES  |     | NULL    |       |
| remark      | varchar(200) | YES  |     | NULL    |       |
+-------------+--------------+------+-----+---------+-------+
```

按照提示输入密码，执行语句完成后查询出 students 表的结构，查询返回之后会自动退出 MySQL。

13.2.2　创建普通用户

创建普遍用户，必须有相应的权限来执行创建操作。在 MySQL 数据库中，使用 CREATE USER 语句可以创建新用户。

执行 CREATE USER 语句时，服务器会修改相应的用户授权表，添加或者修改用户及其权限，其基本语法格式如下：

```
CREATE USER user_specification
    [, user_specification] ...
user_specification:
```

```
user@host
[
    IDENTIFIED BY [PASSWORD] 'password'
  | IDENTIFIED WITH auth_plugin [AS 'auth_string']
]
```

主要参数的含义如下。

(1) user：创建的用户名称。

(2) host：允许登录的用户主机名称。

(3) IDENTIFIED BY：用来设置用户的密码。

(4) [PASSWORD]：使用哈希值设置密码，该参数可选。

(5) 'password'：用户登录时使用的普通明文密码。

(6) IDENTIFIED WITH 语句：用户指定一个身份验证插件。

(7) auth_plugin：插件的名称，其可以是一个带单引号的字符串，或者带双引号的字符串。

(8) auth_string：可选的字符串参数，该参数将被传递给身份验证插件，由插件解释该参数的意义。

实例3　使用 CREATE 语句创建普通用户

使用 CREATE USER 语句创建一个用户，用户名是 newuser，密码是 123456，主机名是 localhost，执行语句如下：

```
CREATE USER 'newuser'@'localhost' IDENTIFIED BY '123456';
```

 注意

如果只指定用户名部分'newuser'，主机名部分则默认为'%'(即对所有的主机开放权限)。

user_specification 参数告诉 MySQL 服务器当用户登录时怎么验证用户的登录授权。如果指定用户登录不需要密码，可以省略 IDENTIFIED BY 部分，具体的 SQL 语句如下：

```
CREATE USER 'newuser'@'localhost';
```

另外，使用 CREATE USER 还可以创建空密码普通用户，用户名为"newuser_01"，主机名为"localhost"，用户登录密码为空，执行语句如下：

```
CREATE USER 'newuser_01'@'localhost';
```

即可完成用户的创建，此时用户 newuser_01 的登录密码为空。

先选择 mysql 数据库，然后使用 SELECT 语句查看 user 表中的记录，执行语句如下：

```
mysql> SELECT host,user FROM user;
+-----------+--------------------+
| host      | user               |
+-----------+--------------------+
| localhost | mysql.infoschema   |
| localhost | mysql.session      |
| localhost | mysql.sys          |
| localhost | newuser            |
| localhost | newuser_01         |
| localhost | root               |
+-----------+--------------------+
```

从结果中可以看到已经创建好的新用户。

13.2.3 删除普通用户

在 MySQL 数据库中，可以使用 DROP USER 语句删除用户，也可以使用 DELETE 语句直接从 mysql.user 表中删除对应的记录来删除用户。

1. 使用 DROP USER 语句删除用户

DROP USER 语句的语法格式如下:

```
DROP USER user [, user];
```

DROP USER 语句用于删除一个或多个 MySQL 账户。要使用 DROP USER 语句，必须拥有 MySQL 数据库的全局 CREATE USER 权限或 DELETE 权限。使用与 GRANT 或 REVOKE 相同的格式为每个账户命名，例如，"'jeffrey'@'localhost'"账户名称的用户和主机部分与用户表记录的 User 和 Host 列值相对应。

使用 DROP USER 语句，可以删除一个账户及其权限，执行语句如下:

```
DROP USER 'user'@'localhost';
DROP USER;
```

第一条语句可以删除 user 表在本地的登录权限；第二条语句可以删除来自所有授权表的账户权限记录。

实例 4 使用 DROP 语句删除普通用户

使用 DROP USER 语句删除账户"'newuser'@'localhost'"，DROP USER 执行语句如下:

```
DROP USER 'newuser'@'localhost';
```

执行结果如下:

```
mysql> SELECT host,user FROM mysql.user ;
+-----------+------------------+
| host      | user             |
+-----------+------------------+
| localhost | mysql.infoschema |
| localhost | mysql.session    |
| localhost | mysql.sys        |
| localhost | newuser_01       |
| localhost | root             |
+-----------+------------------+
```

从结果可以看出，user 表中已经没有名称为 newuser、主机名为 localhost 的账户，即"newuser'@'localhost"的用户账号已经被删除。

2. 使用 DELETE 语句删除用户

除了使用 DROP USER 语句删除用户外，还可以使用 DELETE 语句删除用户，其语法格式如下:

```
DELETE FROM MySQL.user WHERE host='hostname' and user='username'
```

主要参数 host 和 user 为 user 表中的两个字段，两个字段的组合确定所要删除的账户记录。

实例 5　使用 DELETE 语句删除普通用户

使用 DELETE 语句删除用户'newuser_01'@'localhost'，执行语句如下：

```
DELETE FROM mysql.user WHERE host='localhost' and user='newuser_01';
```

执行语句成功后，接下来查询删除结果，执行语句如下：

```
mysql> SELECT host,user FROM mysql.user ;
+-----------+------------------+
| host      | user             |
+-----------+------------------+
| localhost | mysql.infoschema |
| localhost | mysql.session    |
| localhost | mysql.sys        |
| localhost | root             |
+-----------+------------------+
```

从结果可以看出，user 表中已经没有名称为 newuser_01、主机名为 localhost 的账户，即
"newuser_01'@'localhost" 的用户账号已经被删除。

13.2.4　修改用户的密码

root 用户登录 MySQL 服务器后，可以通过 SET 语句修改 MySQL.user 表，也可以通过
UPDATE 语句修改用户的密码。

创建用户 user，执行命令如下：

```
MySQL>CREATE USER 'user'@'localhost' IDENTIFIED BY 'my123';
```

实例 6　使用 SET 语句修改用户的密码

使用 SET 语句将 user 用户的密码修改为 "sa123"，使用 root 用户登录到 MySQL 服务器
后，执行语句如下：

```
MySQL> SET PASSWORD FOR 'user'@'localhost' = 'sa123';
```

SET 语句执行成功，user 用户的密码被成功设置为 "sa123"。

实例 7　使用 UPDATE 语句修改用户的密码

使用 root 用户登录到 MySQL 服务器后，可以使用 UPDATE 语句修改 MySQL 数据库的
user 表的 password 字段，从而修改普通用户的密码。使用 UPDATA 语句修改用户密码的语法
格式如下：

```
UPDATE MySQL.user SET authentication_string=MD5("123456")
WHERE User="username" AND Host="hostname";
```

MD5()函数用来加密用户密码。执行 UPDATE 语句后，需要执行 FLUSH PRIVILEGES
语句重新加载用户权限。

使用 UPDATE 语句将 user 用户的密码修改为 "sns123"。

使用 root 用户登录到 MySQL 服务器后,执行语句如下:

```
MySQL> UPDATE MySQL.user SET authentication_string =MD5("sns123")
    WHERE User="user" AND Host="localhost";
MySQL> FLUSH PRIVILEGES;
```

执行完 UPDATE 语句后,user 用户的密码被修改为"sns123"。使用 FLUSH PRIVILEGES 重新加载权限,就可以使用新的密码登录 user 用户了。

13.3   用户权限的管理

创建用户完成后,可以进行权限管理,包括授权、查看权限和收回权限等。

13.3.1   认识用户权限

授权就是为某个用户授予权限,合理的授权可以保证数据库的安全。MySQL 数据库中可以使用 GRANT 语句为用户授予权限,授予的权限可以分为以下几个层级。

1. 全局层级权限

全局层级权限适用于一个给定服务器中的所有数据库。这些权限存储在 mysql.user 表中。GRANT ALL ON *.*和 REVOKE ALL ON *.*只授予和撤销全局权限。

2. 数据库层级权限

数据库层级权限适用于一个给定数据库中的所有目标。这些权限存储在 mysql.db 和 mysql.host 表中。GRANT ALL ON db_name.和 REVOKE ALL ON db_name.*只授予和撤销数据库权限。

3. 表层级权限

表层级权限适用于一个给定表中的所有列。这些权限存储在 mysql.talbes_priv 表中。GRANT ALL ON db_name.tbl_name 和 REVOKE ALL ON db_name.tbl_name 只授予和撤销表权限。

4. 列层级权限

列层级权限适用于一个给定表中的单一列。这些权限存储在 mysql.columns_priv 表中。当使用 REVOKE 时,必须指定与被授权列相同的列。

5. 子程序层级

CREATE ROUTINE、ALTER ROUTINE、EXECUTE 和 GRANT 权限适用于已存储的子程序层级。这些权限可以被授予为全局层级和数据库层级。而且,除了 CREATE ROUTINE 外,其余权限可以被授予为子程序层级,并存储在 mysql.procs_priv 表中。

13.3.2　授予用户权限

MySQL 中必须拥有 GRANT 权限的用户才可以执行 GRANT 语句。要使用 GRANT 或 REVOKE，必须拥有 GRANT OPTION 权限，并且必须用于正在授予或撤销的权限，GRANT 的语法格式如下：

```
GRANT priv_type [(columns)] [, priv_type [(columns)]] ...
ON [object_type] table1, table2,…, tablen
TO user
object_type = TABLE | FUNCTION | PROCEDURE
```

各个参数的含义如下。

(1)　priv_type：权限类型。

(2)　columns：权限作用于哪些列上，不指定该参数，表示作用于整个表。

(3)　table1,table2,…,table n：授予权限的列所在的表。

(4)　object_type：指定授权作用的对象类型包括 TABLE(表)、FUNCTION(函数)、PROCEDURE(存储过程)。当从旧版本的 MySQL 升级时，要使用 object_tpye 子句，必须升级授权表。

(5)　user：用户账户，由用户名和主机名构成，形式是"'username'@'hostname'"。

实例 8　使用 GRANT 语句授予用户权限

创建 admin 用户，密码为"admin"，GRANT 语句格式如下：

```
mysql> CREATE USER admin IDENTIFIED BY 'admin';
```

使用 GRANT 语句赋予 admin 用户对所有数据有查询、插入权限：

```
mysql> GRANT SELECT,INSERT ON *.* TO 'admin'@'%' with grant option;
```

使用 SELECT 语句查询 admin 用户的权限：

```
mysql> SELECT Host,User,Select_priv,Insert_priv, Grant_priv FROM mysql.user
where user='admin';
+------+-------+-------------+-------------+-------------+
| Host | User  | Select_priv | Insert_priv | Grant_priv  |
+------+-------+-------------+-------------+-------------+
| %    | admin | Y           | Y           | Y           |
+------+-------+-------------+-------------+-------------+
```

查询结果显示，"admin"用户被赋予了 SELECT、INSERT 和 GRANT 权限，其相应字段值均为"Y"。被授予 GRANT 权限的用户可以登录 MySQL 并创建其他用户账户，在这里为名称是"admin"的用户。

13.3.3　查看用户权限

SHOW GRANTS 语句可以显示指定用户的权限信息，使用 SHOW GRANTS 查看账户信息的基本语法格式如下：

```
SHOW GRANTS FOR 'user'@'host';
```

各个参数的含义如下。

(1) user：登录用户的名称。

(2) host：登录的主机名称或者 IP 地址。

(3) 在使用该语句时，要确保指定的用户名和主机名都要用单引号括起来，并使用"@"符号，将两个名字分隔开。

实例 9 使用 SHOW GRANTS 语句查看用户权限信息

使用 SHOW GRANTS 语句查询用户的权限信息，SHOW GRANTS 语句及其执行结果如下：

```
MySQL> SHOW GRANTS FOR 'admin'@'%';
+-----------------------------------------------------------------------+
| Grants for user@%                                                     |
+-----------------------------------------------------------------------+
| GRANT SELECT, INSERT ON *.* TO 'user'@'localhost' WITH GRANT OPTION |
+-----------------------------------------------------------------------+
```

返回结果的以 GRANT SELECT 关键字开头，表示用户被授予了 SELECT 权限；*.*表示 SELECT 权限作用于所有数据库的所有数据表。

另外，在前面创建用户时，查看新建的账户时使用了 SELECT 语句，也可以通过 SELECT 语句查看 user 表中的各个权限字段来确定用户的权限信息，其基本语法格式如下：

```
SELECT privileges_list FROM mysql.user WHERE User='username', Host='hostname';
```

其中，privileges_list 为想要查看的权限字段，可以为 Select_priv、Insert_priv 等，读者可以根据需要选择需要查询的字段。

实例 10 使用 SELECT 语句查看用户权限信息

使用 SELECT 语句查询用户 admin 的权限信息，执行语句如下：

```
MySQL>SELECT User,Select_priv FROM user where User='admin';
+-----------+---------------+
| User      | Select_priv   |
+-----------+---------------+
| myuser    |       Y       |
+-----------+---------------+
```

结果返回为"Y"，表示该用户具备查询权限。

13.3.4 收回用户权限

收回用户权限就是取消已经授予用户的某些权限。在 MySQL 数据库中，使用 REVOKE 语句可以收回用户权限。

REVOKE 语句有两种语法格式，第一种语法是收回所有用户的所有权限，此语法用于取消对于已命名的用户的所有全局层级、数据库层级、表层级和列层级的权限，其语法格式如下：

```
REVOKE ALL PRIVILEGES, GRANT OPTION
FROM 'user'@'host' '[, 'user'@'host' ...]
```

REVOKE 语句必须和 FROM 语句一起使用，FROM 语句指明需要收回权限的账户。

另一种为长格式的 REVOKE 语句，基本语法格式如下：

```
REVOKE priv_type [(columns)] [, priv_type [(columns)]] ...
ON table1, table2,…, tablen
FROM 'user'@'host'[, 'user'@ 'host' ...]
```

该语法可收回指定的权限。其中，priv_type 参数表示权限类型；columns 参数表示权限作用于哪些列上，不指定该参数，表示作用于整个表；table1,table2,…,tablen 表示从哪个表中收回权限；'user'@'host'参数表示用户账户，由用户名和主机名构成。

要使用 REVOKE 语句，必须拥有 MySQL 数据库的全局 CREATE USER 权限或 UPDATE 权限。

实例 11　使用 REVOKE 语句收回用户权限

使用 REVOKE 语句取消用户 admin 的查询权限，执行语句如下：

```
mysql> REVOKE SELECT ON *.* FROM 'admin'@'%';
ERROR 1227 (42000): Access denied; you need (at least one of) the
SYSTEM_USER privilege(s) for this operation
```

这里发生了报错信息，显示权限不够。MySQL 8 新增了一个 system_user 账户类型，由于 root 用户没有 SYSTEM_USER 权限，导致错误出现，为 root 用户添加权限：

```
mysql> grant system_user on *.* to 'root';
```

再次使用 REVOKE 语句取消用户 admin 的查询权限，执行语句如下：

```
REVOKE SELECT ON *.* FROM 'admin'@'%';
Query OK, 0 rows affected (0.00 sec)
```

执行结果显示，执行成功，使用 SELECT 语句查询用户 admin 的权限，执行语句如下：

```
MySQL>SELECT User,Select_priv FROM user where User='admin';
+------------+-------------+
| User       | Select_priv |
+------------+-------------+
| admin      |      N      |
+------------+-------------+
```

查询结果显示，用户 admin 的 Select_priv 字段值为"N"，表示 SELECT 权限已经被收回。

13.4　用户角色的管理

在 MySQL 8.0 数据库中，角色可以看作一些权限的集合，为用户赋予统一的角色，权限的修改直接通过角色来进行，无须为每个用户单独授权。

13.4.1　创建角色

使用 CREATE ROLE 语句可以创建角色，具体的语法格式如下：

```
CREATE ROLE role_name [AUTHORIZATION OWNER_name];
```

主要参数介绍如下。

- role_name：角色名称。该角色名称不能与数据库固定角色名称重名；
- OWNER_name：用户名称。角色所作用的用户名称，如果省略了该名称，角色就会被创建到当前数据库的用户上。

实例 12　创建角色 newrole

创建角色 newrole，执行语句如下：

```
CREATE ROLE newrole;
```

13.4.2　给角色授权

角色创建完成后，还可以根据需要给角色授予查询权限。

实例 13　给角色 newrole 授予查询权限

给角色 newrole 授予查询权限，执行语句如下：

```
mysql> GRANT SELECT ON db.* to 'newrole';
```

下面再来创建一个用户 myuser，并将这个用户赋予角色 newrole，创建用户 myuser 的语句如下：

```
mysql> CREATE USER 'myuser'@'%' identified by '123456';
```

下面为用户 myuser 赋予角色 newrole，执行语句如下：

```
mysql> GRANT 'newrole' TO 'myuser'@'%';
```

接下来给角色 newrole 授予 INSERT 权限，执行语句如下：

```
mysql> GRANT INSERT ON db.* to 'newrole';
```

除了给角色授予权限外，还可以删除角色的相关权限。例如，删除角色 newrole 的 INSERT 权限，执行语句如下：

```
mysql> REVOKE INSERT ON db.* FROM 'newrole';
```

当角色与用户创建完成后，还可以查看角色与用户的关系，执行语句如下：

```
mysql> SELECT * FROM mysql.role_edges;
+-----------+-----------+---------+---------+-------------------+
| FROM_HOST | FROM_USER | TO_HOST | TO_USER | WITH_ADMIN_OPTION |
+-----------+-----------+---------+---------+-------------------+
| %         | newrole   | %       | myuser  | N                 |
+-----------+-----------+---------+---------+-------------------+
```

由执行结果中可以看出，角色与用户的关系。

13.4.3　删除角色

对于不用的角色，我们可以将其删除，使用 DROP ROLE 语句可以删除角色信息，具体的语法格式如下：

```
DROP ROLE role_name;
```

role_name 为要删除的角色名称，注意：在删除不用的角色之前，先要将角色所在的数据库使用 USE 语句打开。

实例 14　删除角色 newrole

删除角色 newrole，执行语句如下：

```
DROP ROLE newrole;
```

13.5　疑 难 解 惑

疑问 1：root 用户如何修改自己的密码？

root 用户的安全对于保证 MySQL 的安全非常重要，因为 root 用户拥有很高的权限。下面讲述如何修改 root 用户的密码。

因为所有账户信息都保存在 user 表中，所以可以通过直接修改 user 表来改变 root 用户的密码。root 用户登录到 MySQL 服务器后，使用 UPDATE 语句修改 MySQL 数据库的 user 表的 authentication_string 字段，从而修改用户的密码。使用 UPDATE 语句修改 root 用户密码的执行语句如下：

```
UPDATE mysql.user set authentication_string= MD5 ("123456") WHERE
User="root" and Host="localhost";
```

PASSWORD()函数用来加密用户密码。执行 UPDATE 语句后，需要执行 FLUSH PRIVILEGES 语句重新加载用户权限。

疑问 2：为什么会出现已经将一个账户的信息从数据库中完全删除，该用户还能登录数据库的情况？

出现这种情况的原因有多种，最有可能的是在 user 表中存在匿名账户。在 user 表中匿名账户的 User 字段值为空字符串，这会允许任何人连接到数据库，检测是否存在匿名登录用户的方法是输入以下语句：

```
SELECT * FROM user WHERE User='';
```

如果有记录返回，则说明存在匿名用户，需要删除该记录，以保证数据库的访问安全，删除语句如下：

```
DELETE FROM user WHERE user='';
```

由结果可以看出，匿名账户肯定不能登录 MySQL 服务器了。

13.6　跟我学上机

上机练习 1：登录 MySQL 服务器并创建新用户。

(1)　打开 MySQL 客户端工具，输入登录命令，登录 MySQL。

(2)　选择 MYSQL 数据库为当前数据库。

(3)　创建新账户，用户名为"newAdmin"，密码为"pw1"，允许其从本地主机访问 MySQL。

(4)　在 user 表中查询 user 名为 newAdmin 的账户信息。

(5)　在 tables_priv 表中查询 user 名为 newAdmin 的权限信息。

(6)　在 columns_priv 表中查询 user 名为 newAdmin 的权限信息。

(7)　使用 SHOW GRANTS 语句查看 newAdmin 的权限信息。

上机练习 2：使用新用户登录 MySQL 服务。

(1)　登录前先退出当前登录，使用 EXIT 命令。

(2)　使用 newAdmin 账户登录 MySQL。

(3)　使用 newAdmin 账户查看 test_db 数据库中 person_dd 表中的数据。

(4)　使用 newAdmin 账户向 person_dd 表中插入一条新记录，查看语句执行结果。

(5)　退出当前登录，使用 root 用户重新登录，收回 newAdmin 账户的权限。

(6)　输入语句收回 newAdmin 账户的权限。

(7)　删除 newAdmin 的账户信息。

第14章

数据备份与还原

　　保证数据安全最重要的一个措施就是定期对数据进行备份。如果数据库中的数据丢失或者出现错误，可以使用备份的数据进行还原。本章就来介绍数据的备份与还原，主要内容包括数据的备份、数据的还原、数据库的迁移以及数据表的导入与导出等。

本章要点(已掌握的在方框中打勾)

☐ 了解数据的备份
☐ 掌握各种数据备份的方法
☐ 掌握各种数据还原的方法
☐ 掌握数据库迁移的方法
☐ 掌握表的导入和导出方法

14.1　数据的备份

数据备份是数据库管理员非常重要的工作之一。系统意外崩溃或者硬件的损坏都可能导致数据库的丢失，因此 MySQL 管理员应该定期备份数据库，使 MySQL 数据库在意外情况发生时，尽可能减少损失。

14.1.1　使用 mysqldump 命令备份

mysqldump 命令是 MySQL 提供的一个非常有用的数据库备份工具。mysqldump 命令执行时，可以将数据库备份成一个文本文件，该文件中包含了多个 CREATE 语句和 INSERT 语句，使用这些语句可以重新创建表和插入数据，基本语法格式如下：

```
mysqldump -u user -h host -ppassword dbname[tbname, [tbname...]]> filename.sql
```

主要参数介绍如下。

- user：用户名称。
- host：登录用户的主机名称。
- ppassword：登录密码。
- dbname：需要备份的数据库名称。
- tbname：dbname 数据库中需要备份的数据表，可以指定多个需要备份的表。
- 右箭头符号">"：告诉 mysqldump 将备份数据表的定义和数据写入备份文件。
- filename.sql：备份文件的名称。

1. 使用 mysqldump 命令备份单个数据库中的所有表

为了更好地理解 mysqldump 工具是如何工作的，本章给出一个完整的数据库例子。首先登录 MySQL 数据库，按下面数据库结构创建 booksDB 数据库和各个表，并插入数据记录，数据库和表定义如下：

```
CREATE DATABASE booksDB;
use booksDB;

CREATE TABLE books
(
    bk_id INT NOT NULL PRIMARY KEY,
    bk_title VARCHAR(50) NOT NULL,
    copyright YEAR NOT NULL
);
INSERT INTO books
VALUES (11078, 'Learning MySQL', 2010),
(11033, 'Study Html', 2011),
(11035, 'How to use php', 2003),
(11072, 'Teach yourself javascript', 2005),
(11028, 'Learning C++', 2005),
(11069, 'MySQL professional', 2009),
(11026, 'Guide to MySQL 8.0', 2008),
(11041, 'Inside VC++', 2011);
```

```
CREATE TABLE authors
(
    auth_id INT NOT NULL PRIMARY KEY,
    auth_name VARCHAR(20),
    auth_gender CHAR(1)
);
INSERT INTO authors
VALUES (1001, 'WriterX' ,'f'),
(1002, 'WriterA' ,'f'),
(1003, 'WriterB' ,'m'),
(1004, 'WriterC' ,'f'),
(1011, 'WriterD' ,'f'),
(1012, 'WriterE' ,'m'),
(1013, 'WriterF' ,'m'),
(1014, 'WriterG' ,'f'),
(1015, 'WriterH' ,'f');
```

实例 1 使用 mysqldump 命令备份单个数据库中的所有表

完成数据插入后打开操作系统命令行输入窗口，输入备份语句如下：

```
C:\ > mysqldump -u root -p booksdb > C:/backup/booksdb_20220612.sql
Enter password: ******
```

提示 这里要保证 C 盘下 backup 文件夹存在，否则将提示错误信息：系统找不到指定的路径。

输入密码之后，MySQL 便对数据库进行备份，在 C:\backup 文件夹下面可以查看刚才备份过的文件，如图 14-1 所示。

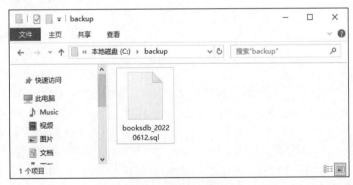

图 14-1 查看备份文件

使用记事本打开文件可以看到其部分文件内容，具体语句如下：

```
-- MySQL dump 10.13  Distrib 8.0.17, for Win64 (x86_64)
--
-- Host: localhost    Database: booksdb
-- ------------------------------------------------------
-- Server version    8.0.17

/*!40101 SET @OLD_CHARACTER_SET_CLIENT=@@CHARACTER_SET_CLIENT */;
/*!40101 SET @OLD_CHARACTER_SET_RESULTS=@@CHARACTER_SET_RESULTS */;
```

```
/*!40101 SET @OLD_COLLATION_CONNECTION=@@COLLATION_CONNECTION */;
/*!50503 SET NAMES utf8mb4 */;
/*!40103 SET @OLD_TIME_ZONE=@@TIME_ZONE */;
/*!40103 SET TIME_ZONE='+00:00' */;
/*!40014 SET @OLD_UNIQUE_CHECKS=@@UNIQUE_CHECKS, UNIQUE_CHECKS=0 */;
/*!40014 SET @OLD_FOREIGN_KEY_CHECKS=@@FOREIGN_KEY_CHECKS,
FOREIGN_KEY_CHECKS=0 */;
/*!40101 SET @OLD_SQL_MODE=@@SQL_MODE, SQL_MODE='NO_AUTO_VALUE_ON_ZERO' */;
/*!40111 SET @OLD_SQL_NOTES=@@SQL_NOTES, SQL_NOTES=0 */;


--
UNLOCK TABLES;


--
-- Table structure for table 'authors'
--


DROP TABLE IF EXISTS 'authors';
/*!40101 SET @saved_cs_client     = @@character_set_client */;
/*!50503 SET character_set_client = utf8mb4 */;
CREATE TABLE 'authors' (
  'auth_id' int(11) NOT NULL,
  'auth_name' varchar(20) DEFAULT NULL,
  'auth_gender' char(1) DEFAULT NULL,
  PRIMARY KEY ('auth_id')
) ENGINE=InnoDB DEFAULT CHARSET=utf8mb4 COLLATE=utf8mb4_0900_ai_ci;
/*!40101 SET character_set_client = @saved_cs_client */;


--
-- Dumping data for table 'authors'
--


LOCK TABLES 'authors' WRITE;
/*!40000 ALTER TABLE 'authors' DISABLE KEYS */;
INSERT INTO 'authors' VALUES
(1001,'WriterX','f'),(1002,'WriterA','f'),(1003,'WriterB','m'),(1004,'Writer
C','f'),(1011,'WriterD','f'),(1012,'WriterE','m'),(1013,'WriterF','m'),(1014
,'WriterG','f'),(1015,'WriterH','f');
/*!40000 ALTER TABLE 'authors' ENABLE KEYS */;
UNLOCK TABLES;


--
-- Table structure for table 'books'
--


DROP TABLE IF EXISTS 'books';
/*!40101 SET @saved_cs_client     = @@character_set_client */;
/*!50503 SET character_set_client = utf8mb4 */;
CREATE TABLE 'books' (
  'bk_id' int(11) NOT NULL,
  'bk_title' varchar(50) NOT NULL,
  'copyright' year(4) NOT NULL,
  PRIMARY KEY ('bk_id')
) ENGINE=InnoDB DEFAULT CHARSET=utf8mb4 COLLATE=utf8mb4_0900_ai_ci;
/*!40101 SET character_set_client = @saved_cs_client */;


--
-- Dumping data for table 'books'
--
```

```
LOCK TABLES 'books' WRITE;
/*!40000 ALTER TABLE 'books' DISABLE KEYS */;
INSERT INTO 'books' VALUES (11026,'Guide to MySQL
8.0',2008),(11028,'Learning C++',2005),(11033,'Study Html',2011),(11035,'How
to use php',2003),(11041,'Inside VC++',2011),(11069,'MySQL
professional',2009),(11072,'Teach yourself
javascript',2005),(11078,'Learning MySQL',2010);
/*!40000 ALTER TABLE 'books' ENABLE KEYS */;
UNLOCK TABLES;
/*!40103 SET TIME_ZONE=@OLD_TIME_ZONE */;

/*!40101 SET SQL_MODE=@OLD_SQL_MODE */;
/*!40014 SET FOREIGN_KEY_CHECKS=@OLD_FOREIGN_KEY_CHECKS */;
/*!40014 SET UNIQUE_CHECKS=@OLD_UNIQUE_CHECKS */;
/*!40101 SET CHARACTER_SET_CLIENT=@OLD_CHARACTER_SET_CLIENT */;
/*!40101 SET CHARACTER_SET_RESULTS=@OLD_CHARACTER_SET_RESULTS */;
/*!40101 SET COLLATION_CONNECTION=@OLD_COLLATION_CONNECTION */;
/*!40111 SET SQL_NOTES=@OLD_SQL_NOTES */;

-- Dump completed on 2022-06-12 18:49:41
```

可以看到，备份文件包含了一些信息，文件开头首先表明了备份文件使用的 mysqldump 工具的版本号；然后是备份账户的名称和主机信息，以及备份的数据库的名称，最后是 MySQL 服务器的版本号，在这里为 8.0.17。

接下来是一些 SET 语句，这些语句将一些系统变量值赋予用户定义变量，以确保被恢复的数据库的系统变量和原来备份时的变量相同，例如：

```
/*!40101 SET @OLD_CHARACTER_SET_CLIENT=@@CHARACTER_SET_CLIENT */;
```

该 SET 语句将当前系统变量 CHARACTER_SET_CLIENT 的值赋予用户定义变量 @OLD_CHARACTER_SET_CLIENT。其他变量与此类似。

备份文件的最后几行，MySQL 使用 SET 语句恢复服务器系统变量原来的值，例如：

```
/*!40101 SET CHARACTER_SET_CLIENT=@OLD_CHARACTER_SET_CLIENT */;
```

该语句将用户定义的变量@OLD_CHARACTER_SET_CLIENT 中保存的值赋给实际的系统变量 CHARACTER_SET_CLIENT。

备份文件中的"--"字符开头的行为注释语句；以"/*!"开头、"*/"结尾的语句为可执行的 MySQL 注释，这些语句可以被 MySQL 执行，但在其他数据库管理系统中将被作为注释忽略，这可以提高数据库的可移植性。

另外注意到，备份文件开始的一些语句以数字开头，这些数字代表了 MySQL 版本号，该数字告诉我们，这些语句只有在指定的 MySQL 版本或者比该版本高的情况下才能执行。例如，40101，表明这些语句只有在 MySQL 版本号为 4.01.01 或者更高的条件下才可以被执行。

2. 使用 mysqldump 命令备份数据库中的某个表

Mysqldump 命令的语法在前文介绍过，它还可以用来备份数据中的某个表，其语法格式为：

```
mysqldump -u user -h host -p dbname  [tbname, [tbname...]] > filename.sql
```

其中，tbname 表示数据库中的表名，多个表名之间用空格隔开。

> **提示**   备份表和备份数据库中所有表的语句不同之处在于,要在数据库名称 dbname 之后指定需要备份的表名称。

实例 2   使用 mysqldump 命令备份单个数据库中的单个表

备份 booksDB 数据库中的 books 表,执行语句如下:

```
C:\ > mysqldump -u root -p booksDB books > C:/backup/books_20220612.sql
```

该语句创建名称为 books_20220612.sql 的备份文件,文件中包含了前文介绍的 SET 语句等内容,不同的是,该文件只包含 books 表的 CREATE 语句和 INSERT 语句。在 C:\backup 文件夹下面可以查看备份过的文件 books_20220612.sql。

3. 使用 mysqldump 命令备份多个数据库

如果要使用 mysqldump 命令备份多个数据库,则需要使用--databases 参数。备份多个数据库的语句格式如下:

```
mysqldump -u user -h host -p --databases [dbname, [dbname...]] > filename.sql
```

其中,使用--databases 参数之后,必须指定至少一个数据库的名称,多个数据库名称之间用空格隔开。

实例 3   使用 mysqldump 命令备份多个数据库

使用 mysqldump 命令备份 booksDB 和 hotel 数据库,执行语句如下:

```
C:\ > mysqldump -u root -p --databases  booksDB hotel>
C:\backup\books_testDB_20220612.sql
```

该语句创建名称为 books_testDB_20220612.sql 的备份文件,文件中包含创建两个数据库 booksDB 和 hotel 所必需的所有语句。在 C:\backup 文件夹下面可以查看备份过的文件 books_testDB_20220612.sql。

4. 使用 mysqldump 命令备份所有数据库

使用--all-databases 参数可以备份系统中所有的数据库,执行语句如下:

```
mysqldump -u user -h host -p --all-databases > filename.sql
```

当使用参数--all-databases 时,则不需要指定数据库名称。

实例 4   使用 mysqldump 命令备份所有数据库

使用 mysqldump 命令备份服务器中的所有数据库,执行语句如下:

```
C:\ >mysqldump -u root -p --all-databases > C:/backup/alldbinMySQL.sql
```

该语句创建名称为 alldbinMySQL.sql 的备份文件,文件中包含了对系统中所有数据库的备份信息。在 C:\backup 文件夹下面可以查看备份过的文件 alldbinMySQL.sql。

14.1.2　使用 mysqlhotcopy 命令快速备份

如果在服务器上进行备份，并且表均为 MyISAM 表，应考虑使用 mysqlhotcopy 命令，因为其可以更快地进行备份和恢复。

mysqlhotcopy 是一个 Perl 脚本，它使用 LOCK TABLES、FLUSH TABLES 和 cp 或 scp 来快速备份数据库。它是备份数据库或单个表的最快途径，但它只能运行在数据库目录所在的机器上，并且只能备份 MyISAM 类型的表。mysqlhotcopy 命令在 UNIX 系统中运行，其语法格式如下：

```
mysqlhotcopy db_name_1, ... db_name_n /path/to/new_directory
```

主要参数介绍如下。

- db_name_1,…,db_name_n：分别为需要备份的数据库的名称。
- /path/to/new_directory：指定备份文件目录。

实例5　使用 mysqlhotcopy 命令备份数据库

使用 mysqlhotcopy 命令备份 mydb 数据库到/user/backup 目录下，执行语句如下：

```
mysqlhotcopy -u root -p mydb /user/backup
```

要想执行 mysqlhotcopy 命令，必须可以访问备份的表文件，具有那些表的 SELECT 权限、RELOAD 权限(以便能够执行 FLUSH TABLES)和 LOCK TABLES 权限。

> 注意　　mysqlhotcopy 只是将表所在的目录复制到另一个位置，只能用于备份 MyISAM 和 ARCHIVE 表。备份 InnoDB 类型的数据表时会出现错误信息。mysqlhotcopy 命令只能复制本地格式的文件，因此也不能移植到其他硬件或操作系统下。

14.1.3　直接复制整个数据库目录

因为 MySQL 表保存为文件方式，所以可以直接复制 MySQL 数据库的存储目录及文件进行备份。MySQL 的数据库目录位置不一定相同，在 Windows 平台下，MySQL 8.0 存放数据库的目录通常默认为 "C:\Documents and Settings\All Users\Application Data\MySQL\MySQL Server 8.0\data" 或者其他用户自定义目录；在 Linux 平台下，数据库目录位置通常为 /var/lib/MySQL/，不同 Linux 版本下目录会有所不同，读者应在自己使用的平台下查找该目录。

这是一种简单、快速、有效的备份方式。要想保持备份的一致性，备份前需要对相关表执行 LOCK TABLES 操作，然后对表执行 FLUSH TABLES 操作。这样当复制数据库目录中的文件时，允许其他客户继续查询表。需要 FLUSH TABLES 语句来确保开始备份前将所有激活的索引页写入硬盘。当然，也可以停止 MySQL 服务再进行备份操作。

> 注意　　直接复制整个数据库目录，这种方法虽然简单，但并不是最好的方法。因为这种方法对 InnoDB 存储引擎的表不适用。使用这种方法备份的数据最好恢复到相同版本的服务器中，不同的版本可能不兼容。

14.2 数据的还原

管理人员操作的失误、计算机故障及其他意外情况，都会导致数据的丢失和破坏。当数据丢失或被意外破坏时，可以通过恢复已经备份的数据尽量减少数据丢失和破坏造成的损失。

14.2.1 使用 mysql 命令还原

对于已经备份的包含 CREATE、INSERT 语句的文本文件，可以使用 mysql 命令导入数据库中，其语法格式如下：

```
mysql -u user -p [dbname] < filename.sql
```

主要参数介绍如下。

- user：执行 backup.sql 中语句的用户名。
- -p：输入用户密码。
- dbname：数据库名。如果 filename.sql 文件为 mysqldump 工具创建的包含创建数据库语句的文件，执行的时候不需要指定数据库名。

实例 6 使用 mysql 命令还原数据库

使用 mysql 命令将 C:\backup\booksdb_20220612.sql 文件中的备份导入数据库中，执行语句如下：

```
mysql -u root -p booksDB < C:/backup/booksdb_20220612.sql
```

执行该语句前，必须先在 MySQL 服务器中创建 booksDB 数据库，如果没有创建 bookDB 数据库，恢复过程将会出错。MySQL 命令执行成功之后 booksdb_20220612.sql 文件中的语句就会在指定的数据库中恢复以前的表。

如果已经登录 MySQL 服务器，还可以使用 source 命令导入 sql 文件，其语法格式如下：

```
source filename
```

实例 7 使用 source 命令还原数据库

使用 root 用户登录到服务器，然后使用 source 导入本地的备份文件 booksdb_20220612.sql，执行语句如下：

```
--选择要恢复到的数据库
mysql> use booksDB;
Database changed

--使用 source 命令导入备份文件
mysql> source C:\backup\booksdb_20220612.sql
```

source 命令执行后，会列出备份文件 booksDB_20220612.sql 中每一条语句的执行结果。source 命令执行成功后，booksdb_20220612.sql 中的语句会全部导入现有数据库中。

执行 source 命令前，必须使用 use 语句选择数据库。否则，数据恢复过程中会出现 "ERROR 1046 (3D000): No database selected" 的错误提示。

14.2.2　使用 mysqlhotcopy 快速还原

mysqlhotcopy 备份后的文件也可以用来还原数据库，在 MySQL 服务器停止运行时，将备份的数据库文件复制到 MySQL 存放数据的位置(MySQL 的 data 文件夹)，重新启动 MySQL 服务即可。如果以根用户身份执行该操作，则必须指定数据库文件的所有者，执行语句如下：

```
chown -R mysql.mysql /var/lib/mysql/dbname
```

实例 8　使用 mysqlhotcopy 快速还原数据库

从 mysqlhotcopy 复制的备份还原数据库，执行语句如下：

```
cp -R /usr/backup/test usr/local/mysql/data
```

执行完该语句，重启服务器，MySQL 将恢复到备份状态。

如果需要恢复的数据库已经存在，则需在使用 DROP 语句删除已经存在的数据库恢复之后才能成功。另外 MySQL 不同版本之间必须兼容，恢复之后的数据才可以使用。

14.2.3　直接复制到数据库目录

如果数据库通过复制数据库文件备份，可以直接复制备份的文件到 MySQL 数据目录下实现恢复。通过这种方式恢复时，必须保证备份数据的数据库和待恢复的数据库服务器的主版本号相同，而且这种方式只对 MyISAM 引擎的表有效，InnoDB 引擎的表则不可用。

执行恢复以前先关闭 MySQL 服务，将备份的文件或目录覆盖 MySQL 的 data 目录，启动 MySQL 服务。对于 Linux/UNIX 操作系统来说，复制完文件还需要将文件的用户和组更改为 MySQL 运行的用户和组，通常用户是 MySQL，组也是 MySQL。

14.3　数据库的迁移

当遇到需要安装新的数据库服务器、MySQL 版本更新、数据库管理系统的变更时，就需要数据库的迁移了。数据库迁移就是把数据从一个系统移动到另一个系统上。

14.3.1　相同版本之间的迁移

相同版本的 MySQL 数据库之间的迁移就是在主版本号相同的 MySQL 数据库之间进行数据库移动。迁移过程其实就是在源数据库备份和目标数据库恢复过程的组合。最常用和最安全的方式是使用 mysqldump 命令导出数据，然后在目标数据库服务器使用 mysql 命令导入来完成迁移操作。

实例9　相同 MySQL 版本之间还原数据库

将 www.webdb.com 主机上的 MySQL 数据库全部迁移到 www.web.com 主机上。在 www.webdb.com 主机上执行的语句如下：

```
mysqldump -h www.webdb.com -uroot -ppassword dbname |
mysql -h www.web.com -uroot -ppassword
```

mysqldump 导入的数据直接通过管道符"｜"，传给 mysql 命令导入主机 www.web.com 数据库中。dbname 为需要迁移的数据库名称。如果要迁移全部的数据库，可使用参数--all-databases。

14.3.2　不同版本之间的迁移

数据库升级等原因，需要将较旧版本 MySQL 数据库中的数据迁移到较新版本的数据库中。最简单快捷的方法就是，MySQL 服务器先停止服务，然后卸载旧版本，再安装新版本的 MySQL。如果想保留旧版本中的用户访问控制信息，则需要备份 MySQL 中的 MySQL 数据库，在新版本 MySQL 安装完成之后，重新读入 MySQL 备份文件中的信息。

旧版本与新版本的 MySQL 可能使用不同的默认字符集，例如，在 MySQL 8.0 版本之前，默认字符集为 latin1，而 MySQL 8.0 版本默认字符集为 utf8mb4。如果数据库中有中文数据的，迁移过程中需要对默认字符集进行修改，不然可能无法正常显示结果。

新版本会对旧版本有一定兼容性。从旧版本的 MySQL 向新版本的 MySQL 迁移时，对于 MyISAM 引擎的表，可以直接复制数据库文件，也可以使用 mysqlhotcopy 工具和 mysqldump 工具。对于 InnoDB 引擎的表，一般只能使用 mysqldump 将数据导出，然后使用 mysql 命令导入目标服务器上。从新版本向旧版本 MySQL 迁移数据时要特别小心，最好先使用 mysqldump 命令导出，然后再导入目标数据库中。

14.3.3　不同数据库之间的迁移

不同类型的数据库之间的迁移，是指把 MySQL 的数据库转移到其他类型的数据库，例如，从 MySQL 迁移到 Oracle、从 Oracle 迁移到 MySQL、从 MySQL 迁移到 SQL Server 等。

迁移之前，需要了解不同数据库的架构，比较它们之间的差异。不同数据库中定义相同类型的数据的关键字可能会不同。例如，MySQL 数据库中日期字段分为 DATE 和 TIME 两种，而 Oracle 数据库的日期字段只有 DATE。另外，数据库厂商并没有完全按照 SQL 标准来设计数据库系统，这就导致不同的数据库系统的 SQL 语句有差别。例如，MySQL 几乎完全支持标准 SQL 语句，而 Microsoft SQL Server 使用的是 T-SQL 语句，T-SQL 语句中有一些非标准的 SQL 语句，因此在迁移时必须对非标准 SQL 语句进行映射处理。

数据库迁移可以使用一些工具，例如，在 Windows 系统下，可以使用 MyODBC 实现 MySQL 和 SQL Server 之间的迁移。MySQL 官方提供的工具 MySQL Migration Toolkit 也可以在不同数据库间进行数据迁移。

14.4 数据表的导出和导入

有时会需要将 MySQL 数据库中的数据导出到外部存储文件中，MySQL 数据库中的数据可以导出生成 sql 文本文件、xml 文件或者 html 文件。同样，这些导出文件也可以导入 MySQL 数据库中。

14.4.1 使用 mysql 命令导出

mysql 是一个功能丰富的工具命令，使用 mysql 可以在命令行模式下执行 SQL 指令，将查询结果导入文本文件中。相比 mysqldump，mysql 命令导出的结果可读性更强。

使用 mysql 命令导出数据文本文件语句的基本格式如下：

```
mysql -u root -p --execute= "SELECT 语句" dbname > filename.txt
```

主要参数介绍如下。

- --execute 选项：执行该选项后面的语句并退出，后面的语句必须用双引号括起来。
- dbname：要导出的数据库名称；导出的文件中不同列之间使用制表符分隔，第 1 行包含了各个字段的名称。

实例 10 将数据表中的记录导出到文本文件

使用 mysql 命令，将 booksDB 数据库 books 表中的记录导出到文本文件，执行语句如下：

```
mysql -u root -p --execute="SELECT * FROM books;" booksDB > D:\book01.txt
```

执行语句完成之后，系统 D 盘目录下面将会有名称为 book01.txt 的文本文件，其内容如下：

```
bk_id    bk_title    copyright
11026    Guide to MySQL 8.0  2008
11028    Learning C++    2005
11033    Study Html  2011
11035    How to use php  2003
11041    Inside VC++ 2011
11069    MySQL professional  2009
11072    Teach yourself javascript   2005
11078    Learning MySQL  2010
```

可以看到，book01.txt 文件中包含了每个字段的名称和各条记录，该显示格式与 mysql 命令行下 SELECT 查询结果显示相同。

另外，使用 mysql 命令还可以指定查询结果的显示格式，如果某行记录字段很多，可能一行不能完全显示，这时可以使用--vertical 参数，将每条记录分为多行显示。

实例 11 将数据表中的记录以指定格式导出到文本文件

使用 mysql 命令，将 booksDB 数据库中 books 表中的记录导出到文本文件，使用--vertical 参数显示结果，执行语句如下：

```
mysql -u root -p --vertical --execute="SELECT * FROM books;" booksDB >
D:\book02.txt
```

语句执行之后，D:\book02.txt 文件中的内容如下：

```
*************************** 1. row ***************************
   bk_id: 11026
bk_title: Guide to MySQL 8.0
copyright: 2008
*************************** 2. row ***************************
   bk_id: 11028
bk_title: Learning C++
copyright: 2005
*************************** 3. row ***************************
   bk_id: 11033
bk_title: Study Html
copyright: 2011
*************************** 4. row ***************************
   bk_id: 11035
bk_title: How to use php
copyright: 2003
*************************** 5. row ***************************
   bk_id: 11041
bk_title: Inside VC++
copyright: 2011
*************************** 6. row ***************************
   bk_id: 11069
bk_title: MySQL professional
copyright: 2009
*************************** 7. row ***************************
   bk_id: 11072
bk_title: Teach yourself javascript
copyright: 2005
*************************** 8. row ***************************
   bk_id: 11078
bk_title: Learning MySQL
copyright: 2010
```

可以看到，SELECT 的查询结果导出到文本文件之后，显示格式发生了变化，如果 books 表中记录内容很长，这样显示将会更加容易阅读。

除将数据文件导出为文本文件外，还可以将查询结果导出到 html 文件中，这时需要使用 --html 选项。

实例 12　将数据表中的记录导出到 html 文件

使用 mysql 命令，将 booksDB 数据库中 books 表中的记录导出到 html 文件，执行语句如下：

```
mysql -u root -p --html --execute="SELECT * FROM books;" booksDB >
D:\book03.html
```

语句执行成功，将在 D 盘创建文件 book03.html，该文件在浏览器中显示，如图 14-2 所示。

如果要将表数据导出到 xml 文件中，则可以使用--xml 选项。

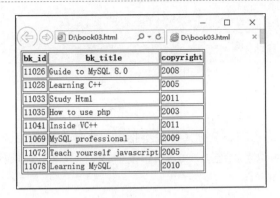

图 14-2　使用 mysql 命令将数据导出到 html 文件

实例 13　将数据表中的记录导出到 xml 文件

使用 mysql 命令将 booksDB 数据库中 books 表中的记录导出到 xml 文件，执行语句如下：

```
mysql -u root -p --xml --execute="SELECT * FROM books;"
booksDB >D:\book04.xml
```

语句执行成功，将在 D 盘创建文件 book04.xml，该文件在浏览器中显示，如图 14-3 所示。

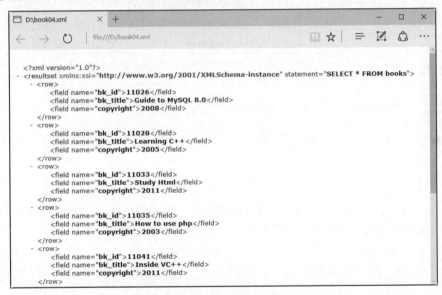

图 14-3　使用 MySQL 将数据导出到 xml 文件

14.4.2　使用 mysqldump 命令导出

使用 mysqldump 命令不仅可以备份数据库，还可以将数据导出为包含 CREATE、INSERT 的 sql 文件以及纯文本文件。mysqldump 导出文本文件的基本语法格式如下：

```
mysqldump -T path-u root -p dbname [tables] [OPTIONS]

--OPTIONS 选项
--fields-terminated-by=value
--fields-enclosed-by=value
```

```
--fields-optionally-enclosed-by=value
--fields-escaped-by=value
--lines-terminated-by=value
```

主要参数介绍如下。

- -T：导出纯文本文件。
- path：导出数据的目录。
- tables：指定要导出的表名称，如果不指定，将导出数据库 dbname 中所有的表。
- [OPTIONS]：可选参数选项，这些选项需要结合 "-T" 选项使用。OPTIONS 常见的取值如表 14-1 所示。

表 14-1　OPTIONS 常见的取值

参 数 名	功能介绍
--fields-terminated-by=value	设置字段之间的分隔字符，可以为单个或多个字符，默认情况下为制表符 "\t"
--fields-enclosed-by=value	设置字段的包围字符
--fields-optionally-enclosed-by=value	设置字段的包围字符，只能为单个字符，只能包括 CHAR 和 VERCHAR 等字符数据字段
--fields-escaped-by=value	控制如何写入或读取特殊字符，只能为单个字符，即设置转义字符，默认值为反斜线 "\"
--lines-terminated-by=value	设置每行数据结尾的字符，可以为单个或多个字符，默认值为 "\n"

实例 14 使用 mysqldump 命令将数据库中的记录导出到文本文件

使用 mysqldump 命令将 booksDB 数据库中的 books 表中的记录导出到文本文件，执行语句如下：

```
mysqldump -T D:\ booksDB books -u root -p
```

语句执行成功，系统 D 盘目录下面将会有两个文件，分别为 books.sql 和 books.txt。books.sql 包含创建 books 表的 CREATE 语句，其内容如下：

```
-- MySQL dump 10.13  Distrib 8.0.17, for Win64 (x86_64)
--
-- Host: localhost    Database: booksDB
-- ------------------------------------------------------
-- Server version    8.0.17

/*!40101 SET @OLD_CHARACTER_SET_CLIENT=@@CHARACTER_SET_CLIENT */;
/*!40101 SET @OLD_CHARACTER_SET_RESULTS=@@CHARACTER_SET_RESULTS */;
/*!40101 SET @OLD_COLLATION_CONNECTION=@@COLLATION_CONNECTION */;
/*!50503 SET NAMES utf8mb4 */;
/*!40103 SET @OLD_TIME_ZONE=@@TIME_ZONE */;
/*!40103 SET TIME_ZONE='+00:00' */;
/*!40014 SET @OLD_UNIQUE_CHECKS=@@UNIQUE_CHECKS, UNIQUE_CHECKS=0 */;
/*!40014 SET @OLD_FOREIGN_KEY_CHECKS=@@FOREIGN_KEY_CHECKS,
FOREIGN_KEY_CHECKS=0 */;
/*!40101 SET @OLD_SQL_MODE=@@SQL_MODE, SQL_MODE='NO_AUTO_VALUE_ON_ZERO' */;
/*!40111 SET @OLD_SQL_NOTES=@@SQL_NOTES, SQL_NOTES=0 */;
```

```
--
-- Table structure for table 'books'
--

DROP TABLE IF EXISTS 'books';
/*!40101 SET @saved_cs_client     = @@character_set_client */;
/*!50503 SET character_set_client = utf8mb4 */;
CREATE TABLE 'books' (
  'bk_id' int(11) NOT NULL,
  'bk_title' varchar(50) NOT NULL,
  'copyright' year(4) NOT NULL,
  PRIMARY KEY ('bk_id')
) ENGINE=InnoDB DEFAULT CHARSET=utf8mb4 COLLATE=utf8mb4_0900_ai_ci;
/*!40101 SET character_set_client = @saved_cs_client */;


--
-- Dumping data for table 'books'
--

LOCK TABLES 'books' WRITE;
/*!40000 ALTER TABLE 'books' DISABLE KEYS */;
INSERT INTO 'books' VALUES (11026,'Guide to MySQL
8.0',2008),(11028,'Learning C++',2005),(11033,'Study Html',2011),(11035,'How
to use php',2003),(11041,'Inside VC++',2011),(11069,'MySQL
professional',2009),(11072,'Teach yourself
javascript',2005),(11078,'Learning MySQL',2010);
/*!40000 ALTER TABLE 'books' ENABLE KEYS */;
UNLOCK TABLES;
/*!40103 SET TIME_ZONE=@OLD_TIME_ZONE */;

/*!40101 SET SQL_MODE=@OLD_SQL_MODE */;
/*!40014 SET FOREIGN_KEY_CHECKS=@OLD_FOREIGN_KEY_CHECKS */;
/*!40014 SET UNIQUE_CHECKS=@OLD_UNIQUE_CHECKS */;
/*!40101 SET CHARACTER_SET_CLIENT=@OLD_CHARACTER_SET_CLIENT */;
/*!40101 SET CHARACTER_SET_RESULTS=@OLD_CHARACTER_SET_RESULTS */;
/*!40101 SET COLLATION_CONNECTION=@OLD_COLLATION_CONNECTION */;
/*!40111 SET SQL_NOTES=@OLD_SQL_NOTES */;

-- Dump completed on 2022-06-12 19:02:02
```

books.txt 包含数据包中的数据，其内容如下：

```
bk_id   bk_title     copyright
11026   Guide to MySQL 8.0 2008
11028   Learning C++     2005
11033   Study Html  2011
11035   How to use php  2003
11041   Inside VC++ 2011
11069   MySQL professional  2009
11072   Teach yourself javascript   2005
11078   Learning MySQL  2010
```

实例 15　使用 mysqldump 命令将数据表中的记录以指定格式导出到文本文件

　　使用 mysqldump 命令将 booksDB 数据库中的 books 表中的记录导出到文本文件，使用 FIELDS 选项，要求字段之间使用"，"间隔，所有字符类型字段值用双引号括起来，定义转义字符为"?"，每行记录以回车换行符"\r\n"结尾，执行的命令如下：

```
C:\>mysqldump -T D:\ booksDB books -u root -p --fields-terminated-by=, --
fields-optionally-enclosed-by=\" --fields-escaped-by=? --lines-terminated-
by=\r\n
Enter password: ******
```

上面语句要在一行中输入，执行语句成功，系统 D 盘目录下面将会有两个文件，分别为 books.sql 和 books.txt。books.sql 包含创建 books 表的 CREATE 语句，其内容与实例 14 中的相同，books.txt 文件的内容与实例 14 不同，显示如下：

```
bk_id    bk_title      copyright
11026   "Guide to MySQL 8.0"    2008
11028   "Learning C++"   2005
11033   "Study Html"     2011
11035   "How to use php"    2003
11041   "Inside VC++"    2011
11069   "MySQL professional"     2009
11072   "Teach yourself javascript" 2005
11078   "Learning MySQL"    2010
```

可以看到，只有字符类型的值被双引号括了起来，而数值类型的值则没有。

14.4.3 使用 SELECT…INTO OUTFILE 语句导出

MySQL 数据库导出数据时，允许使用包含导出定义的 SELECT 语句进行数据的导出操作。该文件被创建到服务器主机上，因此必须拥有文件写入权限(FILE 权限)才能使用此语法。"SELECT…INTO OUTFILE 'filename'"形式的 SELECT 语句可以把被选择的行写入一个文件中，filename 不能是一个已经存在的文件。SELECT…INTO OUTFILE 语句基本格式如下：

```
SELECT columnlist  FROM table WHERE condition  INTO OUTFILE 'filename'
[OPTIONS]

--OPTIONS 选项
    FIELDS  TERMINATED BY 'value'
FIELDS  [OPTIONALLY] ENCLOSED BY 'value'
FIELDS  ESCAPED BY 'value'
LINES  STARTING BY 'value'
LINES  TERMINATED BY 'value'
```

主要参数介绍如下。

● SELECT columnlist FROM table WHERE condition：查询语句，查询结果返回满足指定条件的一条或多条记录。

● INTO OUTFILE 语句：其作用就是把前面 SELECT 语句查询出来的结果导出到名称为"filename"的外部文件中。

● [OPTIONS]：可选参数选项，OPTIONS 部分的语法包括 FIELDS 和 LINES 子句，其可能的取值如表 14-2 所示。

表 14-2 OPTIONS 可能的取值

参数名	功能介绍
FIELDS TERMINATED BY 'value'	设置字段之间的分隔字符，可以为单个或多个字符，默认情况下为制表符'\t'

续表

参数名	功能介绍
FIELDS　[OPTIONALLY] ENCLOSED BY 'value'	设置字段的包围字符，只能为单个字符，如果使用了 OPTIONALLY 则只有 CHAR 和 VERCHAR 等字符数据字段被包括
FIELDS　ESCAPED BY 'value'	设置如何写入或读取特殊字符，只能为单个字符，即设置转义字符，默认值为'\'
LINES　STARTING BY 'value'	设置每行数据开头的字符，可以为单个或多个字符，默认情况下不使用任何字符
LINES　TERMINATED BY 'value'	设置每行数据结尾的字符，可以为单个或多个字符，默认值为 '\n'

实例 16　使用 SELECT...INTO OUTFILE 将数据表中的记录导出到文本文件

使用 SELECT...INTO OUTFILE 将 booksDB 数据库中的 books 表中的记录导出到文本文件，执行语句如下：

```
mysql> SELECT * FROM booksDB.books INTO OUTFILE 'D:/books1.txt';
```

执行后报错信息如下：

```
ERROR 1290 (HY000): The MySQL server is running with the --secure-file-priv
option so it cannot execute this statement
```

这是因为 MySQL 默认对导出的目录有权限限制，也就是说，使用命令行进行导出的时候，需要指定目录进行操作，查询指定目录的命令如下：

```
mysql> show global variables like '%secure%';
```

执行结果如下：

```
+-------------------------+------------------------------------------------+
| Variable_name           | Value                                          |
+-------------------------+------------------------------------------------+
| require_secure_transport | OFF                                            |
| secure_file_priv        | C:\ProgramData\MySQL\MySQL Server 8.0\Uploads\ |
+-------------------------+------------------------------------------------+
```

因为 secure_file_priv 配置的关系，所以必须导出到 C:\ProgramData\MySQL\MySQL Server 8.0\Uploads\ 目录下。如果想自定义导出路径，需要修改 my.ini 配置文件。打开路径 C:\ProgramData\MySQL\MySQL Server 8.0，用记事本打开 my.ini，然后搜索到以下代码：

```
secure-file-priv="C:/ProgramData/MySQL/MySQL Server 8.0/Uploads\"
```

在上述代码前添加#号，然后添加以下内容：

```
secure-file-priv="D:/"
```

执行结果如图 14-4 所示。

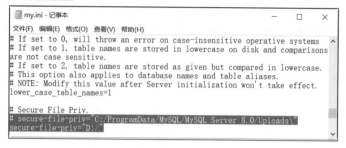

图 14-4　设置数据表的导出路径

重启 MySQL 服务器后再次使用 SELECT...INTO OUTFILE 将 booksDB 数据库中的 books 表中的记录导出到文本文件，输入语句如下：

```
mysql>SELECT * FROM booksDB.books INTO OUTFILE 'D:/books1.txt';
```

由于指定了 INTO OUTFILE 子句，SELECT 将查询出来的 3 个字段的值保存到 C:\books1.txt 文件中，打开文件内容如下：

```
bk_id    bk_title      copyright
11026    Guide to MySQL 8.0  2008
11028    Learning C++    2005
11033    Study Html   2011
11035    How to use php  2003
11041    Inside VC++ 2011
11069    MySQL professional  2009
11072    Teach yourself javascript    2005
11078    Learning MySQL  2010
```

实例 17　使用 SELECT...INTO OUTFILE 命令将数据表中的记录以指定格式导出到文本文件

使用 SELECT...INTO OUTFILE 将 booksDB 数据库中的 books 表中的记录导出到文本文件，使用 FIELDS 选项和 LINES 选项，要求字段之间使用"，"间隔，所有字段值用双引号括起来，定义转义字符为单引号"\"，执行的语句如下：

```
SELECT * FROM booksDB.books INTO OUTFILE "D:/books2.txt"
FIELDS
TERMINATED BY ','
ENCLOSED BY '\"'
ESCAPED BY '\''
LINES
TERMINATED BY '\r\n';
```

该语句将把 books 表中所有记录导入到 D 盘目录下的 books2.txt 文本文件中。FIELDS TERMINATED BY ','表示字段之间用逗号分隔；ENCLOSED BY '\"'表示每个字段用双引号括起来；ESCAPED BY '\'表示将系统默认的转义字符替换为单引号；LINES TERMINATED BY '\r\n'表示每行以回车换行符结尾，保证每一条记录占一行。

执行成功后，在目录 D 盘下生成一个 books2.txt 文件，打开文件内容如下：

```
"11026","Guide to MySQL 8.0","2008"
"11028","Learning C++","2005"
"11033","Study Html","2011"
"11035","How to use php","2003"
"11041","Inside VC++","2011"
```

```
"11069","MySQL professional","2009"
"11072","Teach yourself javascript","2005"
"11078","Learning MySQL","2010"
```

可以看到，所有的字段值都被双引号括起来。

 实例 18　以字符串 ">" 开始，以 "<end>" 字符串结尾的方式导出数据记录

使用 SELECT...INTO OUTFILE 将 booksDB 数据库中的 books 表中的记录导出到文本文件，使用 LINES 选项，要求每行记录以字符串 ">" 开始，以 "<end>" 字符串结束，执行语句如下：

```
SELECT * FROM booksDB.books INTO OUTFILE "D:/books3.txt"
LINES
STARTING BY '> '
TERMINATED BY '<end>';
```

执行成功后，在目录 D 盘下生成一个 books3.txt 文件，打开文件内容如下：

```
> 11026 Guide to MySQL 8.0  2008 <end>> 11028   Learning C++    2005 <end>>
11033   Study Html  2011 <end>> 11035   How to use php  2003 <end>> 11041
   Inside VC++ 2011 <end>> 11069   MySQL professional  2009 <end>> 11072
   Teach yourself javascript   2005 <end>>11078    Learning MySQL  2010
<end>>
```

可以看到，虽然已将所有的字段值导出到文本文件中，但是所有的记录没有分行区分，出现这种情况是因为 TERMINATED BY 选项替换了系统默认的 "\n" 换行符，如果希望换行显示，则需要修改导出语句，输入执行语句如下：

```
SELECT * FROM booksDB.books INTO OUTFILE "D:/books4.txt"
LINES
STARTING BY '> '
TERMINATED BY '<end>\r\n';
```

执行完语句之后，换行显示每条记录，结果如下：

```
>11026  Guide to MySQL 8.0  2008 <end>
>11028  Learning C++    2005 <end>
>11033  Study Html  2011 <end>
>11035  How to use php  2003 <end>
>11041  Inside VC++ 2011 <end>
>11069  MySQL professional  2009 <end>
>11072  Teach yourself javascript   2005 <end>
>11078  Learning MySQL  2010 <end>
```

14.4.4　使用 LOAD DATA INFILE 语句导入

MySQL 允许将数据导出到外部文件，也可以从外部文件导入数据。MySQL 提供了一些导入数据的工具，这些工具有 LOAD DATA INFILE 语句、source 命令和 mysql 命令。其中，LOAD DATA INFILE 语句用于高速地从一个文本文件中读取行，并装入一个表中。文件名称必须为文字字符串，LOAD DATA INFILE 语句的基本格式如下：

```
LOAD DATA INFILE 'filename.txt' INTO TABLE tablename [OPTIONS] [IGNORE
number LINES]
```

```
-- OPTIONS 选项
    FIELDS  TERMINATED BY 'value'
FIELDS  [OPTIONALLY] ENCLOSED BY 'value'
FIELDS  ESCAPED BY 'value'
LINES  STARTING BY 'value'
LINES  TERMINATED BY 'value'
```

主要参数介绍如下。

- filename：关键字 INFILE 后面的 filename 文件为导入数据的来源。
- tablename：待导入的数据表名称。
- [OPTIONS]：可选参数选项，OPTIONS 部分的语法包括 FIELDS 和 LINES 子句，其可能的取值如表 14-3 所示。
- IGNORE number LINES 选项：忽略文件开始处的行数，number 表示忽略的行数。执行 LOAD DATA 语句需要 FILE 权限。

表 14-3   OPTIONS 可能的取值

参数名	功能介绍
FIELDS TERMINATED BY 'value'	设置字段之间的分隔字符，可以为单个或多个字符，默认情况下为制表符 "\t"
FIELDS [OPTIONALLY] ENCLOSED BY 'value'	设置字段的包围字符，只能为单个字符。如果使用了 OPTIONALLY，则只包括 CHAR 和 VERCHAR 等字符数据字段
FIELDS ESCAPED BY 'value'	控制如何写入或读取特殊字符，只能为单个字符，即设置转义字符，默认值为 "\"
LINES STARTING BY 'value'	设置每行数据开头的字符，可以为单个或多个字符，默认情况下不使用任何字符
LINES TERMINATED BY 'value'	设置每行数据结尾的字符，可以为单个或多个字符，默认值为 "\n"

实例 19   使用 LOAD DATA 命令导入数据记录

使用 LOAD DATA 命令将 D:\books1.txt 文件中的数据导入 booksDB 数据库中的 books 表，执行语句如下：

```
LOAD DATA  INFILE 'D:\books1.txt' INTO TABLE booksDB.books;
```

恢复之前，将 books 表中的数据全部删除，登录 MySQL 数据库，使用 DELETE 语句，执行语句如下：

```
mysql> USE booksDB;
Database changed;
mysql>
mysql> DELETE FROM books;
Query OK, 8 rows affected (0.00 sec)
```

从 books1.txt 文件中恢复数据，执行语句如下：

```
mysql> LOAD DATA  INFILE 'D:/books1.txt' INTO TABLE booksDB.books;
mysql> SELECT * FROM books;
+-------+--------------------------+-----------+
| bk_id | bk_title                 | copyright |
```

```
+-------+---------------------------+----------+
| 11026 | Guide to MySQL 8.0        |     2008 |
| 11028 | Learning C++              |     2005 |
| 11033 | Study Html                |     2011 |
| 11035 | How to use php            |     2003 |
| 11041 | Inside VC++               |     2011 |
| 11069 | MySQL professional        |     2009 |
| 11072 | Teach yourself javascript |     2005 |
| 11078 | Learning MySQL            |     2010 |
+-------+---------------------------+----------+
```

可以看到，执行语句成功之后，原来的数据重新恢复到 books 表中。

14.5　疑 难 解 惑

疑问 1：mysqldump 备份的文件只能在 MySQL 中使用吗？

mysqldump 备份的文本文件实际是数据库的一个副本，使用该文件不仅可以在 MySQL 中恢复数据库，而且通过对该文件的简单修改，也可以使用在 SQL Server 或者 Sybase 等其他数据库中恢复数据库，这在某种程度上实现了数据库之间的迁移。

疑问 2：使用 mysqldump 备份整个数据库成功，把表和数据库都删除了，但使用备份文件却不能恢复数据库，为什么？

出现这种情况，是因为备份的时候没有指定--databases 参数。在默认情况下，如果只指定数据库名称，mysqldump 备份的是数据库中所有的表，而不包括数据库的创建语句，例如：

```
mysqldump -u root -p booksDB > c:\backup\booksDB_20210101.sql
```

该语句只备份了 booksDB 数据库下所有的表，读者打开该文件，可以看到文件中不包含创建 booksDB 数据库的 CREATE DATABASE 语句，因此如果把 booksDB 也删除了，使用该 sql 文件不能还原以前的表，还原时会出现 ERROR 1046 (3D000): No database selected 的错误信息。必须在 MySQL 命令行下创建 booksDB 数据库，并使用 use 语句选择 booksDB 之后才可以还原。而下面的语句，数据库删除之后，可以正常还原备份时的状态。

```
mysqldump -u root -p --databases booksDB > C:\backup\books_DB_20210101.sql
```

该语句不仅备份了所有数据库下的表结构，而且创建了数据库的语句。

14.6　跟我学上机

上机练习 1：备份 suppliers 数据表。

使用 mysqldump 命令将 suppliers 表备份到文件 C:\bktestdir\suppliers_bk.sql 中。
(1)　首先创建系统目录，在系统 C 盘下面新建文件夹 bktestdir，然后打开命令行窗口。
(2)　打开目录 C:\bktestdir，可以看到已经创建好的备份文件 suppliers_bk.sql。

上机练习2：还原 suppliers 数据表。

使用 mysql 命令将备份文件 suppliers_bk.sql 中的数据还原 suppliers 表。

(1) 为了验证还原之后数据的正确性，要删除 suppliers 表中的所有记录，登录 MySQL 数据库。

(2) suppliers 表中不再有任何数据记录，在 mysql 命令行输入还原语句。

(3) 执行成功之后使用 SELECT 语句查询 suppliers 表内容。

上机练习3：数据记录的导入与导出。

(1) 使用 SELECT…INTO OUTFILE 语句导出 suppliers 表中的记录，导出文件位于目录 C:\bktestdir 下，名称为 suppliers_out.txt。

(2) 打开目录 C:\bktestdir，可以看到已经创建好的导出文件 suppliers_out.txt。

(3) 使用 LOAD DATA INFILE 语句导入 suppliers_out.txt 数据到 suppliers 表。首先使用 DELETE 语句删除 suppliers 表中的所有记录。

(4) 使用 mysqldump 命令将 suppliers 表中的记录导出到文件 C:\bktestdir\ suppliers_html.html。导出 suppliers 表数据到 html 文件，使用 mysql 命令时需要指定--html 选项，在 Windows 命令行窗口输入导出语句。

(5) 打开目录 C:\bktestdir，可以看到已经创建好的导出文件 suppliers_html.html，读者可以使用浏览器打开该文件，在浏览器中显示导出文件的格式和内容如表 14-4 所示。

表 14-4 浏览器中显示导出文件的格式和内容

s_id	s_name	s_city	s_zip	s_call
101	FastFruit Inc.	Tianjin	463400	48075
102	LT Supplies	Chongqing	100023	44333
103	ACME	Shanghai	100024	90046
104	FNK Inc.	Zhongshan	212021	11111
105	Good Set	Taiyuang	230009	22222
106	Just Eat Ours	Beijing	010	45678
107	DK Inc.	Qingdao	230009	33332

第 15 章

管理 MySQL 日志

　　日志是 MySQL 数据库的重要组成部分，日志文件中记录着 MySQL 数据库运行期间发生的变化。MySQL 有不同类型的日志文件，包括错误日志、通用查询日志、二进制日志以及慢查询日志等。对于 MySQL 的管理工作而言，这些日志文件是不可缺少的。本章将介绍 MySQL 各种日志的作用以及日志的管理。

本章要点(已掌握的在方框中打勾)

☐ 了解 MySQL 日志
☐ 掌握错误日志的用法
☐ 掌握二进制日志的用法
☐ 掌握查询通用日志的方法
☐ 掌握慢查询日志的方法

15.1　认 识 日 志

MySQL 日志主要分为 4 类, 使用这些日志文件, 可以查看 MySQL 内部发生的事情。

(1) 错误日志: 记录 MySQL 服务的启动、运行或停止 MySQL 服务时出现的问题。

(2) 查询日志: 记录建立的客户端连接和执行的语句。

(3) 二进制日志: 记录所有更改数据的语句, 可以用于数据复制。

(4) 慢查询日志: 记录所有执行时间超过 long_query_time 的所有查询或不使用索引的查询。

在默认情况下, 所有日志创建于 MySQL 数据目录中。通过刷新日志, 可以强制 MySQL 关闭和重新打开日志文件(或者在某些情况下切换到一个新的日志)。当执行一个 FLUSH LOGS 语句或执行 mysqladmin flush-logs 或 mysqladmin refresh 时, 将刷新日志。

如果正在使用 MySQL 复制功能, 在复制服务器上可以维护更多日志文件, 这种日志称为接替日志。

启动日志功能会降低 MySQL 数据库的性能。例如, 在查询非常频繁的 MySQL 数据库系统中, 如果开启了通用查询日志和慢查询日志, MySQL 数据库会花费很多时间记录日志。同时, 日志会占用大量的磁盘空间。

15.2　错 误 日 志

在 MySQL 数据库中, 错误日志记录着 MySQL 服务器的启动和停止过程中的信息、服务器在运行过程中发生的故障和异常情况的相关信息、事件调度器运行一个事件时产生的信息、从服务器上启动服务器进程时产生的信息等。

15.2.1　启动错误日志

在默认状态下错误日志功能是开启的, 并且不能被禁止。错误日志信息也可以自行配置, 通过修改 my.ini 文件即可。错误日志所记录的信息是可以通过 log-error 和 log-warnings 来定义的, 其中 log-error 定义是否启用错误日志的功能和错误日志的存储位置, log-warnings 定义是否将警告信息也定义至错误日志中。

--log-error=[file-name]用来指定错误日志存放的位置, 如果没有指定[file-name], 则默认 hostname.err 作为文件名, 默认存放在 DATADIR 目录中。

　错误日志记录的并非全是错误信息, 如 MySQL 是如何启动 InnoDB 的表空间文件的、如何初始化自己的存储引擎等信息也记录在错误日志文件中。

15.2.2　查看错误日志

错误日志是以文本文件的形式存储的, 可以直接使用普通文本工具打开查看。Windows

操作系统下，可以使用文本编辑器查看；Linux 操作系统下，可以使用 vi 工具或者 gedit 工具来查看。

实例 1　查看错误日志信息

通过 show 命令可以查看错误日志文件所在目录及文件名信息，执行语句如下：

```
mysql> show variables like 'log_error';
+---------------+-------------------------------+
| Variable_name | Value                         |
+---------------+-------------------------------+
| log_error     | .\SD-20210909PILN.err         |
+---------------+-------------------------------+
```

错误日志信息可以通过记事本打开查看。从上面查看命令中可以知道错误日志的文件名。该文件在默认的数据路径 C:\ProgramData\MySQL\MySQL Server 8.0\Data 下，使用记事本打开文件 SD-20210909PILN.err，内容如图 15-1 所示，在这里可以查看错误日志记载了系统的一些错误和警告错误。

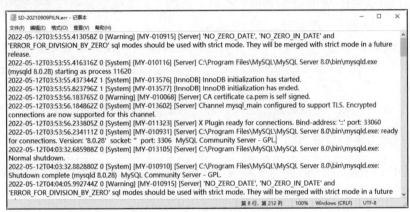

图 15-1　通过记事本查看

15.2.3　删除错误日志

管理员可以删除很久之前的错误日志，这样可以保证 MySQL 服务器上的硬盘空间。通过 show 命令查看错误文件所在位置，确认可以删除错误日志后直接删除文件即可。

在 MySQL 数据库中，可以使用 mysqladmin 命令和 "flush logs;" 两种方法来开启新的错误日志，使用 mysqladmin 命令开启错误日志的语法格式如下：

```
mysqladmin-u 用户名-p flush-logs
```

具体执行命令如下：

```
mysqladmin -u root -p flush-logs
Enter password: ***
```

实例 2　删除错误日期信息

在 MySQL 数据库中，可以使用 "flush logs;" 语句来开启新的错误日志文件，执行语句如下：

```
mysql> flush logs;
```

即可完成错误日志文件的开启，这样系统会自动创建一个新的错误日志文件。

15.3　二进制日志

MySQL 数据库的二进制日志文件是用来记录所有用户对数据库的操作。当数据库发生意外时，可以通过此文件查看在一段时间内用户所做的操作，结合数据库备份技术，即可再现用户操作，使数据库恢复。

15.3.1　启动二进制日志

二进制日志记录了所有对数据库数据的修改操作，开启二进制日志可以实现以下几个功能。

(1) 恢复(recovery)：某些数据的恢复需要二进制日志，例如，在一个数据库全部备份文件恢复后，用户可以通过二进制日志进行 point-in-time 的恢复。

(2) 复制(replication)：其原理与恢复类似，通过复制和执行二进制日志使一台远程的 MySQL 数据库(一般称为 slave 或 standby)与一台 MySQL 数据库(一般称为 master 或 primary)进行实时同步。

(3) 审计(audit)：用户可以通过二进制日志中的信息来进行审计。

实例3　启动二进制日志功能

可以通过修改 MySQL 的配置文件来开启并设置二进制日志的存储大小。my.ini 中 [mysqld]组下面有几个参数是用于二进制日志文件的，具体参数如下：

```
log-bin [=path/ [filename] ]
expire_logs_days = 10
max_binlog_size = 100M
```

主要参数的含义介绍如下。

(1) log-bin：定义开启二进制日志，path 表明日志文件所在的目录路径，filename 指定了日志文件的文件名，文件的全名为 filename.000001、filename.000002 等。除了上述文件之外，还有一个名称为 filename.index 的文件，文件内容为所有日志的清单，可以使用记事本打开该文件。

(2) expire_logs_day：定义了 MySQL 清除过期日志的时间和二进制日志自动删除的天数。默认值为0，表示"没有自动删除"。当 MySQL 启动或刷新二进制日志时可能删除。

(3) max_binlog_size：定义了单个文件的大小限制，如果二进制日志写入的内容大小超出给定值，日志就会发生滚动(关闭当前文件，重新打开一个新的日志文件)。不能将该变量设置为大于1GB或小于4096字节，默认值是1GB。

如果正在使用大的事务，二进制日志文件大小还可能会超过 max_binlog_size 定义的大小。在这里，在 my.ini 配置文件中的[mysqld]组下面添加如下几个参数与参数值：

```
[mysqld]
log-bin
expire_logs_days = 10
max_binlog_size = 100M
```

添加完毕之后，关闭并重新启动 MySQL 服务进程，即可启动二进制日志。如果日志长度超过了 max_binlog_size 的上限(默认是 1G=1073741824B)也会创建一个新的日志文件。

实例 4　查看二进制日志的上限值

通过 show 命令可以查看二进制日志的上限值，执行语句如下：

```
mysql> show variables like 'max_binlog_size';
+-------------------+-----------------+
| Variable_name     | Value           |
+-------------------+-----------------+
| max_binlog_size   | 1073741824      |
+-------------------+-----------------+
```

从返回查询结果可以看出，Value 的值为 "1073741824"，这个值就是二进制日志的上限。

15.3.2　查看二进制日志

在查看二进制之前，首先检查二进制日志是否开启。

实例 5　查看二进制日志是否开启

使用 show 语句查看二进制日志是否开启，执行语句如下：

```
mysql> show variables like 'log_bin';
+-------------------+-------+
| Variable_name     | Value |
+-------------------+-------+
| log_bin           | ON    |
+-------------------+-------+
```

返回查询结果，可以看到 "Value" 的值为 "ON"，说明二进制日志处于开启状态。

实例 6　查看数据库中的二进制文件

查看数据库中的二进制文件，执行语句如下：

```
mysql> show binary logs;
+----------------------------+-----------+-----------+
| Log_name                   | File_size | Encrypted |
+----------------------------+-----------+-----------+
| SD-20210909PILN-bin.000001 |       180 | No        |
| SD-20210909PILN-bin.000002 |   2086214 | No        |
| SD-20210909PILN-bin.000003 |     13446 | No        |
| SD-20210909PILN-bin.000004 |     28847 | No        |
| SD-20210909PILN-bin.000005 |      7677 | No        |
| SD-20210909PILN-bin.000006 |       180 | No        |
| SD-20210909PILN-bin.000007 |      9270 | No        |
| SD-20210909PILN-bin.000008 |      1824 | No        |
| SD-20210909PILN-bin.000009 |       157 | No        |
+----------------------------+-----------+-----------+
```

由于 binlog 以 binary 方式存取，不能直接在 Windows 下查看。

实例 7 查看二进制日志文件的具体信息

通过 show 命令查看二进制日志文件的具体信息，执行语句如下：

```
mysql> show binlog events in 'SD-20210909PILN-bin.000001'\G
*************************** 1. row ***************************
   Log_name: SD-20210909PILN-bin.000001
        Pos: 4
 Event_type: Format_desc
  Server_id: 1
End_log_pos: 126
       Info: Server ver: 8.0.28, Binlog ver: 4
```

通过二进制日志文件的内容可以看出，对数据库操作记录，为管理员对数据库进行管理或数据恢复提供了依据。

在二进制日志文件中，将数据库的 DML 操作和 DDL 操作都记录到 binlog 中，而 SELECT 的查询过程并没有记录。如果用户想记录 SELECT 和 SHOW 操作，只能使用查询日志，而不是二进制日志。此外，二进制日志还包括了执行数据库更改操作的时间等其他额外信息。

15.3.3　删除二进制日志

开启二进制日志会对数据库整体性能有所影响，但对性能的损失十分有限。MySQL 的二进制文件可以配置自动删除，同时 MySQL 也提供了安全的手工删除二进制文件的方法，即使用 reset master 语句删除所有的二进制日志文件；使用 purge master logs 语句删除部分二进制日志文件。

实例 8 删除所有二进制日志文件

使用 reset master 命令删除所有日志，新日志重新从 000001 开始编号，执行语句如下：

```
mysql> reset master;
```

如果这时需要查询日志文件，可以看到新日志文件从 000001 开始编号，查询结果如下：

```
mysql> show binary logs;
+----------------------------+-----------+-----------+
| Log_name                   | File_size | Encrypted |
+----------------------------+-----------+-----------+
| SD-20210909PILN-bin.000001 |       157 | No        |
+----------------------------+-----------+-----------+
```

如果日志目录下面有多个日志文件，例如 binlog.000002、binlog.000003 等，则执行 reset master 命令之后，除了 binlog.000001 文件之外，其他所有文件都将被删除。

实例 9 删除指定编号前的二进制日志文件

使用 purge master logs to 'filename.******' 命令可以删除指定编号前的所有日志,执行语句如下:

```
mysql> purge master logs to 'SD-20210909PILN-bin.000002';
```

实例 10 删除指定日期前的二进制日志文件

使用 purge master logs to before 'YYYY-MM-DD HH24:MI:SS'命令可以删除'YYYY-MM-DD HH24:MI:SS'之前产生的所有日志,例如,想要删除 20200612 日期以前的日志记录,执行语句如下:

```
mysql> purge master logs before '20200612';
```

15.4　通用查询日志

通用查询日志记录 MySQL 的所有用户操作,包括启动和关闭服务、执行查询和更新语句等。

15.4.1　启动通用查询日志

在默认情况下,MySQL 服务器并没有开启通用查询日志。通过"show variables like '%general%';"语句可以查询当前查询日志的状态,执行语句如下:

```
mysql> show variables like '%general%';
+--------------------+----------------------+
| Variable_name      | Value                |
+--------------------+----------------------+
| general_log        | OFF                  |
| general_log_file   | SD-20210909PILN.log  |
+--------------------+----------------------+
```

从结果可以看出,通用查询日志的状态为 OFF,表示通用日志是关闭的。

实例 11 使用 SET 语句开启通用查询日志

开启通用查询日志,执行语句如下:

```
mysql> set @@global.general_log=1;
```

再次查询通用日志的状态,执行语句如下:

```
mysql> show variables like '%general%';
+--------------------+----------------------+
| Variable_name      | Value                |
+--------------------+----------------------+
| general_log        | ON                   |
| general_log_file   | SD-20210909PILN.log  |
+--------------------+----------------------+
```

由结果可以看出,通用查询日志的状态为 ON,表示通用日志已经开启了。

> **提示**
>
> 如果想关闭通用日志，可以执行以下语句：
> ```
> mysql>set @@global.general_log=0;
> ```

15.4.2 查看通用查询日志

通用查询日志中记录了用户的所有操作。通过查看通用查询日志，可以了解用户对 MySQL 进行的操作。通用查询日志是以文本文件的形式存储在文件系统中的，可以使用文本编辑器直接打开通用日志文件进行查看，Windows 下可以使用记事本，Linux 下可以使用 vim、gedit 等。

实例 12 使用记事本查看通用查询日志

使用记事本查看 MySQL 通用查询日志：使用记事本打开 C:\ProgramData\MySQL\MySQL Server 8.0\Data\目录下的 SD-20210909PILN.log，可以查看具体的内容。在这里可以看到 MySQL 启动信息和用户 root 连接服务器与执行查询语句的记录。

15.4.3 删除通用查询日志

通用查询日志是以文本文件的形式存储在文件系统中的。通用查询日志记录着用户的所有操作，因此在用户查询、更新频繁的情况下，通用查询日志会增长得很快。数据库管理员可以定期删除比较早的通用日志，以节省磁盘空间。用户可用直接删除日志文件的方式删除通用查询日志。

实例 13 直接删除通用查询日志文件

用户可以直接删除 MySQL 通用查询日志，具体的方法为：在数据目录中找到日志文件所在目录 C:\ProgramData\MySQL\MySQL Server 8.0\Data\，删除 SD-20210909PILN.log 文件即可。

15.5 慢查询日志

慢查询日志主要用来记录执行时间较长的查询语句，通过慢查询日志，可以找出执行时间较长、执行效率较低的语句，然后进行优化。

15.5.1 启动慢查询日志

MySQL 中慢查询日志默认是关闭的，可以通过配置文件 my.ini 或者 my.cnf 中的 log-slow-queries 选项打开，也可以在 MySQL 服务启动的时候使用--log-slow-queries[=file_name]启动慢查询日志。

启动慢查询日志时，需要在 my.ini 文件或者 my.cnf 文件中配置 long_query_time 选项指定记录阈值，如果某条查询语句的查询时间超过了这个阈值，这个查询过程将被记录到慢查询日志文件中。在 my.ini 文件或者 my.cnf 文件开启慢查询日志的配置如下：

```
[mysqld]
log-slow-queries[=path / [filename] ]
long_query_time=n
```

主要参数介绍如下。

- path：日志文件所在目录路径。
- filename：日志文件名。如果不指定目录和文件名称，默认存储在数据目录中，文件为 hostname-slow.log。
- n：是时间值，单位是秒。如果没有设置 long_query_time 选项，默认时间为 10 秒。

实例 14　通过 show 命令启动慢查询日志

通过 show 命令可以查看慢查询错误日志文件的开启状态与其他相关信息，执行语句如下：

```
mysql> show variables like '%slow%';
+-----------------------------+----------------------------+
| Variable_name               | Value                      |
+-----------------------------+----------------------------+
| log_slow_admin_statements   | OFF                        |
| log_slow_extra              | OFF                        |
| log_slow_replica_statements | OFF                        |
| log_slow_slave_statements   | OFF                        |
| slow_launch_time            | 2                          |
| slow_query_log              | ON                         |
| slow_query_log_file         | SD-20210909PILN-slow.log   |
+-----------------------------+----------------------------+
```

15.5.2　查看慢查询日志

MySQL 的慢查询日志是以文本形式存储的，可以直接使用文本编辑器查看。在慢查询日志中，记录着执行时间较长的查询语句，用户可以从慢查询日志中获取执行效率较低的语句，为查询优化提供重要的依据。

实例 15　使用记事本查看慢查询日志

查看慢查询日志，使用记事本打开数据目录下的 SD-20210909PILN-slow.log 文件，如图 15-2 所示，从查询结果可以查看慢查询日志记录。

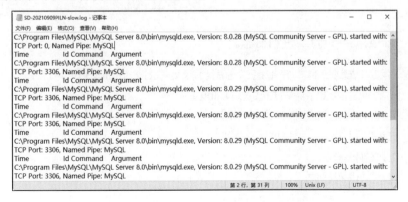

图 15-2　使用记事本查询慢查询日志记录

15.5.3　删除慢查询日志

和通用查询日志一样，慢查询日志也可以直接删除。在数据目录中找到日志文件所在目录 C:\ProgramData\MySQL\MySQL Server 8.0\Data\，删除 SD-20210909PILN-slow.log 文件即可。

15.6　疑 难 解 惑

疑问 1：在 MySQL 中，一些日志文件默认打开，一些日志文件是不开启的，那么在实际应用中，我们应该打开哪些日志？

日志既影响 MySQL 的性能，又占用大量磁盘空间。因此，如果不必要，应尽可能少地开启日志。根据不同的使用环境，可以考虑开启不同的日志。例如，在开发环境中优化查询效率低的语句，可以开启慢查询日志；如果需要记录用户的所有查询操作，可以开启通用查询日志；如果需要记录数据的变更，可以开启二进制日志；错误日志是默认开启的。

疑问 2：当需要停止或启动二进制日志文件时，该执行什么操作？

如果在 MySQL 的配置文件配置启动了二进制日志，MySQL 会一直记录二进制日志。不过，我们可以根据需要停止二进制功能。具体的方法为：通过 set sql_log_bin 语句暂停或者启动二进制日志。set sql_log_bin 的语法格式如下：

```
SET sql_log_bin = {0|1}
```

要暂停记录二进制日志，可以执行如下语句：

```
SET sql_log_bin =0;
```

要恢复记录二进制日志，可以执行如下语句：

```
SET sql_log_bin =1;
```

15.7　跟我学上机

上机练习 1：启动并设置二进制日志。

(1)　设置启动二进制日志，并指定二进制日志文件名为 binlog.000001。

(2)　将二进制日志文件存储路径改为 D:\log。

(3)　查看 flush logs 对二进制日志的影响。

(4)　查看二进制日志。

(5)　暂停二进制日志。

(6)　重新启动二进制日志。

上机练习 2：使用二进制日志还原数据。

(1)　登录 MySQL，向 test 数据库 worker 表中插入两条记录。

(2)　向表 worker 中插入两条记录。

(3)　执行 mysqlbinlog 命令查看二进制日志。

(4)　暂停 MySQL 的二进制日志功能，并删除 member 表。

(5)　执行完该命令后，查询 member 表。

(6)　使用 mysqlbinlog 工具命令还原 member 表及表中的记录。

(7)　在 Windows 命令行下输入还原语句，还原数据。

(8)　密码输入正确之后，member 数据表将被还原到 test 数据库中，登录 MySQL 可以再次查看 member 表。

上机练习 3：启动并设置其他日志文件。

(1)　设置启动错误日志。

(2)　设置错误日志的文件为 D:\log\error_log.err。

(3)　查看错误日志。

(4)　设置启动通用查询日志，并且设置通用查询日志文件为 D:\log\general_query.log。

(5)　查看通用查询日志。

(6)　设置启动慢查询日志，设置慢查询日志的文件路径为 D:\log\slow_query.log，并设置记录查询时间超过 3 秒的语句。

(7)　查看慢查询日志。

第16章

MySQL 的
性能优化

    MySQL 的性能优化就是通过合理安排资源，调整系统参数使 MySQL 运行更快、更节省资源。MySQL 性能优化包括查询速度优化、更新速度优化、MySQL 服务器优化等。本章就来介绍 MySQL 性能优化的相关内容。

本章要点(已掌握的在方框中打勾)

- ☐ 了解 MySQL 的性能的优化
- ☐ 掌握优化查询速度的方法
- ☐ 掌握优化数据库结构的方法
- ☐ 掌握优化 MySQL 服务器的方法

16.1 认识 MySQL 的性能优化

掌握优化 MySQL 数据库的方法是数据库管理员和数据库开发人员的必备技能。通过不同的优化方法以达到提高 MySQL 数据库性能的目的。MySQL 数据库优化是多方面的，原则是减少系统的瓶颈、减少资源的占用、增加系统的反应速度。

在 MySQL 数据库中，可以使用 SHOW STATUS 语句查询 MySQL 数据库的性能参数，其语法格式如下：

```
SHOW STATUS LIKE 'value';
```

其中，value 是要查询的参数值，一些常用的性能参数值如表 16-1 所示。

表 16-1　value 常用的参数值

参数名	功能简介
Connections	连接 MySQL 服务器的次数
Uptime	MySQL 服务器的上线时间
Slow_queries	慢查询的次数
Com_select	查询操作的次数
Com_insert	插入操作的次数
Com_update	更新操作的次数
Com_delete	删除操作的次数

实例 1　查询 MySQL 服务器的连接次数

查询 MySQL 服务器的连接次数，执行语句如下：

```
mysql> SHOW STATUS LIKE 'Connections';
+---------------+-------+
| Variable_name | Value |
+---------------+-------+
| Connections   | 14    |
+---------------+-------+
```

从结果可以得出，当前 MySQL 服务器的连接次数为"14"。

实例 2　查询 MySQL 服务器的慢查询次数

查询 MySQL 服务器的慢查询次数，执行语句如下：

```
mysql> SHOW STATUS LIKE 'Slow_queries';
+---------------+-------+
| Variable_name | Value |
+---------------+-------+
| Slow_queries  | 0     |
+---------------+-------+
```

由结果可以看出，当前慢查询次数为"0"。

查询其他参数的方法和这两个参数的查询方法相同。而且慢查询次数参数可以结合慢查询日志，找出慢查询语句，然后针对慢查询语句进行表结构优化或者查询语句优化。

16.2 查询速度的优化

在 MySQL 数据库中，对数据的查询操作是数据库中最频繁的操作，提高数据的查询速度可以有效地提高 MySQL 数据库的性能。

16.2.1 分析查询语句

通过分析查询语句，可以了解查询语句的执行情况，找出查询语句的不足之处，从而优化查询语句。在 MySQL 数据库中，可以使用 EXPLAIN 语句和 DESCRIBE 语句来分析查询语句。

1. 使用 EXPLAIN 语句分析查询语句

EXPLAIN 语句的基本语法格式如下：

```
EXPLAIN [EXTENDED] SELECT select_options
```

主要参数介绍如下。

- EXTENDED：关键字，EXPLAIN 语句将产生附加信息。
- select_options：SELECT 语句的查询选项，包括 FROM WHERE 子句等。

执行该语句，可以分析 EXPLAIN 后面的 SELECT 语句的执行情况，并且能够分析出所查询的表的一些特征。

实例 3 使用 EXPLAIN 语句分析数据表

使用 EXPLAIN 语句分析查询 students 表的语句，执行语句如下：

```
EXPLAIN SELECT * FROM students;
```

执行结果如图 16-1 所示。

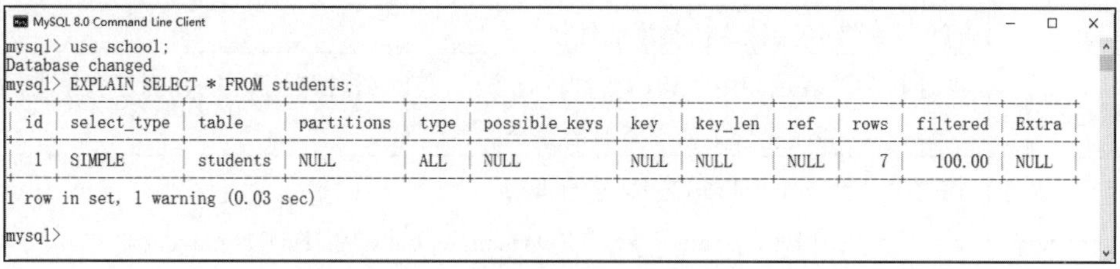

```
MySQL 8.0 Command Line Client                                               —  □  ×
mysql> use school;
Database changed
mysql> EXPLAIN SELECT * FROM students;
+----+-------------+----------+------------+------+---------------+------+---------+------+------+----------+-------+
| id | select_type | table    | partitions | type | possible_keys | key  | key_len | ref  | rows | filtered | Extra |
+----+-------------+----------+------------+------+---------------+------+---------+------+------+----------+-------+
|  1 | SIMPLE      | students | NULL       | ALL  | NULL          | NULL | NULL    | NULL |    7 |   100.00 | NULL  |
+----+-------------+----------+------------+------+---------------+------+---------+------+------+----------+-------+
1 row in set, 1 warning (0.03 sec)

mysql>
```

图 16-1 使用 EXPLAIN 语句分析

下面对查询结果中的主要参数功能进行介绍。

(1) id：SELECT 识别符，这是 SELECT 的查询序列号。

(2) select_type：SELECT 语句的类型。其主要取值如表 16-2 所示。

表 16-2　select_type 的取值

取　值	取值介绍
SIMPLE	表示简单查询，其中不包括连接查询和子查询
PRIMARY	表示主查询，或者是最外层的查询语句
UNION	表示连接查询的第 2 个或后面的查询语句
DEPENDENT UNION	连接查询中的第 2 个或后面的 SELECT 语句，取决于外面的查询
UNION RESULT	连接查询的结果
SUBQUERY	子查询中的第 1 个 SELECT 语句
DEPENDENT SUBQUERY	子查询中的第 1 个 SELECT，取决于外面的查询
DERIVED	导出表的 SELECT(FROM 子句的子查询)

(3) table：查询的表。

(4) type：表的连接类型。

下面按照从最佳类型到最差类型的顺序给出表的各种连接类型，如表 16-3 所示。

表 16-3　表的连接类型

连接类型	功能介绍
system	该表是仅有一行的系统表。这是 const 连接类型的一个特例
const	数据表最多只有一个匹配行，它将在查询开始时被读取，并在余下的查询优化中作为常量对待。const 表查询速度很快，因为它们只读取一次。const 用于使用常数值比较 PRIMARY KEY 或 UNIQUE 索引的所有部分的场合
eq_ref	对于每个来自前面的表的行组合，从该表中读取一行。当一个索引的所有部分都在查询中使用并且索引是 UNIQUE 或 PRIMARY KEY 时，即可使用这种类型。eq_ref 可以用于使用 "=" 操作符比较带索引的列。比较值可以为常量或一个在该表前面所读取表的列的表达式
ref	对于来自前面的表的任意行组合，将从该表中读取所有匹配的行。这种类型用于索引既不是 UNIQUE 也不是 PRIMARY KEY 的情况，或者查询中使用了索引列的左子集，即索引中左边的部分列组合。ref 可以用于使用 "=" 或 "<=>" 操作符的带索引的列
ref_or_null	该连接类型如同 ref，但是添加了 MySQL 可以专门搜索包含 NULL 值的行。在解决子查询中经常使用该连接类型的优化
index_merge	该连接类型表示使用了索引合并优化方法。在这种情况下，key 列包含了使用的索引清单，key_len 包含了使用索引的最长的关键元素
unique_subquery	该类型替换了下面形式的 IN 子查询： value IN (SELECT primary_key FROM single_table WHERE some_expr) unique_subquery 是一个索引查找函数，可以完全替换子查询，效率更高
index_subquery	该连接类型类似于 unique_subquery，可以替换 IN 子查询，但只适合下列形式的子查询中的非唯一索引： value IN (SELECT key_column FROM single_table WHERE some_expr)

续表

连接类型	功能介绍
range	只检索给定范围的行，使用一个索引来选择行。当使用=、<>、>、>=、<、<=、IS NULL、<=>、BETWEEN 或者 IN 操作符，用常量比较关键字列时，类型为 range
index	该连接类型与 ALL 基本相同，不过 index 连接只扫描索引树，所以通常比 ALL 快一些，因为索引文件通常比数据文件小
ALL	对于前面的表的任意行组合，进行完整的表扫描

(5) possible_keys：指出 MySQL 能使用哪个索引在该表中找到行。如果该列是 NULL，则没有相关的索引。在这种情况下，可以通过检查 WHERE 子句看它是否引用某些列或适合索引的列来提高查询性能。如果是这样，可以创建适合的索引来提高查询的性能。

(6) key：查询实际使用到的索引，如果没有选择索引，该列的值是 NULL。要想强制 MySQL 使用或忽视 possible_keys 列中的索引，在查询中使用 FORCE INDEX、USE INDEX 或者 IGNORE INDEX。参见 SELECT 语法。

(7) key_len：MySQL 选择的索引字段按字节计算的长度，如果键是 NULL，则长度为 NULL。注意通过 key_len 值可以确定 MySQL 将实际使用一个多列索引中的几个字段。

(8) ref：使用哪个列或常数与索引一起来查询记录。

(9) rows：MySQL 在表中进行查询时必须检查的行数。

(10) Extra：MySQL 在处理查询时的详细信息。

2. 使用 DESCRIBE 语句分析查询语句

DESCRIBE 语句的使用方法与 EXPLAIN 语句是一样的，其语法格式如下：

```
DESCRIBE SELECT select_options
```

其中，DESCRIBE 可以缩写成 DESC。

实例 4　使用 DESCRIBE 语句分析数据表

使用 DESCRIBE 语句分析查询 students 表的语句，执行语句如下：

```
DESCRIBE SELECT * FROM students;
```

使用 DESCRIBE 语句分析的结果如图 16-2 所示。从结果可以得出，使用 EXPLAIN 语句和使用 DESCRIBE 语句的分析结果是一样的。

```
mysql> DESCRIBE SELECT * FROM students;
+----+-------------+----------+------------+------+---------------+------+---------+------+------+----------+-------+
| id | select_type | table    | partitions | type | possible_keys | key  | key_len | ref  | rows | filtered | Extra |
+----+-------------+----------+------------+------+---------------+------+---------+------+------+----------+-------+
|  1 | SIMPLE      | students | NULL       | ALL  | NULL          | NULL | NULL    | NULL |    7 |   100.00 | NULL  |
+----+-------------+----------+------------+------+---------------+------+---------+------+------+----------+-------+
1 row in set, 1 warning (0.00 sec)

mysql>
```

图 16-2　使用 DESCRIBE 语句分析的结果

16.2.2 使用索引优化查询

索引可以快速地定位表中的某条记录,使用索引可以提高数据库的查询速度,从而提高数据库的性能。在数据量大的情况下,如果不使用索引,查询语句将扫描表中的所有记录,这样查询的速度会很慢。如果使用索引,查询语句则可以根据索引快速定位到待查询记录,从而减少查询的记录数,达到提高查询速度的目的。

实例 5 使用索引优化查询的应用实例

下面是查询语句中不使用索引和使用索引的对比。首先,分析未使用索引时的查询情况,EXPLAIN 语句执行如下:

```
EXPLAIN SELECT * FROM students WHERE name='李夏';
```

执行结果如图 16-3 所示,从返回查询结果可以看到,rows 列的值是 7,说明 "SELECT * FROM students WHERE name='李夏';" 这个查询语句扫描了表中的 7 条记录。

图 16-3 返回查询结果

下面在 students 表的 name 字段上加上索引,添加索引的语句如下:

```
CREATE INDEX index_name ON students(name);
```

现在,再分析上面的查询语句,执行的 EXPLAIN 语句如下:

```
EXPLAIN SELECT * FROM students WHERE name='李夏';
```

执行结果如图 16-4 所示。从返回查询结果可以看出,rows 列的值为 1,表示这个查询语句只扫描了表中的一条记录,其查询速度自然比扫描 7 条记录快。而且 possible_keys 和 key 的值都是 index_name,这说明查询时使用了 index_name 索引。

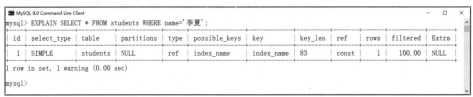

图 16-4 返回查询结果

 索引可以提高查询的速度,但并不是所有使用带有索引的字段查询都会起作用。例如,以下几种特殊情况,索引并没有起作用。

(1) 使用 LIKE 关键字的查询语句。

(2) 使用多列索引的查询语句。

(3) 使用 OR 关键字的查询语句。

16.2.3　优化子查询

使用子查询可以进行 SELECT 语句的嵌套查询，即一个 SELECT 查询的结果作为另一个 SELECT 语句的条件。子查询可以一次性完成很多逻辑上需要多个步骤才能完成的 SQL 操作。子查询虽然可以使查询语句更灵活，但执行效率不高。执行子查询时，MySQL 需要为内层查询语句的查询结果建立一个临时表，然后外层查询语句从临时表中查询记录。查询完毕后，再撤销这些临时表。因此，子查询的速度会受到一定的影响。如果查询的数据量比较大，这种影响也就会随之增大。

在 MySQL 数据库中，可以使用连接(JOIN)查询来替代子查询。连接查询不需要建立临时表，其速度比子查询要快，如果查询中使用索引的话，性能会更好。

16.3　数据库结构的优化

合理的数据库结构不仅可以使数据库占用更小的磁盘空间，而且能够使查询速度更快。数据库结构的设计，需要考虑数据冗余、查询和更新的速度、字段的数据类型是否合理等多方面的内容。

16.3.1　通过分解表优化

对于字段较多的表，如果有些字段的使用频率很低，可以将这些字段分离出来形成新的表。因为当一个表的数据量很大时，会由于使用频率低的字段的存在而变慢。

实例 6　通过分解表优化数据库

假设会员表存储会员登录认证信息，该表中有很多字段，如 id、姓名、密码、地址、电话、个人描述字段，其中地址、电话、个人描述等字段并不常用，可以将这些不常用字段分解出另外一个表，将这个表取名 members_detail。表中有 member_id、address、telephone、description 等字段，其中，member_id 字段存储会员编号，address 字段存储地址信息，telephone 字段存储电话信息，description 字段存储会员个人描述信息。这样就把会员表分成了两个表，分别为 members 表和 members_detail 表。

创建 members 表的语句如下：

```
CREATE TABLE members (
  Id int NOT NULL AUTO_INCREMENT,
  username varchar(255) DEFAULT NULL ,
  password varchar(255) DEFAULT NULL ,
  last_login_time datetime DEFAULT NULL ,
  last_login_ip varchar(255) DEFAULT NULL ,
  PRIMARY KEY (Id)
) ;
```

创建 members_detail 表的语句如下：

```
CREATE TABLE members_detail (
  member_id int NOT NULL DEFAULT 0,
```

```
    address varchar(255) DEFAULT NULL ,
    telephone varchar(16) DEFAULT NULL ,
    description text
);
```

查询 members 表结构，执行语句如下：

```
mysql>desc members;
+----------------+--------------+------+------+---------+----------------+
| Field          | Type         | Null | Key  | Default | Extra          |
+----------------+--------------+------+------+---------+----------------+
| Id             | int          | NO   | PRI  | NULL    | auto_increment |
| username       | varchar(255) | YES  |      | NULL    |                |
| password       | varchar(255) | YES  |      | NULL    |                |
| last_login_time | datetime     | YES  |      | NULL    |                |
| last_login_ip  | varchar(255) | YES  |      | NULL    |                |
+----------------+--------------+------+------+---------+----------------+
```

查询 members_detail 表结构，执行语句如下：

```
mysql> DESC members_detail;
+-------------+--------------+------+-----+---------+-------+
| Field       | Type         | Null | Key | Default | Extra |
+-------------+--------------+------+-----+---------+-------+
| member_id   | int          | NO   |     | 0       |       |
| address     | varchar(255) | YES  |     | NULL    |       |
| telephone   | varchar(16)  | YES  |     | NULL    |       |
| description | text         | YES  |     | NULL    |       |
+-------------+--------------+------+-----+---------+-------+
```

如果需要查询会员的详细信息，可以用会员的 id 来查询。如果需要将会员的基本信息和详细信息同时显示，可以将 members 表和 members_detail 表进行联合查询，查询语句如下：

```
SELECT * FROM members LEFT JOIN members_detail ON members.id=members_detail.
member_id;
```

通过这种分解，可以提高表的查询效率，对于字段很多且有些字段使用不频繁的表，可以通过这种分解的方式来优化数据库的性能。

16.3.2　通过中间表优化

对于需要经常联合查询的表，可以建立中间表以提高查询效率。建立中间表的目的，是把需要经常联合查询的数据插入中间表中，然后将原来的联合查询改为对中间表的查询，以此来提高查询效率。

实例 7　通过中间表优化数据库

创建会员信息表和会员组信息表的语句如下：

```
CREATE TABLE vip(
  Id int NOT NULL AUTO_INCREMENT,
  username varchar(255) DEFAULT NULL,
  password varchar(255) DEFAULT NULL,
  groupId INT DEFAULT 0,
  PRIMARY KEY (Id)
) ;
CREATE TABLE vip_group (
```

```
Id int NOT NULL AUTO_INCREMENT,
name varchar(255) DEFAULT NULL,
remark varchar(255) DEFAULT NULL,
PRIMARY KEY (Id)
) ;
```

查询会员信息表和会员组信息表的语句如下：

```
mysql> DESC vip;
+----------+--------------+------+-----+---------+----------------+
| Field    | Type         | Null | Key | Default | Extra          |
+----------+--------------+------+-----+---------+----------------+
| Id       | int          | NO   | PRI | NULL    | auto_increment |
| username | varchar(255) | YES  |     | NULL    |                |
| password | varchar(255) | YES  |     | NULL    |                |
| groupId  | int(11)      | YES  |     | 0       |                |
+----------+--------------+------+-----+---------+----------------+
mysql> DESC vip_group;
+----------+--------------+------+-----+---------+----------------+
| Field    | Type         | Null | Key | Default | Extra          |
+----------+--------------+------+-----+---------+----------------+
| Id       | int          | NO   | PRI | NULL    | auto_increment |
| name     | varchar(255) | YES  |     | NULL    |                |
| remark   | varchar(255) | YES  |     | NULL    |                |
+----------+--------------+------+-----+---------+----------------+
```

已知现在有一个模块需要经常查询带有会员组名称、会员组备注、会员用户名的会员信息。根据这种情况可以创建一个 temp_vip 表。temp_vip 表中存储用户名(user_name)、会员组名称(group_name)和会员组备注(group_remark)信息。创建表的语句如下：

```
CREATE TABLE temp_vip (
  Id int NOT NULL AUTO_INCREMENT,
  user_name varchar(255) DEFAULT NULL,
  group_name varchar(255) DEFAULT NULL,
  group_remark varchar(255) DEFAULT NULL,
  PRIMARY KEY (Id)
);
```

接下来，从会员信息表和会员组表中查询相关信息并存储到临时表中：

```
INSERT INTO temp_vip(user_name, group_name, group_remark)
    SELECT v.username,g.name,g.remark
    FROM vip as v ,vip_group as g
    WHERE v.groupId =g.Id;
```

之后便可以直接从 temp_vip 表中查询会员用户名、会员组名称和会员组备注，极大地提高了数据库的查询速度。

16.3.3　通过冗余字段优化

设计数据库表时应尽量遵循范式理论的规约，尽可能减少冗余字段，让数据库设计看起来精致。但是，合理地加入冗余字段可以提高查询速度。

表的规范化程度越高，表与表之间的关系就越多，需要连接查询的情况也就越多。例如，员工的信息存储在 staff 表中，部门信息存储在 department 表中。通过 staff 表中的 department_id 字段与 department 表建立关联关系。如果要查询一个员工所在部门的名称，必须从 staff 表中查找员工所在部门的编号(department_id)，然后根据这个编号到 department 表查找部门的名称。

如果经常需要进行这个操作，那么连接查询会浪费很多时间，这时就可以在 staff 表中增加一个冗余字段 department_name，该字段用来存储员工所在部门的名称，这样就不用每次都进行连接操作了。

不过，冗余字段会导致一些问题。比如，冗余字段的值在一个表中被修改了，就要想办法在其他表中更新该字段，否则就会使原本一致的数据变得不一致。

> 提示　　分解表、中间表和增加冗余字段都会浪费一定的磁盘空间。从数据库性能来看，为了提高查询速度而增加少量的冗余大部分时候是可以接受的，但是否通过增加冗余来提高数据库性能，还要根据实际需求综合考虑。

16.3.4　优化插入记录的速度

插入记录时，影响插入速度的主要是索引、唯一性校验、一次插入记录条数等，根据这些情况可以分别进行优化。

1. 对于 MyISAM 引擎的表的优化

对于 MyISAM 引擎的表，常见的优化方法如下。

(1) 禁用索引

对于非空表，插入记录时，MySQL 会根据表的索引对插入的记录建立索引。如果插入大量数据，建立索引会降低插入记录的速度。为了解决这种情况，可以在插入记录之前禁用索引，数据插入完毕后再开启索引，禁用索引的语句如下：

```
ALTER TABLE table_name DISABLE KEYS;
```

其中，table_name 是禁用索引的表名。

重新开启索引的语句如下：

```
ALTER TABLE table_name ENABLE KEYS;
```

如果是空表批量导入数据，则不需要进行此操作，因为 MyISAM 引擎的表是在导入数据之后才建立索引的。

(2) 禁用唯一性检查

插入数据时，MySQL 会对插入的记录进行唯一性校验。这种唯一性校验也会降低插入记录的速度。为了降低这种情况对查询速度的影响，可以在插入记录之前禁用唯一性检查，待记录插入完毕后再开启。禁用唯一性检查的语句如下：

```
SET UNIQUE_CHECKS=0;
```

开启唯一性检查的语句如下：

```
SET UNIQUE_CHECKS=1;
```

(3) 使用批量插入

插入多条记录时，可以使用一条 INSERT 语句插入一条记录，也可以使用一条 INSERT

语句插入多条记录。使用一条 INSERT 语句插入一条记录的情形如下：

```
INSERT INTO score VALUES('A1','101','MySQL','89');
INSERT INTO score VALUES('A2','102','SQL Server','57')
INSERT INTO score VALUES('A3','103','Access','90')
```

使用一条 INSERT 语句插入多条记录的情形如下：

```
INSERT INTO score VALUES('A1','101','MySQL','89'),
('A2','102','SQL Server','57'), ('A3','103','Access','90');
```

第二种情形的插入速度要比第一种情形快。

（4）使用 LOAD DATA INFILE 批量导入

当需要批量导入数据时，如果能用 LOAD DATA INFILE 语句，就尽量使用。因为 LOAD DATA INFILE 语句导入数据的速度比 INSERT 语句快。

2. 对于 InnoDB 引擎的表的优化

对于 InnoDB 引擎的表，常见的优化方法如下。

（1）禁用唯一性检查

插入数据之前执行 set unique_checks=0 来禁止对唯一索引的检查，数据导入完成之后再运行 set unique_checks=1，这和 MyISAM 引擎的使用方法一样。

（2）禁用外键检查

插入数据之前执行禁止对外键的检查，数据插入完成之后再恢复对外键的检查。禁用外键检查的语句如下：

```
SET foreign_key_checks=0;
```

恢复对外键检查的语句如下：

```
SET foreign_key_checks=1;
```

（3）禁止自动提交

插入数据之前禁止事务的自动提交，数据导入完成之后，执行恢复自动提交操作。禁止自动提交的语句如下：

```
set autocommit=0;
```

恢复自动提交的语句如下：

```
set autocommit=1;
```

16.3.5　分析表、检查表和优化表

MySQL 提供了分析表、检查表和优化表的语句。分析表主要是分析关键字的分布；检查表主要是检查表是否存在错误；优化表主要是消除删除或者更新造成的空间浪费。

1. 分析表

MySQL 中提供了 ANALYZE TABLE 语句分析表，ANALYZE TABLE 语句的基本语法格式如下：

```
ANALYZE [LOCAL | NO_WRITE_TO_BINLOG] TABLE tbl_name[,tbl_name]…
```

主要参数介绍如下。

- LOCAL：是 NO_WRITE_TO_BINLOG 关键字的别名，二者在执行过程中都不写入二进制日志。
- tbl_name：分析表的表名，可以有一个或多个。

使用 ANALYZE TABLE 分析表的过程中，数据库系统会自动对表加一个只读锁。在分析期间，只能读取表中的记录，不能更新和插入记录。ANALYZE TABLE 语句能够分析 InnoDB、BDB 和 MyISAM 类型的表。

实例8 使用 ANALYZE TABLE 分析数据表

使用 ANALYZE TABLE 来分析 students 表，执行语句如下：

```
mysql> ANALYZE TABLE students;
+-----------------+---------+----------+----------+
| Table           | Op      | Msg_type | Msg_text |
+-----------------+---------+----------+----------+
| school.students | analyze | status   | OK       |
+-----------------+---------+----------+----------+
```

结果显示的信息说明如下。

(1) Table：分析的表的名称。

(2) Op：执行的操作。analyze 表示进行分析操作。

(3) Msg_type：信息类型，其值通常是状态(status)、信息(info)、注意(note)、警告(warning)和错误(error)之一。

(4) Msg_text：显示信息。

2. 检查表

MySQL 数据库中可以使用 CHECK TABLE 语句来检查表。CHECK TABLE 语句能够检查 InnoDB 和 MyISAM 类型的表是否存在错误。对于 MyISAM 类型的表，CHECK TABLE 语句还会更新关键字统计数据。而且，CHECK TABLE 也可以检查视图是否有错误，比如在视图定义中被引用的表已不存在，该语句的基本语法格式如下：

```
CHECK TABLE tbl_name [, tbl_name] ... [option] ...
option = {QUICK | FAST | MEDIUM | EXTENDED | CHANGED}
```

主要参数介绍如下。

- tbl_name：表名。
- option：该参数有 5 个取值，分别是 QUICK、FAST、MEDIUM、 EXTENDED 和 CHANGED。各个选项的意义分别是：

(1) QUICK：不扫描行，不检查错误的连接。

(2) FAST：只检查没有被正确关闭的表。

(3) MEDIUM：扫描行，以验证被删除的连接是有效的，也可以计算各行的关键字校验和，并使用计算出的校验和验证这一点。

(4) EXTENDED：对每行的所有关键字进行全面的关键字查找，确保表是完全一致的，但是花的时间较长。

(5) CHANGED：只检查上次检查后被更改的表和没有被正确关闭的表。

注意

option 只对 MyISAM 类型的表有效，对 InnoDB 类型的表则无效。CHECK TABLE 语句在执行过程中也会给表加上只读锁。

3. 优化表

MySQL 数据库中使用 OPTIMIZE TABLE 语句来优化表。该语句对 InnoDB 和 MyISAM 类型的表都有效。但是，OPTIMIZE TABLE 语句只能优化表中的 VARCHAR、BLOB 或 TEXT 类型的字段。OPTIMIZE TABLE 语句的基本语法格式如下：

```
OPTIMIZE [LOCAL | NO_WRITE_TO_BINLOG] TABLE tbl_name [, tbl_name] ...
```

主要参数介绍如下。

- LOCAL | NO_WRITE_TO_BINLOG：该关键字的意义和分析表相同，都是指定不写入二进制日志。
- tbl_name：表名。

通过 OPTIMIZE TABLE 语句可以消除删除或更新造成的文件碎片。OPTIMIZE TABLE 语句在执行过程中也会给表加上只读锁。

16.4　MySQL 服务器的优化

MySQL 服务器主要从两个方面来优化，一方面是对服务器硬件进行优化；另一方面是对 MySQL 参数进行优化，对于可以定制参数的操作系统，也可以针对 MySQL 进行操作系统优化。

16.4.1　MySQL 服务器硬件的优化

服务器的硬件性能直接决定着 MySQL 数据库的性能。硬件的性能瓶颈，直接决定 MySQL 数据库的运行速度和效率。对服务器硬件的优化，可以从以下几个方面进行。

(1) 配置较大的内存。配置足够大的内存，是提高 MySQL 数据库性能的方法之一。内存的速度比磁盘 I/O 快得多，可以通过增加系统的缓冲区容量，使数据在内存停留的时间更长，以减少磁盘 I/O。

(2) 配置高速磁盘系统，以减少读盘的等待时间，提高响应速度。

(3) 合理分布磁盘 I/O，把磁盘 I/O 分散在多个设备上，以减少资源竞争，提高并行操作能力。

(4) 配置多处理器，MySQL 是多线程的数据库，多处理器可同时执行多个线程。

16.4.2　MySQL 参数的优化

通过优化 MySQL 的参数可以提高资源利用率，从而达到提高 MySQL 服务器性能的目的。MySQL 的配置参数都在 my.cnf 文件或者 my.ini 文件的[MySQLd]组中。下面介绍几个对性能影响比较大的参数。

(1) key_buffer_size：索引缓冲区的大小。增加索引缓冲区可以得到更好处理的索引(对所有读和多重写)。当然，这个值并不是越大越好，它的大小取决于内存的大小。如果这个值太大，会导致操作系统频繁换页，也会降低系统性能。

(2) table_cache：同时打开的表的个数。这个值越大，能够同时打开的表的个数就越多。这个值不是越大越好，因为同时打开的表太多会影响操作系统的性能。

(3) query_cache_size：查询缓冲区的大小。该参数需要和 query_cache_type 配合使用。当 query_cache_type 值为 0 时，所有的查询都不使用查询缓冲区；当 query_cache_type=1 时，所有的查询都将使用查询缓冲区，除非在查询语句中指定 SQL_NO_CACHE，如 SELECT SQL_NO_CACHE * FROM tbl_name；当 query_cache_type=2 时，只有在查询语句中使用 SQL_CACHE 关键字，查询才会使用查询缓冲区。使用查询缓冲区可以提高查询的速度，这种方式只适用于修改操作少且经常执行相同的查询操作的情况。

(4) sort_buffer_size：排序缓存区的大小。这个值越大，进行排序的速度越快。

(5) read_buffer_size：每个线程连续扫描时为扫描的每个表分配的缓冲的大小(字节)。当线程从表中连续读取记录时需要用到这个缓冲区。SET SESSION read_buffer_size=n 可以临时设置该参数的值。

(6) read_rnd_buffer_size：每个线程保留的缓冲区的大小，与 read_buffer_size 相似。主要用于存储按特定顺序读取出来的记录。也可以用 SET SESSION read_rnd_buffer_size=n 来临时设置该参数的值。如果频繁进行多次连续扫描，可以增加该值。

(7) innodb_buffer_pool_size：InnoDB 类型的表和索引的最大缓存。这个值越大，查询的速度就会越快。但是这个值太大会影响操作系统的性能。

(8) max_connections：数据库的最大连接数。这个连接数不是越大越好，因为这些连接会浪费内存的资源。过多的连接可能会导致 MySQL 服务器僵死。

(9) interactive_timeout：服务器在关闭连接前等待行动的秒数。

(10) thread_cache_size：可以复用的线程数量。如果有很多新的线程，为了提高性能可以增大该参数的值。

(11) wait_timeout：服务器在关闭一个连接时等待行动的秒数。默认数值为 28 800。

总之，合理地配置这些参数可以提高 MySQL 服务器的性能。除上述参数以外，还有 innodb_log_buffer_size、innodb_log_file_size 等参数。配置完参数以后，需要重新启动 MySQL 服务才会生效。

16.5 疑 难 解 惑

疑问 1：在数据表中，建立的索引是不是越多越好？

合理的索引可以提高查询的速度，但不是索引越多越好。在执行插入语句的时候，MySQL 要为新插入的记录建立索引，所以过多的索引会导致插入操作速度变慢，原则上是只有查询用的字段才建立索引。

疑问 2：在分析表时，为什么不能执行添加或删除数据记录？

使用 ANALYZE TABLE 分析表的过程中，数据库系统会自动对表加一个只读锁。因此，在分析期间，只能读取表中的记录，不能执行添加、更新或删除数据记录。

16.6　跟我学上机

上机练习 1：全面优化数据库服务器。

(1)　使用 EXPLAIN 分析查询语句"SELECT * FROM fruits WHERE f_name='banana';"。

(2)　使用 EXPLAIN 分析查询语句"SELECT * FROM fruits WHERE f_name like '%na'"。

(3)　使用 EXPLAIN 分析查询语句"SELECT * FROM fruits WHERE f_name like 'ba%';"。

上机练习 2：练习分析表、检查表、优化表。

(1)　使用 ANALYZE TABLE 语句分析 message 表。

(2)　使用 CHECK TABLE 语句检查 message 表。

(3)　使用 OPTIMIZE TABLE 语句优化 message 表。

第17章

使用软件管理
MySQL 数据库

PHP 语言支持多种数据库工具，尤其与 MySQL 被称为黄金组合。由于 XAMPP 集成环境已经安装好了 PHP+MySQL 数据库，通过 phpMyAdmin 管理程序即可管理 MySQL 数据库，更重要的是操作非常简单。下面重点学习 MySQL 数据库的基本操作方法。

本章要点(已掌握的在方框中打勾)

☐ 掌握搭建 PHP 8+MySQL 8 集成开发环境的方法
☐ 掌握启动 phpMyAdmin 管理程序的方法
☐ 掌握创建数据库和数据表的方法
☐ 掌握 MySQL 数据库的基本操作
☐ 掌握 MySQL 语句的操作方法
☐ 掌握为 MySQL 管理账号加密码的方法
☐ 掌握 MySQL 数据库的备份与还原的方法

17.1　搭建 PHP 8+MySQL 8 集成开发环境

刚开始学习 PHP 的程序员，往往为了配置环境而不知所措。为此，这里介绍一款对新手非常实用的 PHP 集成开发环境。

XAMPP(Apache+MariaDB+PHP+Perl)是一个功能强大的建站集成软件包。它可以在 Windows、Linux、Solaris、Mac OS X 等多种操作系统下安装使用。目前最新的 XAMPP 已经支持 PHP 8 版本。XAMPP 安装简单、速度较快、运行稳定，受到广大初学者的青睐。

到 XAMPP 官方网站(https://www.apachefriends.org/index.html)下载 XAMPP 的最新安装包 xampp-windows-x64-8.1.5-0-VS16-installer.exe，如图 17-1 所示。

图 17-1　下载 XAMPP

安装 XAMPP 组合包的具体操作步骤如下。

01 直接双击安装文件，打开欢迎安装界面，如图 17-2 所示。

02 单击 Next 按钮，打开选择安装产品窗口，采用默认设置，如图 17-3 所示。

图 17-2　欢迎安装界面

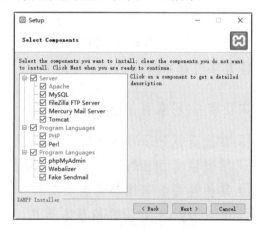

图 17-3　选择安装产品窗口

03 单击 Next 按钮，在弹出的窗口中设置安装路径，这里设置路径为 "D:\xampp"，如图 17-4 所示。

04 单击 Next 按钮，进入语言选择窗口，这里采用默认设置，如图 17-5 所示。

图 17-4 信息界面 图 17-5 设置安装路径

05 单击 Next 按钮，弹出 Bitnami for XAMPP 窗口，如图 17-6 所示。

06 单击 Next 按钮，弹出准备安装窗口，单击 Next 按钮，如图 17-7 所示。

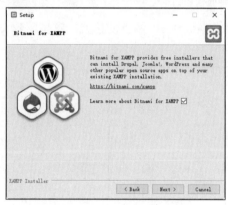

图 17-6 Bitnami for XAMPP 窗口 图 17-7 准备安装窗口

07 程序开始自动安装，并显示安装进度，如图 17-8 所示。

08 安装完成后，进入安装完成界面，单击 Finish 按钮，完成 XAMPP 的安装操作，如图 17-9 所示。

图 17-8 开始安装程序 图 17-9 完成安装界面

09 进入 XAMPP 控制面板窗口，单击 Start 按钮，即可启动 Apache 和 MySQL 服务器。此时 Start 将显示为 Stop，如图 17-10 所示。

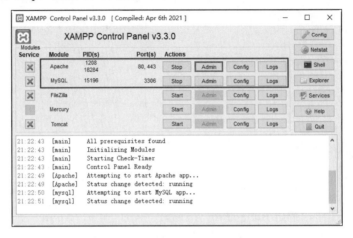

图 17-10　XAMPP 控制面板窗口

10 打开路径"D:\xampp\htdocs\"，该路径下就是存放 PHP 站点的位置，这里新建 code 文件夹作为网站的文件夹，如图 17-11 所示。

图 17-11　PHP 站点的位置

17.2　启动 phpMyAdmin 管理程序

phpMyAdmin 是一套使用 PHP 程序语言开发的管理程序，它采用网页形式的管理界面。如果要正确执行这个管理程序，就必须要在网站服务器上安装 PHP 与 MySQL 数据库。

01 如果要启动 phpMyAdmin 管理程序，只要单击桌面右下角的 XAMPP 图标，打开 XAMPP 控制面板窗口，启动 MySQL 服务，然后单击 Admin 按钮，如图 17-12 所示。

在启动 XAMPP 集成环境中的 MySQL 服务之前，需要在系统管理服务中将前面章节中启动的 MySQL 服务关闭，否则会造成冲突。

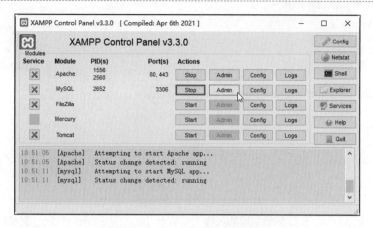

图 17-12　XAMPP 控制面板窗口

02 在默认情况下，MySQL 数据库的管理员用户名为 root，密码为空，所以 phpMyAdmin 启动后直接进入 phpMyAdmin 工作主界面，如图 17-13 所示。用户也可以直接在浏览器的地址栏中输入"http://localhost/phpmyadmin/"后，按 Enter 键进入 phpMyAdmin 的工作界面。

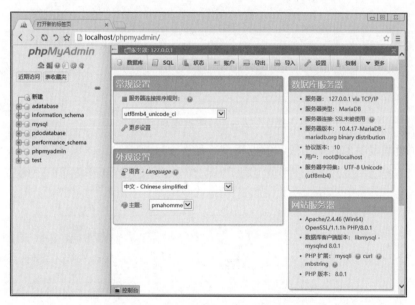

图 17-13　phpMyAdmin 的工作界面

17.3　创建数据库和数据表

本节在 MySQL 数据库中创建一个学生管理数据库 school，并添加一个学生信息表 student。

01 在 phpMyAdmin 的主界面的左侧单击【新建】按钮，在右侧的文本框中输入要创建数据库的名称 school，选择排序规则为 utf8mb4_general_ci，如图 17-14 所示。

02 单击【创建】按钮，即可创建新的数据库 school，如图 17-15 所示。

图 17-14　创建的数据库的名称　　　　　　图 17-15　创建数据库 school

03 在【名称】文本框中输入数据表名字和字段数，然后单击【执行】按钮，如图 17-16 所示。

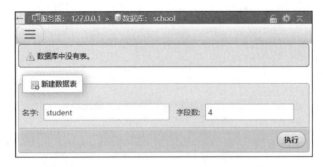

图 17-16　新建数据表 student

04 添加数据表中的各个字段和数据类型，如图 17-17 所示。

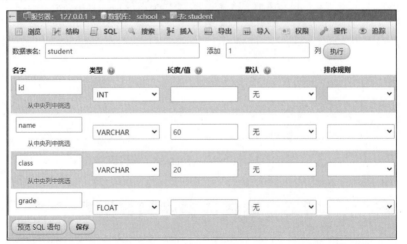

图 17-17　添加数据表字段

05 单击【保存】按钮，在打开的界面中可以查看完成的 student 数据表，如图 17-18 所示。

图 17-18　student 数据表的信息

添加数据表后，还需要添加具体的数据，具体操作步骤如下。

01 选择 student 数据表，单击【插入】标签。依照字段的顺序，将对应的数值依次输入，单击【执行】按钮，即可插入数据，如图 17-19 所示。

图 17-19　插入数据

02 重复执行上一步的操作，将数据输入到数据表中，如图 17-20 所示。

id	name	class	grade
10001	王猛	一班	386
10002	李丽	二班	360
10003	秦龙	二班	299
10004	华少	一班	390

图 17-20　输入更多的数据

17.4　MySQL 数据库的基本操作

本节将详细介绍 MySQL 数据库的基本操作。

17.4.1　创建数据库

创建数据库是在系统磁盘上划分一块区域，用于数据的存储和管理。如果管理员在设置权限的时候已为用户创建了数据库，就可以直接使用，否则需要自己创建数据库。MySQL 中创建数据库的基本 SQL 语法格式如下：

```
CREATE DATABASE database_name;
```

database_name 为要创建的数据库的名称，该名称不能与已经存在的数据库重名。

实例 1 创建测试 mytest 数据库

输入语句如下：

```
CREATE DATABASE mytest;
```

在 phpMyAdmin 主界面中单击 SQL 标签，在窗口中输入需要执行的 SQL 语句，然后单击【执行】按钮即可，如图 17-21 所示。

图 17-21　执行 SQL 语句

17.4.2　查看数据库

数据库创建好之后，可以使用 SHOW CREATE DATABASE 声明查看数据库的定义。

实例 2 查看创建好的 mytest 数据库的定义

输入语句如下：

```
SHOW CREATE DATABASE mytest;
*************************** 1. row ***************************
       Database: test_db
Create Database: CREATE DATABASE 'test_db' /*!40100 DEFAULT CHARACTER SET utf8 */
```

可以看到，如果数据库创建成功，将显示数据库的创建信息。
再次使用 SHOW databases;语句来查看当前所有存在的数据库，输入语句如下：

```
SHOW databases;
```

执行结果如图 17-22 所示。可以看到，数据库列表中包含刚刚创建的数据库 mytest 和其他已经存在的数据库名称。

图 17-22　数据库 mytest 已创建

17.4.3　删除数据库

删除数据库是将已经存在的数据库从磁盘空间上清除，清除之后，数据库中的所有数据也将一同被删除。删除数据库语句和创建数据库的命令相似，MySQL 中删除数据库的基本语法格式为：

```
DROP DATABASE database_name;
```

database_name 为要删除的数据库的名称，如果指定的数据库不存在，删除就会出错。

实例 3　删除测试 mytest 数据库

输入语句如下：

```
DROP DATABASE mytest;
```

执行语句完成之后，mytest 数据库将被删除，再次使用 SHOW CREATE DATABASE mytest;查看数据库的定义，执行结果给出一条错误信息 "#1049 - Unknown database ' mytest'"，即 mytest 数据库已不存在，删除成功。

使用 DROP DATABASE 命令时要非常谨慎，在执行该命令时，MySQL 不会给出任何提醒确认信息。DROP DATABASE 声明删除数据库后，数据库中存储的所有数据表和数据也将一同被删除，而且不能恢复。

17.5　MySQL 数据表的基本操作

本节将详细介绍数据表的基本操作，主要包括创建数据表、查看数据表、修改数据表、删除数据表。

17.5.1　创建数据表

数据表属于数据库，在创建数据表之前，应该使用语句 "USE <数据库名>" 指定操作是在哪个数据库中进行，如果没有选择数据库，就会抛出 "No database selected" 的错误信息提示。

创建数据表的语句为 CREATE TABLE，语法规则如下：

```
CREATE  TABLE <表名>
(
字段名 1，数据类型 [列级别约束条件] [默认值]，
字段名 2，数据类型 [列级别约束条件] [默认值]，
……
[表级别约束条件]
);
```

使用 CREATE TABLE 创建数据表时，必须指定以下信息。

(1) 要创建的表的名称，不区分大小写，不能使用 SQL 语句中的关键字，如 DROP、

ALTER、INSERT 等。

(2) 数据表中每一列(字段)的名称和数据类型，如果创建多个列，需用逗号隔开。

实例 4　创建 staff 员工表

staff 表结构如表 17-1 所示。

表 17-1　staff 表结构

字段名称	数据类型	备　注
id	INT	员工编号
name	VARCHAR(25)	员工名称
deptId	INT	所在部门编号
salary	FLOAT	工资

首先创建数据库，SQL 语句如下：

```
CREATE DATABASE enterprise;
```

在 phpMyAdmin 主界面中选择数据库 enterprise，然后创建 staff 表，SQL 语句如下：

```
CREATE TABLE staff
(
    id      INT,
    name    VARCHAR(25),
    deptId  INT,
    salary  FLOAT
);
```

执行语句完成后，即可创建 staff 数据表。

17.5.2　查看数据表

使用 SQL 语句创建好数据表之后，可以查看表结构的定义，以确认表的定义是否正确。在 MySQL 数据库中，查看表结构可以使用 DESCRIBE 和 SHOW CREATE TABLE 语句。本节将针对这两条语句分别进行详细的讲解。

DESCRIBE/DESC 语句用于查看表的字段信息，其中包括字段名、字段数据类型、是否为主键、是否有默认值等，语法规则如下：

```
DESCRIBE 表名;
```

或者简写为：

```
DESC 表名;
```

实例 5　使用 DESC 查看 staff 表的结构

SQL 语句如下：

```
DESC staff;
```

查看数据表 staff 的结构，如图 17-23 所示。

其中，各个字段的含义分别解释如下。

(1) Field：该列字段的名称。

(2) Type：该列的数据类型。

(3) Null：该列是否可以存储 NULL 值。

(4) Key：该列是否已编制索引。

(5) Default：该列是否有默认值，如果有的话值是多少。

(6) Extra：可以获取的与给定列有关的附加信息，如 AUTO_INCREMENT 等。

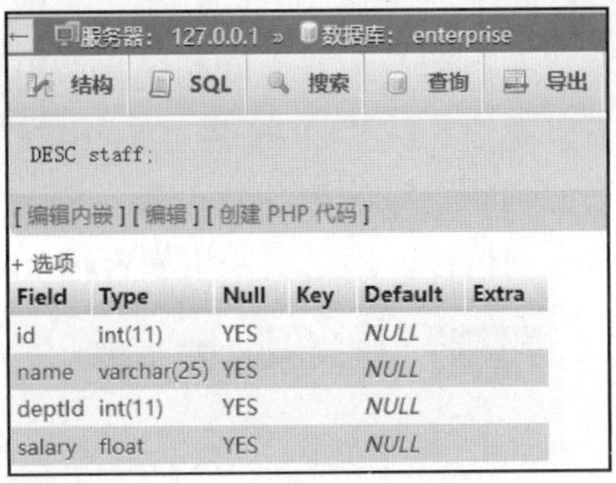

图 17-23　查看数据表 staff 的结构

17.5.3　修改数据表

MySQL 通过 ALTER TABLE 语句来修改表结构，具体的语法规则如下：

```
ALTER[IGNORE] TABLE 数据表名 alter_spec[, alter_spec]…
```

其中，alter_spec 子句定义要修改的内容，语法规则如下：

```
ADD [COLUMN] create_definition [FIRST|AFTER column_name]  //添加新字段
| ADD INDEX [index_name](index_col_name,…)               //添加索引名称
| ADD PRIMARY KEY (index_col_name,…)                     //添加主键名称
| ADD UNIQUE[index_name](index_col_name,…)               //添加唯一索引
| ALTER [COLUMN] col_name{SET DEFAULT literal |DROP DEFAULT} //修改字段名称
| CHANGE [COLUMN] old_col_name create_definition         //修改字段类型
| MODIFY [COLUMN] create_definition                      //添加子句定义类型
| DROP [COLUMN] col_name                                 //删除字段名称
| DROP  PRIMARY KEY                                      //删除主键名称
| DROP INDEX idex_name                                   //删除索引名称
| RENAME [AS] new_tbl_name                               //更改表名
| table_options
```

实例 6 将 staff 数据表中 name 字段的数据类型由 VARCHAR(25)修改成 VARCHAR(30)

输入如下 SQL 语句并执行：

```
ALTER TABLE staff MODIFY name VARCHAR(30);
```

17.5.4　删除数据表

删除数据表就是将数据库中已经存在的表从数据库中删除。注意，在删除表的同时，表的定义和表中所有的数据均会被删除。因此，在进行删除操作前，最好对表中的数据备份，以免造成无法挽回的损失。

在 MySQL 数据库中，使用 DROP TABLE 可以一次删除一个或多个没有被其他表关联的数据表，语法格式如下：

```
DROP TABLE [IF EXISTS]表 1, 表 2,…表 n;
```

其中，"表 *n*"指要删除的表的名称，后面可以同时删除多个表，只需将要删除的表名依次写在后面，相互之间用逗号隔开即可。如果要删除的数据表不存在，则 MySQL 会提示一条错误信息："ERROR 1051 (42S02): Unknown table '表名'"。参数 "IF EXISTS" 用于在删除前判断删除的表是否存在，加上该参数后，再删除表的时候，如果表不存在，SQL 语句可以顺利执行，但是会发出警告(warning)。

实例 7 删除 staff 数据表

SQL 语句如下：

```
DROP TABLE IF EXISTS staff;
```

17.6 MySQL 语句的操作

本节讲述 MySQL 语句的基本操作。

17.6.1 插入记录

使用基本的 INSERT 语句插入数据时要求指定表名称和插入新记录中的值，基本语法格式如下：

```
INSERT INTO table_name (column_list) VALUES (value_list);
```

table_name 指定要插入数据的表名，column_list 指定要插入数据的列，value_list 指定每个列对应插入的数据。注意，使用该语句时字段列和数据值的数量必须相同。

在 MySQL 数据库中，可以一次性插入多行记录，各行记录之间用逗号隔开即可。

实例 8 创建 tmp1 数据表，定义数据类型为 TIMESTAMP 的字段 ts，向表中插入值 '19950101010101'、'950505050505'、'1996-02-02 02:02:02'、'97@03@03 03@03@03'、121212121212、NOW()

SQL 语句如下：

```
CREATE TABLE tmp1(ts TIMESTAMP);
```

向表中插入多条数据的 SQL 语句如下：

```
INSERT INTO tmp1 (ts) values ('19950101010101'),
('950505050505'),
('1996-02-02 02:02:02'),
('97@03@03 03@03@03'),
(121212121212),
( NOW() );
```

17.6.2 查询记录

MySQL 从数据表中查询数据的基本语句为 SELECT 语句，SELECT 语句的基本格式如下：

```
SELECT
        {* | <字段列表>}
        [
            FROM <表 1>,<表 2>...
            [WHERE <表达式>
            [GROUP BY <group by definition>]
            [HAVING <expression> [{<operator> <expression>}...]]
            [ORDER BY <order by definition>]
            [LIMIT [<offset>,] <row count>]
        ]
SELECT [字段 1,字段 2,…,字段 n]
FROM [表或视图]
WHERE [查询条件];
```

其中，各条子句的含义如下。

(1) {* | <字段列表>}包含星号通配符和字段列表，表示查询的字段，其中字段列至少包含一个字段名称，如果要查询多个字段，多个字段之间用逗号隔开，最后一个字段后不要加逗号。

(2) FROM <表 1>,<表 2>...，表 1 和表 2 表示查询数据的来源，可以是单个或者多个。

(3) WHERE 子句是可选项，如果选择该项，将限定查询行必须满足的查询条件。

(4) [GROUP BY <字段>]，该子句告诉 MySQL 如何显示查询出来的数据，并按照指定的字段分组。

(5) [HAVING <expression> [{<operator> <expression>}...]]：对所有分组根据指定条件进行过滤。

(6) [ORDER BY <字段 >]，该子句告诉 MySQL 按什么样的顺序显示查询出来的数据，可以进行的排序有：升序(ASC)、降序(DESC)。

(7) [LIMIT [<offset>,] <row count>]，该子句告诉 MySQL 每次显示查询出来的数据条数。

本节将使用 person 样例表，创建语句如下：

```
CREATE TABLE person
(
    id      INT UNSIGNED NOT NULL AUTO_INCREMENT,
    name    CHAR(40) NOT NULL DEFAULT '',
    age     INT NOT NULL DEFAULT 0,
    info    CHAR(50) NULL,
    PRIMARY KEY (id)
);
```

插入演示数据，SQL 语句如下：

```
INSERT INTO person (id ,name, age, info)
        VALUES (1,'Green', 21, 'Lawyer'),
        (2, 'Suse', 22, 'dancer'),
        (3,'Mary', 24, 'Musician');
```

实例 9　从 person 表中获取 name 和 age 两列

SQL 语句如下：

```
SELECT name, age FROM person;
```

17.6.3 修改记录

表中有数据之后，接下来就可以对数据进行更新操作了。MySQL 中使用 UPDATE 语句更新表中的记录，可以更新特定的行或者同时更新所有行，基本语法格式如下：

```
UPDATE table_name
SET column_name1 = value1,column_name2=value2,…,column_namen=valuen
WHERE (condition);
```

column_name1,column_name2,…,column_namen 为指定更新的字段的名称；value1,value2,…valuen 为相对应的指定字段的更新值；condition 指定更新的记录需要满足的条件。更新多列时，每个"列-值"对之间用逗号隔开，最后一列之后不需要逗号。

实例 10 在 person 表中，更新 id 值为 1 的记录，将 age 字段值改为 15，将 name 字段值改为 LiMing

SQL 语句如下：

```
UPDATE person SET age = 15, name='LiMing' WHERE id = 1;
```

17.6.4 删除记录

从数据表中删除数据使用 DELETE 语句，DELETE 语句允许 WHERE 子句指定删除条件，DELETE 语句基本语法格式如下：

```
DELETE FROM table_name [WHERE <condition>];
```

table_name 指定要执行删除操作的表；[WHERE <condition>]为可选参数，指定删除条件，如果没有 WHERE 子句，DELETE 语句将删除表中的所有记录。

实例 11 在 person 表中，删除"id=1"的记录

SQL 语句如下：

```
DELETE FROM person WHERE id = 1;
```

17.7 为 MySQL 管理账号加上密码

在 MySQL 数据库中的管理员账号为 root，为了保护数据库账号的安全，可以为管理员账号加密，具体的操作步骤如下。

01 进入 phpMyAdmin 的管理主界面。单击【权限】链接，来设置管理员账号的权限，如图 17-24 所示。

02 在进入的窗口中可以看到 root 用户和本机 localhost，单击【修改权限】链接，如图 17-25 所示。

03 进入账户界面，单击【修改密码】链接，如图 17-26 所示。

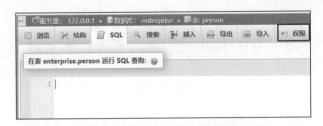

图 17-24　单击【权限】链接

图 17-25　单击【修改权限】链接

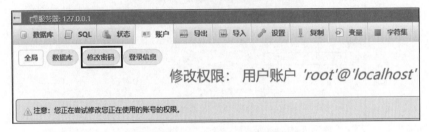

图 17-26　单击【修改密码】链接

04 在打开的界面中的【密码】文本框中输入所要使用的密码，如图 17-27 所示。单击【执行】按钮，即可添加密码。

图 17-27　添加密码

17.8 MySQL 数据库的备份与还原

MySQL 数据库提供了多种方法对数据进行备份与还原。本节将介绍数据备份和数据还原的相关知识。

17.8.1 对数据库进行备份

要想对 MySQL 数据库进行备份，只需要登录 PhpMyAdmin 并选择需要备份的数据库，然后单击【导出】链接，就可以根据自己的需要来设置备份了。在一般情况下，只需按照默认设置即可，如图 17-28 所示。设置完成后，单击页面右下角的【执行】按钮即可实现备份操作。

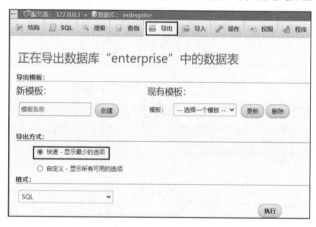

图 17-28　备份数据库

17.8.2 对数据库进行还原

要想对 MySQL 数据库进行还原操作，开发者可以通过多种方法实现。在前文讲解的是使用 PhpMyAdmin 默认的方式(使用 SQL 方式)进行备份，下面将讲解使用 SQL 方式进行还原的方法。在还原前需要新建一个数据库，如"mytest"。新建数据库后单击【导入】链接，然后选择备份的数据库文件，单击【执行】按钮即可还原数据库，如图 17-29 所示。

图 17-29　数据库的还原

17.9 疑 难 解 惑

疑问 1：每一个表中都要有一个主键吗？

不是。一般来说，在多个表之间进行连接操作时需要用到主键。因此，并不需要为每个表建立主键，而且有些情况最好不使用主键。

疑问 2：如何仅仅导出指定的数据表？

如果用户想导出指定的数据表，在 phpMyAdmin 的管理主界面单击【导出】链接，在选择导出方式时，选中【自定义-显示所有可用的选项】，然后在【数据表】列表中选择需要导出的数据表即可，如图 17-30 所示。

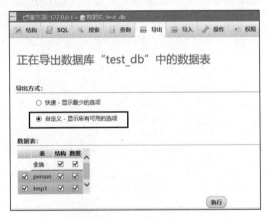

图 17-30 设置导出方式

17.10 跟我学上机

上机练习 1：创建数据库和数据表。

创建数据库 commodity，然后在该数据库中创建 goods 数据表，数据表的结构如图 17-31 所示。最后插入演示数据，结果如图 17-32 所示。

图 17-31 数据表 goods 的表结构 　图 17-32 插入演示数据

上机练习 2:使用 SQL 语句操作数据。

使用 SQL 语句执行以下操作。

(1) 插入一条新的记录(10004,空调,广州,8900)。

(2) 查询数据表 goods 中的所有数据。

(3) 修改 id 为 10001 的商品的价格为 8800 元。

(4) 删除价格为 5800 元的商品。

第18章

PHP 操作
MySQL 数据库

PHP 和 MySQL 的结合是目前 Web 开发中的黄金组合。那么 PHP 是如何操作 MySQL 数据库的呢？PHP 操作 MySQL 数据库是通过 mysqli 扩展库来完成的，包括选择数据库、创建数据库和数据表、添加数据、修改数据、读取数据和删除数据等操作。本章将学习 PHP 操作 MySQL 数据库的各种函数和技巧。

本章要点(已掌握的在方框中打勾)

☐ 熟悉 PHP 访问 MySQL 数据库的步骤
☐ 掌握优化查询速度的方法
☐ 掌握操作 MySQL 数据库函数的方法
☐ 掌握管理 MySQL 数据库中数据的方法

18.1 PHP 访问 MySQL 数据库的步骤

对于一个通过 Web 访问数据库的工作过程，一般分为如下几个步骤。

(1) 用户使用浏览器对某个页面发出 HTTP 请求。

(2) 服务器端接收到请求，发送给 PHP 程序进行处理。

(3) PHP 解析代码。在代码中有连接 MySQL 数据库的命令和请求特定数据库的某些特定数据的 SQL 命令。根据这些代码，PHP 打开一个与 MySQL 的连接，并且发送 SQL 命令到 MySQL 数据库。

(4) MySQL 接收到 SQL 语句之后，加以执行。执行完毕后将执行结果返回到 PHP 程序。

(5) PHP 执行代码，并根据 MySQL 返回的请求结果数据，生成特定格式的 HTML 文件，且传递给浏览器。HTML 经过浏览器渲染，就得到了用户请求的展示结果。

18.2 操作 MySQL 数据库的函数

下面介绍 PHP 操作 MySQL 数据库所使用的各个函数的含义和使用方法。

18.2.1 连接 MySQL 服务器

PHP 是使用 mysqli_connect()函数连接到 MySQL 数据库的。

mysqli_connect()函数的语法格式如下：

```
mysqli_connect('MYSQL 服务器地址', '用户名', '用户密码', '要连接的数据库名');
```

mysqli_connect()函数用于打开一个到 MySQL 服务器的连接，如果成功则返回一个 MySQL 连接标识，失败则返回 false。

实例 1 连接 localhost 服务器(案例文件：ch18\18.1.php)

```php
<?php
    $servername = "localhost";              // MYSQL 服务器地址和端口号
    $username = "root";                     // MYSQL 用户名
    $password = "";                         // 用户密码
    // 创建连接
    $link = mysqli_connect($servername, $username, $password);
    // 检测连接
    if (!$link) {
        die("数据库连接失败！" . mysqli_connect_error());
    }else{
        echo "数据库连接成功！";
    }
?>
```

运行结果如图 18-1 所示。

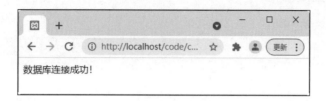

图 18-1　连接 localhost 服务器

如果用户在连接服务器时，同时也连接好默认的数据库为 test，则可以将下面代码：

```
$link = mysqli_connect($servername, $username, $password);
```

修改如下：

```
$link = mysqli_connect($servername, $username, $password,test);
```

PHP 是面向对象的语言，所以也可以用面向对象的方式连接 MySQL 数据库，代码如下：

```
<?php
    $servername = "localhost";
    $username = "root";
    $password = "";
    // 创建连接
    $link = new mysqli($servername, $username, $password);
    // 检测连接
    if ($link ->connect_error) {
        die("数据库连接失败！" . $link ->connect_error);
    }
    echo "数据库连接成功！";
?>
```

18.2.2　选择数据库

连接到服务器以后，就需要选择数据库，只有选择了数据库，才能对数据表进行相关的操作。

使用函数 mysqli_select_db() 可以选择数据库，该函数的语法格式为：

```
mysqli_select_db(数据库服务器连接对象, 目标数据库名)
```

实例 2　选择 mytest 数据库(案例文件：ch18\18.2.php)

```
<?php
    $servername = "localhost";
    $username = "root";
    $password = "";
    // 创建连接
    $link = mysqli_connect($servername, $username, $password);
    // 检测连接
    if (mysqli_select_db($link,'mytest')) {
        echo("数据库选择成功！");
    }else{
        echo "数据库选择失败！";
    }
?>
```

运行结果如图 18-2 所示。

图 18-2　选择 mytest 数据库

mysqli_select_db()函数经常使用在提前不知道应该连接哪个数据库或者要修改已经连接的默认数据库。

18.2.3　创建数据库

连接到 MySQL 服务器后，用户也可以自己创建数据库，使用 mysqli_query()函数可以执行 SQL 语句，其语法格式如下：

```
mysqli_query(dbection,query);
```

其中参数 dbection 为数据库连接；参数 query 为 SQL 语句。

在创建 mytest 数据库之前，先删除服务器中的现有的 mytest 数据库，在 MySQL 控制台中执行语句如下：

```
DROP DATABASE mytest;
```

实例 3　创建 mytest 数据库(案例文件：ch18\18.3.php)

```php
<?php
    $servername = "localhost";          // MYSQL 服务器地址
    $username = "root";                  // MYSQL 用户名
    $password = "";                      // 用户密码
    // 创建连接
    $link = mysqli_connect($servername, $username, $password);
    // 检测连接
    if (!$link) {
        die("数据库连接失败！ " . mysqli_connect_error());
    }else{
        echo "数据库连接成功！";
    }
    // 创建数据库的 SQL 语句
    $sql = "CREATE DATABASE mytest DEFAULT CHARACTER SET utf8 COLLATE
utf8_general_ci ";
    if(mysqli_query($link, $sql)) {
        echo "数据库创建成功！";
    } else {
        echo "数据库创建失败！ " . mysqli_error($link);
    }
    //关闭数据库的连接
    mysqli_close($link);
?>
```

运行结果如图 18-3 所示。

图 18-3　创建 mytest 数据库

PHP 是面向对象的语言，所以也可以用面向对象的方式创建 MySQL 数据库，上面的案例代码修改如下：

```php
<?php
    $servername = "localhost";
    $username = "root";
    $password = "";

    // 创建连接
    $link = new mysqli($servername, $username, $password);
    // 检测连接
    if ($link->dbect_error) {
    die("连接失败: " . $link->dbect_error);
}

// 创建数据库
$sql = " CREATE DATABASE mytest DEFAULT CHARACTER SET utf8 COLLATE
utf8_general_ci ";
if ($link->query($sql) === TRUE) {
    echo "数据库创建成功";
} else {
    echo "数据库创建失败: " . $link->error;
}

$link->close();
?>
```

18.2.4　创建数据表

数据库创建完成后，即可在该数据库中创建数据表。下面讲述如何使用 PHP 创建数据表。

例如，在 mytest 数据库中创建 goods 数据表，包含 5 个字段，其 SQL 语句如下：

```sql
CREATE TABLE goods
(
    id      INT(11),
    name    VARCHAR(25),
    city    VARCHAR(10),
    price   FLOAT,
    gtime   date
);
```

实例 4　创建 goods 数据表(案例文件：ch18\18.4.php)

```php
<?php
    $servername = "localhost";              // MYSQL 服务器地址
    $username = "root";                     // MYSQL 用户名
```

```php
    $password = "";                          // 用户密码
    $linkname ="mytest";                     // 需要连接的数据库
    // 创建连接
    $link = mysqli_connect($servername, $username, $password,$linkname);
    // 检测连接
    if (!$link) {
        die("数据库连接失败！ " . mysqli_connect_error());
    }
    // 创建数据库的 SQL 语句
    $sql = "
    CREATE TABLE goods
    (
        id        INT(11),
        name      VARCHAR(25),
        city      VARCHAR(10),
        price   FLOAT,
        gtime     date
    );";
    if(mysqli_query($link, $sql)) {
        echo "数据表 goods 创建成功！ ";
    } else {
        echo "数据表 goods 创建失败！ " . mysqli_error($link);
    }
    //关闭数据库的连接
    mysqli_close($link);
?>
```

运行结果如图 18-4 所示。

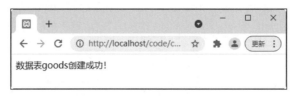

图 18-4　创建 goods 数据表

PHP 是面向对象的语言，所以也可以用面向对象的方式创建 MySQL 数据表，上面的案例代码修改如下：

```php
<?php
    $servername = "localhost";
    $username = "root";
    $password = "";
    $linkname = "mytest";
    // 创建连接
    $link = new mysqli($servername, $username, $password, $linkname);
    // 检测连接
    if ($link->connect_error) {
        die("连接失败: " . $link->connect_error);
    }
    // 使用 sql 创建数据表
    $sql = "
    CREATE TABLE goods
    (
        id        INT(11),
        name      VARCHAR(25),
```

```
         city      VARCHAR(10),
         price     FLOAT,
         gtime     date
    );";
  if ($link->query($sql) === TRUE) {
      echo "数据表 employee 创建成功";
  } else {
      echo "创建数据表错误: " . $link->error;
  }
  $link->close();
?>
```

18.2.5　添加一条数据记录

数据表创建完成后，就可以向表中添加数据了。

实例 5　添加一条数据记录 (案例文件：ch18\18.5.php)

本实例是往 goods 数据表中插入第一条记录：id 为 100001，name 为洗衣机，city 为上海，price 为 4998，gtime 为 2021-10-1。代码如下：

```php
<?php
  $servername = "localhost";                   // MYSQL 服务器地址
  $username = "root";                           // MYSQL 用户名
  $password = "";                               // 用户密码
  $linkname ="mytest";                          // 需要连接的数据库
  // 创建连接
  $link = mysqli_connect($servername, $username, $password,$linkname);
  // 检测连接
  if (!$link) {
      die("数据库连接失败! " . mysqli_connect_error());
  }
  // 创建数据库的 SQL 语句
  $sql = "INSERT INTO goods()VALUES (100001, '洗衣机', '上海',4998, '2021-10-1')";
  if (mysqli_query($link, $sql)) {
      echo "一条记录插入成功! ";
  } else {
      echo "插入数据错误: ".$sql . "<br />" . mysqli_error($link);
  }
  //关闭数据库的连接
  mysqli_close($link);
?>
```

运行结果如图 18-5 所示。

图 18-5　插入单条数据记录

PHP 是面向对象的语言，所以也可以用面向对象的方式插入数据，上面的案例代码修改如下：

```php
<?php
    $servername = "localhost";
    $username = "root";
    $password = "";
    $linkname = "mytest";

    // 创建连接
    $link = new mysqli($servername, $username, $password, $linkname);
    // 检测连接
    if ($link->connect_error) {
        die("连接失败: " . $link->connect_error);
    }

    $sql = "INSERT INTO goods()VALUES (100001, '洗衣机', '上海',
4998, '2021-10-1')";
    if ($link->query($sql) === TRUE) {
        echo "新记录插入成功";
    } else {
        echo "插入数据错误: " . $sql . "<br/>" . $link->error;
    }
    $link->close();
?>
```

18.2.6　一次插入多条数据

如果想一次性插入多条数据，需要使用 mysqli_multi_query()函数，语法格式如下：

```
mysqli_multi_query(dbection,query);
```

其中参数 dbection 为数据库连接；参数 query 为 SQL 语句，多个语句之间必须用分号隔开。

实例 6　一次插入多条数据记录 (案例文件：ch18\18.6.php)

代码如下：

```php
<?php
    $servername = "localhost";              // MYSQL 服务器地址
    $username = "root";                     // MYSQL 用户名
    $password = "";                         // 用户密码
    $linkname ="mytest";                    // 需要连接的数据库
    // 创建连接
    $link = mysqli_connect($servername, $username, $password,$linkname);
    // 检测连接
    if (!$link) {
        die("数据库连接失败! " . mysqli_connect_error());
    }
    // 创建数据库的 SQL 语句
    $sql = "INSERT INTO goods()VALUES (100002, '空调', '北京', 6998, '2020-10-
10');";
    $sql  .= "INSERT INTO goods()VALUES (100003, '电视机', '上海', 3998, '2019-
```

```
10-1')";
   $sql .= "INSERT INTO goods()VALUES (100004, '热水器', '深圳', 7998, '2020-
5-1')";
   if (mysqli_multi_query($link, $sql)) {
      echo "三条记录插入成功! ";
   } else {
      echo "插入数据错误: ".$sql . "<br />" . mysqli_error($link);
   }
   //关闭数据库的连接
   mysqli_close($link);
?>
```

运行结果如图 18-6 所示。

图 18-6　一次插入三条数据记录

PHP 是面向对象的语言，所以也可以用面向对象的方式一次插入多条数据，上面的案例
代码修改如下：

```
<?php
   $servername = "localhost ";
   $username = "root";
   $password = "";
   $linkname = "mytest";
   // 创建连接
   $link = new mysqli($servername, $username, $password, $linkname);
   // 检测连接
   if ($link->connect_error) {
      die("连接失败: " . $link->connect_error);
   }
   $sql = "INSERT INTO goods()VALUES (100002, '空调', '北京', 6998, '2020-10-
10')";
   $sql .= "INSERT INTO goods()VALUES (100003, '电视机', '上海', 3998, '2019-
10-1')";
   $sql .= "INSERT INTO goods()VALUES (100004, '热水器', '深圳', 7998, '2020-
5-1')";
   if ($link-> multi_query ($sql) === TRUE) {
      echo "三条记录插入成功";
   } else {
      echo "插入数据错误: " . $sql . "<br/>" . $link->error;
   }
   $link->close();
?>
```

18.2.7　读取数据

插入完数据后，读者就可以读取数据表中的数据了。下面的案例主要用于学习如何读取
goods 数据表的记录。

实例 7 读取数据记录 (案例文件：ch18\18.7.php)

代码如下：

```php
<?php
    $servername = "localhost";                   // MYSQL 服务器地址
    $username = "root";                           // MYSQL 用户名
    $password = "";                              // 用户密码
    $linkname ="mytest";                         // 需要连接的数据库
    // 创建连接
    $link = mysqli_connect($servername, $username, $password,$linkname);
    // 检测连接
    if (!$link) {
        die("数据库连接失败！" . mysqli_connect_error());
    }
    // 创建数据库的 SQL 语句
    $sql = "SELECT id,name,city,price,gtime FROM goods";
    $result = mysqli_query($link, $sql);
    if (mysqli_num_rows($result) > 0) {
        // 输出数据
        while($row = mysqli_fetch_assoc($result)) {   //将结果集放入关联数组
            echo "编号：" . $row["id"]. " ** 名称：" . $row["name"]." **产地：" .
$row["city"]." **价格：" . $row["price"]." **日期：" . $row["gtime"]. "<br />";
        }
    } else {
        echo "没有输出结果";
    }
    mysqli_free_result($result);
    mysqli_close($link);
?>
```

运行结果如图 18-7 所示。

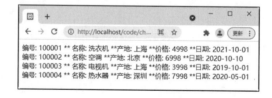

图 18-7 读取数据

PHP 是面向对象的语言，所以也可以用面向对象的方式读取数据表中的数据，上面的案例代码修改如下：

```php
<?php
    $servername = "localhost";
    $username = "root";
    $password = "";
    $linkname = "mytest";
    // 创建连接
    $link = new mysqli($servername, $username, $password, $linkname);
    // 检测连接
    if ($link->connect_error) {
        die("连接失败：" . $link->connect_error);
    }
```

```
$sql = " SELECT id,name,city,price,gtime FROM goods ";
$result = mysqli_query($link, $sql);
if (mysqli_num_rows($result) > 0) {
    // 输出数据
    while($row = mysqli_fetch_assoc($result)) {
            echo "编号: " . $row["id"]. " ** 名称: " . $row["name"]." **产地: " .
$row["city"]." **价格: " . $row["price"]." **日期: " . $row["gtime"]. "<br />";
    }
} else {
    echo "没有输出结果";
}

$link->close();
?>
```

18.2.8　释放资源

释放资源的函数为 mysqli_free_result()，语法格式如下：

```
mysqli_free_result(resource $result)
```

mysqli_free_result()函数用于释放所有与结果标识符$result 相关联的内存。该函数仅需要在考虑到返回很大的结果集会占用较多内存时调用。在执行结束后所有关联的内存都会被自动释放。该函数释放对象$result 所占用的资源。

18.2.9　关闭连接

在连接数据库时，可以使用 mysqli_connect()函数。与之相对应，在完成了一次对服务器的使用的情况下，需要关闭此连接，以免出现对 MySQL 服务器中数据的误操作。关闭连接的函数是 mysqli_close()。

语法格式如下：

```
mysqli_close ($link)
```

mysqli_close($link)语句关闭了$link 连接。

18.3　管理 MySQL 数据库中的数据

在开发网站的后台管理系统中，对数据库的操作包括对数据的添加和查询操作。

18.3.1　添加商品信息

本实例通过表单页面 add.html 添加商品信息，表单中包括 id(编号)、name(名称)、city(产地)、price(价格)、gtime(上市时间)5 个字段，当单击【提交】按钮时，将表单提交到"18.8.php"文件。

实例8　添加数据 (案例文件：ch18\18.8.php 和 add.html)

add.html 文件的具体代码如下：

```html
<!DOCTYPE html>
<html>
<head>
    <meta charset="UTF-8">
    <title>添加商品信息</title>
</head>
<body>
<h2>添加商品信息</h2>
<form action="18.8.php" method="post">
    商品编号:
    <input name="id" type="text" size="20"/> <br />
    商品名称:
    <input name="name" type="text" size="20"/> <br />
    商品产地:
    <input name="city" type="text" size="20"/> <br />
    商品价格:
    <input name="price" type="text" size="20"/> <br />
    上市时间:
    <input name="gtime" type="date" /> <br />
    <input name="reset" type="reset" value="重置数据"/>
    <input name="submit" type="submit" value="上传数据"/>
</form>
</body>
</html>
```

18.8.php 的具体代码如下:

```php
<?php
    $id = $_POST['id'];
    $name = $_POST['name'];
    $city = $_POST['city'];
    $price = $_POST['price'];
    $gtime = $_POST['gtime'];
    $servername = "localhost";
    $username = "root";
    $password = "";
    $linkname = "mytest";
    // 创建连接
    $link = mysqli_connect($servername, $username, $password, $linkname);
    // 检测连接
    if (!$link) {
        die("数据库连接失败: " . mysqli_connect_error());
    }
    $id = addslashes($id);
    $name = addslashes($name);
    $city = addslashes($city);
    $price = addslashes($price);
    $gtime = addslashes($gtime);
    $sql = "INSERT INTO goods(id,name,city,price,gtime) VALUES
('{$id}','{$name}','{$city}','{$price}','{$gtime}')";
    if(mysqli_query($link,$sql)){
    echo "商品信息添加成功! ";
    }else{
        echo "商品信息添加失败! ";
    };
    mysqli_close($link);
?>
```

运行 add.html，输入商品的信息，如图 18-8 所示。单击【上传数据】按钮，页面跳转至 18.8.php，并返回添加信息的情况，如图 18-9 所示。

图 18-8　输入商品的信息

图 18-9　商品信息添加成功

18.3.2　查询商品信息

本案例主要讲解如何使用 SELECT 语句查询数据信息。

实例 9　查询所有商品信息 (案例文件：ch18\18.9.php)

代码如下：

```html
<!DOCTYPE HTML>
<html>
<head>
    <meta charset=utf-8">
    <title>浏览数据</title>
</head>
<body>
<h2 align="center">商品浏览页面</h2>
<table width="90%" border="1" cellpadding="0" cellspacing="0">
    <tr>
        <td align="center" valign="middle" >商品编号</td>
        <td align="center" valign="middle">商品名称</td>
        <td align="center" valign="middle">商品产地</td>
        <td align="center" valign="middle">商品价格</td>
        <td align="center" valign="middle">上市时间</td>
    </tr>
<?php
$servername = "localhost";            // MYSQL 服务器地址
$username = "root";                    // MYSQL 用户名
$password = "";                        // 用户密码
$linkname ="mytest";                  // 需要连接的数据库

// 创建连接
```

```
$link = mysqli_connect($servername, $username, $password,$linkname);
// 检测连接
if (!$link) {
    die("数据库连接失败！ " . mysqli_connect_error());
}
// 创建数据库的 SQL 语句
$sql = "SELECT id,name,city,price,gtime FROM goods";
$result = mysqli_query($link, $sql);
while($rows = mysqli_fetch_row($result)) {
        echo "<tr>";
        for($i = 0; $i < count($rows); $i++){
                echo "<td height='25' align='center'
class='m_td'>".$rows[$i]."</td>";
            }
            echo "</tr>";
}
?>
</table>
</body>
</html>
```

运行结果如图 18-10 所示。

图 18-10　查询商品信息

实例 10　查询指定条件的商品信息 (案例文件：ch18\18.10.php 和 select.html)

首先选择商品的产地，然后查询指定产地的商品信息。
select.html 的代码如下：

```
<!DOCTYPE html>
<html>
<head>
    <meta charset="UTF-8">
    <title>查询商品信息</title>
</head>
<body>
<h2>查询商品信息</h2>
<form action="18.10.php" method="post">
选择商品产地：
<select name="city">
<option value="北京">北京</option>
<option value="上海">上海</option>
```

```
<option value="深圳">深圳</option>
</select><br />
<input name="submit" type="submit" value="查询商品信息"/>
</form>
</body>
</html>
```

18.10.php 文件的代码如下：

```
<!DOCTYPE HTML>
<html>
<head>
    <meta charset="UTF-8">
    <title>商品查询页面</title>
</head>
<body>
<h2 align="center">商品查询页面</h2>
<table width="90%" border="1" cellpadding="0" cellspacing="0">
    <tr>
        <td align="center" valign="middle" >商品编号</td>
        <td align="center" valign="middle">商品名称</td>
        <td align="center" valign="middle">商品产地</td>
        <td align="center" valign="middle">商品价格</td>
        <td align="center" valign="middle">上市时间</td>
    </tr>
<?php
$servername = "localhost";          // MYSQL 服务器地址
$username = "root";                 // MYSQL 用户名
$password = "";                     // 用户密码
$linkname ="mytest";                // 需要连接的数据库
$city = $_POST['city'];
// 创建连接
$link = mysqli_connect($servername, $username, $password,$linkname);
// 检测连接
if (!$link) {
    die("数据库连接失败！" . mysqli_connect_error());
}
// 创建数据库的 SQL 语句
$sql = "SELECT id,name,city,price,gtime FROM goods WHERE city = '".$city."'";
$result = mysqli_query($link, $sql);
while($rows = mysqli_fetch_row($result)) {
    echo "<tr>";
    for($i = 0; $i < count($rows); $i++){
        echo "<td height='25' align='center' class='m_td'>".$rows[$i]."</td>";
    }
    echo "</tr>";
}
?>
</table>
</body>
</html>
```

运行 select.html，选择商品的产地，例如，这里选择上海，如图 18-11 所示。单击【查询商品信息】按钮，页面跳转至 18.9.php，如图 18-12 所示，查询出所有产地为上海的商品信息。

图 18-11　选择商品的产地

图 18-12　查询商品信息

18.4　疑　难　解　惑

疑问 1：如何对数据表中的信息进行排序操作？

使用 ORDER BY 语句可以对数据表中的信息进行排序操作。例如，将 goods 数据表中的信息按价格从低到高排序。SQL 语句如下：

```
SELECT id,name,city,price FROM goods ORDER BY price ASC
```

其中 ASC 为默认关键词，表示按升序排列。如果想按降序排列，可以使用 DESC 关键字。

疑问 2：为什么应尽量省略 MySQL 语句中的分号？

在 MySQL 语句中，每一行的命令都是用分号作为结束的，但是，当一行 MySQL 被插入 PHP 代码中时，最好把后面的分号省略掉。这主要是因为 PHP 也是以分号作为一行的结束的，额外的分号有时会让 PHP 的语法分析器搞不明白，所以还是省略掉为好。在这种情况下，虽然省略了分号，但是 PHP 在执行 MySQL 命令时会自动加上去。

另外，还有一个不需要加分号的情况。当用户想把字段竖着排列显示，而不是像通常的那样横着排列，可以用 G 来结束一行 SQL 语句，这时就不用加分号了，例如：

```
SELECT * FROM paper WHERE ID ＝10001G
```

18.5　跟我学上机

上机练习 1：使用 PHP 创建数据库和数据表。

使用 mysqli_query()函数创建数据库 mydb，然后在 mydb 数据库中创建 student 数据表，该表包含 4 个字段，分别是 id、name、sex、age。

上机练习 2：插入并读取数据。

使用 mysqli_multi_query()函数插入 3 条演示数据，然后根据年龄，读取指定的数据并显示出来。

第19章

设计论坛管理
系统数据库

　　随着论坛的出现，人们的交流有了新的变化。在论坛里，人与人之间的交流打破了空间、时间的限制。在论坛系统中，用户可以注册成为论坛会员，取得发表言论的资格，这就需要论坛信息管理工作系统化、规范化、自动化。通过论坛系统，可以做到信息的规范管理、科学统计和快速地发表言论。为了实现论坛系统规范和运行稳健，数据库的设计需要非常合理才行。本章节主要讲述论坛管理系统数据库的设计方法。

本章要点(已掌握的在方框中打勾)

□ 了解论坛系统
□ 熟悉论坛系统的功能
□ 掌握如何设计论坛系统的方案图表
□ 掌握如何设计论坛发布系统的表
□ 掌握如何设计论坛发布系统的索引
□ 掌握如何设计论坛发布系统的视图
□ 掌握如何设计论坛发布系统的触发器

19.1 系 统 概 述

论坛(Bulletin Board System，BBS)即电子公告板或者公告板服务(Bulletin Board Service)。它是 Internet 上的一种电子信息服务系统。它提供一块公共电子白板，每个用户都可以在上面书写，可发布信息或提出看法。

论坛是一种交互性强、内容丰富而及时的电子信息服务系统。用户在 BBS 站点上可以获得各种信息服务、发布信息、进行讨论、聊天等。像日常生活中的黑板报一样，论坛按不同的主题分为不同的板块，版面的设立依据是大多数用户的要求和喜好，用户可以阅读别人关于某个主题的看法，也可以将自己的想法毫无保留地贴到论坛中。随着计算机网络技术的不断发展，BBS 论坛的功能越来越强大，目前 BBS 的主要功能有以下几点。

(1) 供用户自我选择阅读若干感兴趣的专业组和讨论组内的信息。

(2) 可随意检查是否有新消息发布并选择阅读。

(3) 用户可在站点内发布消息或文章供他人查阅。

(4) 用户可就站点内其他人的消息或文章进行评论。

(5) 同一站点内的用户互通电子邮件，设定好友名单。

现实生活中的交流存在时间和空间上的局限性，交流人群范围的狭小，以及间断的交流，不能保证信息的准确性和可取性。因此，用户需要通过网上论坛也就是 BBS 的交流扩大交流面，同时可以从多方面获得自己的及时需求。同时信息时代迫切要求加快信息传播速度，局部范围的信息交流只会减缓前进的步伐。

BBS 系统的开发能为分散于五湖四海的人提供一个共同交流、学习、倾吐心声的平台，实现来自不同地方用户的极强的信息互动性，用户在获得自己所需要的信息的同时也可以广交朋友，拓展自己的视野和扩大自己的社交面。

论坛系统的基本功能包括用户信息的录入、查询、修改和删除，用户留言及头像的前台显示功能。其中还包括管理员的登录信息。

19.2 系 统 功 能

论坛管理系统的重要功能是管理论坛帖子的基本信息。通过论坛管理系统，可以提高论坛管理员的工作效率。

论坛管理系统主要分为 5 个部分，即用户管理、管理员管理、板块管理、主帖管理和回复帖管理。论坛管理系统功能模块如图 19-1 所示。

(1) 用户管理模块：实现新增用户，查看和修改用户信息功能。

(2) 管理员管理模块：实现新增管理员，查看、修改和删除管理员信息功能。

(3) 板块管理模块：实现对管理员、管理的模块和管理的评论赋权功能。

(4) 主帖管理模块：实现对主帖的增加、查看、修改和删除功能。

(5) 回复帖管理模块：实现有相关权限的管理员对回复帖的审核和删除功能。

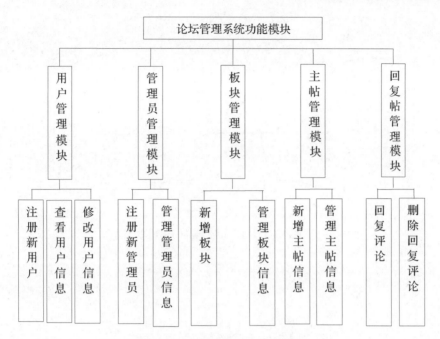

图 19-1　论坛管理系统功能模块

通过本节的学习，读者对这个论坛系统的主要功能有了一定的了解，下一节将向读者介绍本系统所需要的数据库和表。

19.3　数据库设计和实现

数据库设计时要确定设计哪些表、表中包含哪些字段、字段的数据类型和长度。本节主要讲述论坛数据库设计和实现过程。

19.3.1　设计方案图表

在设计表之前，用户可以先设计出方案图表。

1. 用户表的 E-R 图

用户 user 表的 E-R 图，如图 19-2 所示。

2. 管理员表的 E-R 图

管理员 admin 表的 E-R 图，如图 19-3 所示。

3. 板块表的 E-R 图

板块 section 表的 E-R 图，如图 19-4 所示。

4. 主帖表的 E-R 图

主帖 topic 表的 E-R 图，如图 19-5 所示。

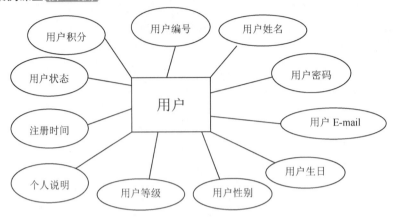

图 19-2　用户 user 表的 E-R 图

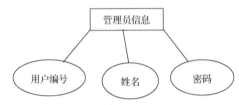

图 19-3　管理员 admin 表的 E-R 图

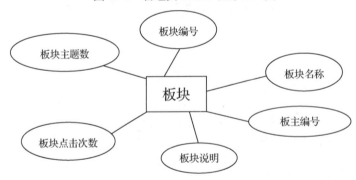

图 19-4　板块 section 表的 E-R 图

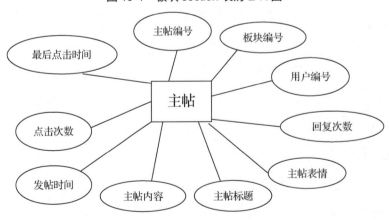

图 19-5　主帖 topic 表的 E-R 图

5. 回复帖表的 E-R 图

回复帖 reply 表的 E-R 图，如图 19-6 所示。

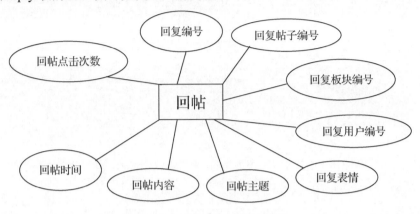

图 19-6　回复帖 reply 表的 E-R 图

19.3.2　设计表

本系统所有的表都放在 bbs 数据库下，创建和选择 bbs 数据库的 SQL 代码如下：

```
CREATE DATABASE bbs;
USE bbs;
```

在这个数据库下总共有 5 张表，分别是用户信息表、管理员信息表、板块信息表、主帖信息表和回复帖信息表。

1. 用户信息表

用户信息表(user 表)中存储用户编号(ID)、用户名称、用户密码和用户 E-mail 地址等，所以 user 表设计了 10 个字段。user 表每个字段的信息如表 19-1 所示。

表 19-1　user 表的内容

列　名	数据类型	允许 NULL 值	说　明
uID	INT	否	用户编号
userName	VARCHAR(20)	否	用户名称
userPassword	VARCHAR(20)	否	用户密码
userEmail	VARCHAR(20)	否	用户 Email
userBirthday	DATE	否	用户生日
userSex	BIT	否	用户性别
userClass	INT	否	用户等级
userStatement	VARCHAR(150)	否	用户个人说明
userRegDate	TIMESTAMP	否	用户注册时间
userPoint	INT	否	用户积分

根据表 19-1 的内容创建 user 表，其 SQL 语句如下：

```
CREATE TABLE user(
     uID INT PRIMARY KEY UNIQUE NOT NULL,
     userName VARCHAR(20) NOT NULL,
     userPassword VARCHAR(20) NOT NULL,
     userEmail VARCHAR(20) NOT NULL,
     userBirthday DATE NOT NULL,
     userSex BIT NOT NULL,
     userClass  INT NOT NULL,
     userStatement VARCHAR(150) NOT NULL,
     userRegDate  TIMESTAMP NOT NULL,
     userPoint  INT NOT NULL
     );
```

创建完成后，可以使用 DESC 语句查看 user 表的基本结构，也可以通过 SHOW CREATE TABLE 语句查看 user 表的详细信息。

2. 管理员信息表

管理员信息表(admin 表)主要用来存放用户账号信息，如表 19-2 所示。

表 19-2　admin 表的内容

列　名	数据类型	允许 NULL 值	说　明
adminID	INT	否	管理员编号
adminName	VARCHAR(20)	否	管理员名称
adminPassword	VARCHAR(20)	否	管理员密码

根据表 19-2 的内容创建 admin 表，其 SQL 语句如下：

```
CREATE TABLE admin(
     adminID INT PRIMARY KEY UNIQUE NOT NULL,
     adminName VARCHAR(20) NOT NULL,
     adminPassword VARCHAR(20) NOT NULL
     );
```

创建完成后，可以使用 DESC 语句查看 admin 表的基本结构，也可以通过 SHOW CREATE TABLE 语句查看 admin 表的详细信息。

3. 板块信息表

板块信息表(section 表)主要用来存放板块信息，如表 19-3 所示。

表 19-3　section 表的内容

列　名	数据类型	允许 NULL 值	说　明
sID	INT	否	板块编号
sName	VARCHAR(20)	否	板块名称
sMasterID	INT	否	板主编号
sStatement	VARCHAR	否	板块说明
sClickCount	INT	否	板块点击次数
sTopicCount	INT	否	板块主题数

根据表 19-3 的内容创建 section 表，其 SQL 语句如下：

```
CREATE TABLE section (
        sID INT PRIMARY KEY UNIQUE NOT NULL,
        sName VARCHAR(20) NOT NULL,
        sMasterID INT NOT NULL,
        sStatement VARCHAR NOT NULL,
        sClickCount INT NOT NULL,
        sTopicCount INT NOT NULL
        );
```

创建完成后，可以使用 DESC 语句查看 section 表的基本结构，也可以通过 SHOW CREATE TABLE 语句查看 section 表的详细信息。

4. 主帖信息表

主帖信息表(topic 表)主要用来存放主帖信息，如表 19-4 所示。

表 19-4　topic 表的内容

列　名	数据类型	允许 NULL 值	说　明
tID	INT	否	主帖编号
tsID	INT	否	主帖板块编号
tuid	INT	否	主帖用户编号
tReplyCount	INT	否	主帖回复次数
tEmotion	VARCHAR	否	主帖表情
tTopic	VARCHAR	否	主帖标题
tContents	TEXT	否	主帖内容
tTime	TIMESTAMP	否	发帖时间
tClickCount	INT	否	主帖点击次数
tLastClickT	TIMESTAMP	否	主帖最后点击时间

根据表 19-4 的内容创建 topic 表，其 SQL 语句如下：

```
CREATE TABLE topic (
        tID INT PRIMARY KEY UNIQUE NOT NULL,
        tSID INT NOT NULL,
        tuid INT NOT NULL,
        tReplyCount INT NOT NULL,
        tEmotion VARCHAR NOT NULL,
        tTopic VARCHAR NOT NULL,
        tContents TEXT NOT NULL,
        tTime  TIMESTAMP NOT NULL,
        tClickCount  INT NOT NULL,
        tLastClickT TIMESTAMP NOT NULL
        );
```

创建完成后，可以使用 DESC 语句查看 topic 表的基本结构，也可以通过 SHOW CREATE TABLE 语句查看 topic 表的详细信息。

5. 回复帖信息表

回复帖信息表(reply 表)主要用来存放回复帖的信息，如表 19-5 所示。

表 19-5　reply 表的内容

列　名	数据类型	允许 NULL 值	说　明
rID	INT	否	回复帖编号
rtID	INT	否	回复帖子编号
ruID	INT	否	回复用户编号
rEmotion	CHAR	否	回帖表情
rTopic	VARCHAR(20)	否	回帖主题
rContents	TEXT	否	回帖内容
rTime	TIMESTAMP	否	回帖时间
rClickCount	INT	否	回帖点击次数

根据表 19-5 的内容创建 reply 表，其 SQL 语句如下：

```
CREATE TABLE reply (
        rID INT PRIMARY KEY UNIQUE NOT NULL,
        rtID INT NOT NULL,
        ruID INT NOT NULL,
        rEmotion CHAR NOT NULL,
        rTopic VARCHAR(20) NOT NULL,
        rContents TEXT NOT NULL,
        rTime TIMESTAMP NOT NULL,
        rClickCount  INT NOT NULL
        );
```

创建完成后，可以使用 DESC 语句查看 reply 表的基本结构，也可以通过 SHOW CREATE TABLE 语句查看 reply 表的详细信息。

19.3.3　设计索引

索引是创建在表上的，是对数据库中一列或者多列的值进行排序的一种结构。索引可以提高查询的速度。论坛系统需要查询论坛的信息，这就需要在某些特定字段上建立索引，以便提高查询速度。

1. 在 topic 表上建立索引

新闻发布系统中需要按照 tTopic 字段、tTime 字段和 tContents 字段查询新闻信息。在本书前面的章节中介绍了几种创建索引的方法。本小节将使用 CREATE INDEX 语句和 ALTER TABLE 语句创建索引。

首先使用 CREATE INDEX 语句在 tTopic 字段上创建名为 index_topic_title 的索引，其 SQL 语句如下：

```
CREATE INDEX index_topic_title ON topic(tTopic);
```

然后再使用 CREATE INDEX 语句在 tTime 字段上创建名为 index_topic_date 的索引，其

SQL 语句如下：

```
CREATE INDEX index_topic_date ON topic(tTime);
```

最后再使用 ALTER TABLE 语句在 tContents 字段上创建名为 index_topic_contents 的索引，其 SQL 语句如下：

```
ALTER TABLE topic ADD INDEX index_topic_contents (contents);
```

2. 在 section 表上建立索引

论坛系统中需要通过板块名称查询该板块下的帖子信息，因此需要在这个字段上创建索引，创建索引的语句如下：

```
CREATE INDEX index_section_name ON section (sName);
```

代码执行完成后，读者可以使用 SHOW CREATE TABLE 语句查看 section 表的详细信息。

3. 在 reply 表上建立索引

论坛系统需要通过 rTime 字段、rTopic 字段和 tID 字段查询回复帖子的内容。因此可以在这 3 个字段上创建索引，创建索引的语句如下：

```
CREATE INDEX index_reply_rtime ON comment (rTime);
CREATE INDEX index_reply _rtopic ON comment (rTopic);
CREATE INDEX index_reply _rid ON comment (tID);
```

代码执行完成后，读者可以通过 SHOW CREATE TABLE 语句查看 reply 表的结构。

19.3.4　设计视图

在论坛系统中，如果直接查询 section 表，显示信息时会显示板块编号和板块名称等信息。这种显示不直观显示主帖的标题和发布时间，为了以后查询方便，可以建立一个视图 topic_view。这个视图显示板块的编号、板块的名称、同一板块下主帖的标题、主帖的内容和主帖的发布时间。创建视图 topic_view 的 SQL 语句如下：

```
CREATE VIEW topic_view
AS SELECT s.ID,s.Name,t.tTopic,t.tContents,t.tTime
FROM section s,topic t
WHERE section.sID=topic.sID;
```

SQL 语句中给每个表都取了别名，section 表的别名为 s；topic 表的别名为 t，这个视图从这两个表中取出相应的字段。视图创建完成后，可以使用 SHOW CREATE VIEW 语句查看 topic_view 视图的详细信息。

19.3.5　设计触发器

触发器是由 INSERT、UPDATE 和 DELETE 等事件来触发某种特定的操作。满足触发器的触发条件时，数据库系统就会执行触发器中定义的程序语句。这样做可以保证某些操作之间的一致性。为了使论坛系统的数据更新更加快速和合理，可以在数据库中设计几个触发器。

1. 设计 INSERT 触发器

如果向 section 表插入记录，说明板块的主题数目也要相应地增加。这可以通过触发器来完成。在 section 表上创建名为 section_count 的触发器，其 SQL 语句如下：

```
DELIMITER &&
CREATE TRIGGER section_count AFTER UPDATE
        ON section FOR EACH ROW
        BEGIN
          UPDATE section SET sTopicCount= sTopicCount+1
            WHERE sID=NEW.sID;
        END
        &&
DELIMITER ;
```

其中 NEW.sID 表示 section 表中增加的记录 sID 值。

2. 设计 UPDATE 触发器

在设计数据表时，user 表和 reply 表的 uID 字段的值是一样的。如果 user 表中的 uID 字段的值更新了，那么 reply 表中的 uID 字段的值也必须同时更新。这可以通过一个 UPDATE 触发器来实现。创建 UPDATE 触发器 update_userID 的 SQL 语句如下：

```
DELIMITER &&
CREATE TRIGGER update_userID AFTER UPDATE
        ON user FOR EACH ROW
        BEGIN
          UPDATE reply SET uID=NEW.uID
        END
        &&
DELIMITER;
```

其中 NEW.uID 表示 user 表中更新记录的 uID 值。

3. 设计 DELETE 触发器

如果从 user 表中删除一个用户的信息，那么这个用户在 topic 表中的信息也必须同时删除，这也可以通过触发器来实现。在 user 表上创建 delete_user 触发器，只要执行 DELETE 操作，那么就删除 topic 表中相应的记录。创建 delete_user 触发器的 SQL 语句如下：

```
DELIMITER &&
CREATE TRIGGER delete_user AFTER DELETE
        ON user FOR EACH ROW
        BEGIN
          DELETE FROM top WHERE uID=OLD.uID
        END
        &&
DELIMITER;
```

其中，OLD.uID 表示新删除记录的 uID 值。

第 20 章

新闻发布系统数据库设计

　　MySQL 数据库的使用非常广泛，很多网站和管理系统均使用 MySQL 数据库存储数据。本章节主要讲述新闻发布系统的数据库设计过程。通过本章节的学习，读者可以在新闻发布系统的设计过程中学会如何使用 MySQL 数据库。

本章要点(已掌握的在方框中打勾)

- ☐ 了解新闻发布系统
- ☐ 熟悉新闻发布系统的功能
- ☐ 掌握如何设计新闻发布系统的表
- ☐ 掌握如何设计新闻发布系统的索引
- ☐ 掌握如何设计新闻发布系统的视图
- ☐ 掌握如何设计新闻发布系统的触发器

20.1 系统概述

本章介绍的是一个小型新闻发布系统,管理员可以通过该系统发布新闻信息、管理新闻信息。一个典型的新闻发布系统网站至少应包含新闻信息管理、新闻信息显示和新闻信息查询 3 种功能。

新闻发布系统所要实现的功能具体包括:新闻信息添加、新闻信息修改、新闻信息删除、显示全部新闻信息、按类别显示新闻信息、按关键字查询新闻信息、按关键字进行站内查询。

本站为一个简单的新闻信息发布系统,该系统具有以下特点。

(1) 实用:系统实现了一个完整的信息查询过程。

(2) 简单易用:为使用户尽快掌握和使用整个系统,系统结构简单但功能齐全,简洁的页面设计使操作起来非常简便。

(3) 代码规范:作为一个实例,文中的代码规范简洁、清晰易懂。

本系统主要用于发布新闻信息、管理用户、管理权限、管理评论等。这些信息的录入、查询、修改和删除等操作都是该系统重点解决的问题。

本系统主要功能包括以下几点。

(1) 具有用户注册及个人信息管理功能。

(2) 管理员可以发布新闻、删除新闻。

(3) 用户注册后可以对新闻进行评论、发表留言。

(4) 管理员可以管理留言和对用户进行管理。

20.2 系统功能

新闻发布系统分为 5 个部分,即用户管理、管理员管理、权限管理、新闻管理和评论管理。新闻发布系统的功能模块如图 20-1 所示。

(1) 用户管理模块:实现新增用户,查看和修改用户信息功能。

(2) 管理员管理模块:实现新增管理员,查看、修改和删除管理员信息功能。

(3) 权限管理模块:实现对管理员、管理的模块和管理的评论赋权功能。

(4) 新闻管理模块:实现有相关权限的管理员对新闻的增加、查看、修改和删除功能。

(5) 评论管理模块:实现有相关权限的管理员对评论的审核和删除功能。

通过本节的介绍,读者对这个新闻发布系统的主要功能有一定的了解,下一节会向读者介绍本系统所需要的数据库和表。

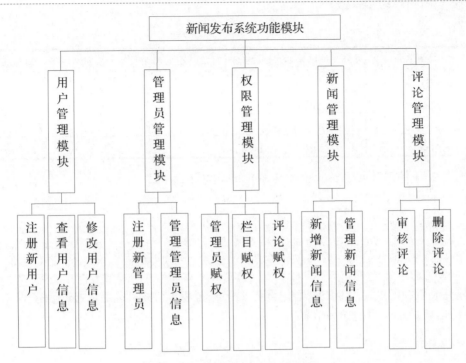

图 20-1　新闻发布系统功能模块

20.3　数据库设计和实现

数据库设计是开发管理系统的最重要的一个步骤。如果数据库设计得不够合理，将会为后续的开发工作带来很大的麻烦。本节为读者介绍新闻发布系统的数据库开发过程。

数据库设计时要确定设计哪些表、表中包含哪些字段、字段的数据类型和长度。通过本节的学习，读者可以对 MySQL 数据库的知识有个全面的了解。

20.3.1　设计表

本系统所有的表都放在 webnews 数据库下，创建和选择 webnews 数据库的 SQL 代码如下：

```
CREATE DATABASE webnews;
USE webnews;
```

在这个数据库中共包括 9 张表，分别是用户信息表、管理员信息表、权限信息表、新闻信息表、栏目信息表、评论信息表、管理员_权限表、新闻_评论表和用户_评价表。

1. 用户信息表

用户信息表(user 表)中存储用户编号、用户名称、用户密码和用户 E-mail，所以 user 表设计了 4 个字段。user 表每个字段的信息如表 20-1 所示。

(((

(((

((((((((((

(((((((

表 20-1　user 表的内容

列　名	数据类型	允许 NULL 值	说　明
userID	INT	否	用户编号
userName	VARCHAR(20)	否	用户名称
userPassword	VARCHAR(20)	否	用户密码
userEmail	VARCHAR(20)	否	用户 E-mail

根据表 20-1 的内容创建 user 表，其 SQL 语句如下：

```
CREATE TABLE user(
    userID INT PRIMARY KEY UNIQUE NOT NULL,
    userName VARCHAR(20) NOT NULL,
    userPassword VARCHAR(20) NOT NULL,
    userEmail VARCHAR(20) NOT NULL
    );
```

创建完成后，可以使用 DESC 语句查看 user 表的基本结构，也可以通过 SHOW CREATE TABLE 语句查看 user 表的详细信息。

2. 管理员信息表

管理员信息表(admin 表)主要用来存放用户账号信息，如表 20-2 所示。

表 20-2　admin 表的内容

列　名	数据类型	允许 NULL 值	说　明
adminID	INT	否	管理员编号
adminName	VARCHAR(20)	否	管理员名称
adminPassword	VARCHAR(20)	否	管理员密码

根据表 20-2 的内容创建 admin 表，其 SQL 语句如下：

```
CREATE TABLE admin(
    adminID INT PRIMARY KEY UNIQUE NOT NULL,
    adminName VARCHAR(20) NOT NULL,
    adminPassword VARCHAR(20) NOT NULL
    );
```

创建完成后，可以使用 DESC 语句查看 admin 表的基本结构，也可以通过 SHOW CREATE TABLE 语句查看 admin 表的详细信息。

3. 权限信息表

权限信息表(roles 表)主要用来存放权限信息，如表 20-3 所示。

表 20-3　roles 表的内容

列　名	数据类型	允许 NULL 值	说　明
roleID	INT	否	权限编号
roleName	VARCHAR(20)	否	权限名称

根据表 20-3 的内容创建 roles 表，其 SQL 语句如下：

```
CREATE TABLE roles(
        roleID INT PRIMARY KEY UNIQUE NOT NULL,
        roleName VARCHAR(20) NOT NULL
        );
```

创建完成后，可以使用 DESC 语句查看 roles 表的基本结构，也可以通过 SHOW CREATE TABLE 语句查看 roles 表的详细信息。

4. 新闻信息表

新闻信息表(news 表)主要用来存放新闻信息，如表 20-4 所示。

表 20-4　news 表的内容

列　名	数据类型	允许 NULL 值	说　明
newsID	INT	否	新闻编号
newsTitle	VARCHAR(50)	否	新闻标题
newsContent	TEXT	否	新闻内容
newsDate	TIMESTAMP	是	发布时间
newsDesc	VARCHAR(50)	否	新闻描述
newsImagePath	VARCHAR(50)	是	新闻图片路径
newsRate	INT	否	新闻级别
newsIsCheck	BIT	否	新闻是否检验
newsIsTop	BIT	否	新闻是否置顶

根据表 20-4 的内容创建 news 表，其 SQL 语句如下：

```
CREATE TABLE news(
        newsID INT PRIMARY KEY UNIQUE NOT NULL,
        newsTitle VARCHAR(50) NOT NULL,
        newsContent TEXT NOT NULL,
        newsDate TIMESTAMP,
        newsDesc VARCHAR(50) NOT NULL,
        newsImagePath VARCHAR(50),
        newsRate INT,
        newsIsCheck BIT,
        newsIsTop BIT
        );
```

创建完成后，可以使用 DESC 语句查看 news 表的基本结构，也可以通过 SHOW CREATE TABLE 语句查看 news 表的详细信息。

5. 栏目信息表

栏目信息表(category 表)主要用来存放新闻栏目信息，如表 20-5 所示。

根据表 20-5 的内容创建 category 表，其 SQL 语句如下：

```
CREATE TABLE category (
        categoryID INT PRIMARY KEY UNIQUE NOT NULL,
        categoryName VARCHAR(50) NOT NULL,
```

```
categoryDesc VARCHAR(50) NOT NULL
      );
```

创建完成后，可以使用 DESC 语句查看 category 表的基本结构，也可以通过 SHOW CREATE TABLE 语句查看 category 表的详细信息。

表 20-5　category 表的内容

列　名	数据类型	允许 NULL 值	说　明
categoryID	INT	否	栏目编号
categoryName	VARCHAR(50)	否	栏目名称
categoryDesc	VARCHAR(50)	否	栏目描述

6. 评论信息表

评论信息表(comment 表)主要用来存放新闻评论信息，如表 20-6 所示。

表 20-6　comment 评论表的内容

列　名	数据类型	允许 NULL 值	说　明
commentID	INT	否	评论编号
commentTitle	VARCHAR(50)	否	评论标题
commentContent	VARCHAR(50)	否	评论内容
commentDate	DATETIME	是	评论日期

根据表 20-6 的内容创建 comment 表，其 SQL 语句如下：

```
CREATE TABLE comment (
      commentID INT PRIMARY KEY UNIQUE NOT NULL,
      commentTitle VARCHAR(50) NOT NULL,
      commentContent TEXT NOT NULL,
      commentDate DATETIME
      );
```

创建完成后，可以使用 DESC 语句查看 comment 表的基本结构，也可以通过 SHOW CREATE TABLE 语句查看 comment 表的详细信息。

7. 管理员_权限表

管理员_权限表(admin_Roles 表)主要用来存放管理员和权限的信息，如表 20-7 所示。

表 20-7　admin_Roles 表的内容

列　名	数据类型	允许 NULL 值	说　明
aRID	INT	否	管理员_权限编号
adminID	INT	否	管理员编号
roleID	INT	否	权限编号

根据表 20-7 的内容创建 admin_Roles 表，其 SQL 语句如下：

```
CREATE TABLE admin_Roles (
        aRID INT PRIMARY KEY UNIQUE NOT NULL,
        adminID INT NOT NULL,
        roleID INT NOT NULL
        );
```

创建完成后，可以使用 DESC 语句查看 admin_Roles 表的基本结构，也可以通过 SHOW CREATE TABLE 语句查看 admin_Roles 表的详细信息。

8. 新闻_评论表

新闻_评论表(news_Comment 表)主要用来存放新闻和评论的信息，如表 20-8 所示。

表 20-8　news_Comment 表的内容

列　名	数据类型	允许 NULL 值	说　明
nCommentID	INT	否	新闻_评论编号
newsID	INT	否	新闻编号
commentID	INT	否	评论编号

根据表 20-8 的内容创建 news_Comment 表，其 SQL 语句如下：

```
CREATE TABLE news_Comment (
        nCommentID INT PRIMARY KEY UNIQUE NOT NULL,
        newsID INT NOT NULL,
        commentID INT NOT NULL
        );
```

创建完成后，可以使用 DESC 语句查看 news_Comment 表的基本结构，也可以通过 SHOW CREATE TABLE 语句查看 news_Comment 表的详细信息。

9. 用户_评论表

用户_评论表(users_Comment 表)主要用来存放用户和评论的信息，如表 20-9 所示。

表 20-9　users_Comment 表的内容

列　名	数据类型	允许 NULL 值	说　明
uCID	INT	否	用户_评论编号
userID	INT	否	用户编号
commentID	INT	否	评论编号

根据表 20-9 的内容创建 users_Comment 表，其 SQL 语句如下：

```
CREATE TABLE news_Comment (
        uCID  INT PRIMARY KEY UNIQUE NOT NULL,
        userID  INT NOT NULL,
        commentID  INT NOT NULL
        );
```

创建完成后，可以使用 DESC 语句查看 users_Comment 表的基本结构，也可以通过 SHOW CREATE TABLE 语句查看 users_Comment 表的详细信息。

20.3.2　设计索引

索引是创建在表上的，是对数据库中一列或者多列的值进行排序的一种结构。索引可以提高查询的速度。新闻发布系统需要查询新闻的信息，这就需要在某些特定字段上建立索引，以便提高查询速度。

1. 在 news 表上建立索引

新闻发布系统中需要按照 newsTitle 字段、newsDate 字段和 newsRate 字段查询新闻信息。在本书前面的章节中介绍了几种创建索引的方法。本小节将使用 CREATE INDEX 语句和 ALTER TABLE 语句创建索引。

首先使用 CREATE INDEX 语句在 newsTitle 字段上创建名为 index_new_title 的索引，SQL 语句如下：

```
CREATE INDEX index_new_title ON news(newsTitle);
```

然后再使用 CREATE INDEX 语句在 newsDate 字段上创建名为 index_new_date 的索引，SQL 语句如下：

```
CREATE INDEX index_new_date  ON news(newsDate);
```

最后再使用 ALTER TABLE 语句在 newsRate 字段上创建名为 index_new_rate 的索引，SQL 语句如下：

```
ALTER TABLE news  ADD INDEX index_new_rate (newsRate);
```

2. 在 categroy 表上建立索引

新闻发布系统中需要通过栏目名称查询该栏目下的新闻，因此需要在这个字段上创建索引，创建索引的语句如下：

```
CREATE INDEX index_categroy_name ON categroy (categroyName);
```

语句执行完成后，读者可以使用 SHOW CREATE TABLE 语句查看 categroy 表的详细信息。

3. 在 comment 表上建立索引

新闻发布系统需要通过 commentTitle 字段和 commentDate 字段查询评论内容。因此可以在这两个字段上创建索引，创建索引的语句如下：

```
CREATE INDEX index_comment_title ON comment (commentTitle);
CREATE INDEX index_comment_date  ON comment (commentDate);
```

语句执行完成后，读者可以通过 SHOW CREATE TABLE 语句查看 comment 表的结构。

20.3.3　设计视图

视图是由数据库中一个表或者多个表导出的虚拟表，其作用是方便用户对数据的操作。

在这个新闻发布系统中，也设计了一个视图改善查询操作。

在新闻发布系统中，如果直接查询 news_Comment 表，显示信息时会显示新闻编号和评论编号，这种显示不直观，为了以后查询方便，可以建立一个视图 news_view。这个视图显示评论编号、新闻编号、新闻级别、新闻标题、新闻内容和新闻发布时间。创建视图 news_view 的 SQL 语句如下：

```
CREATE VIEW news_view
AS SELECT
c.commentID,n.newsID,n.newsRate,n.newsTitle,n.newsContent,n.newsDate
FROM news_Comment c,news n
WHERE news_Comment.newsID=news.newsID;
```

SQL 语句中给每个表都取了别名，news_Comment 表的别名为 c；news 表的别名为 n，该视图从这两个表中取出相应的字段。视图创建完成后，可以使用 SHOW CREATE VIEW 语句查看 news_view 视图的详细信息。

20.3.4　设计触发器

触发器是由 INSERT、UPDATE 和 DELETE 等事件来触发某种特定的操作。满足触发器的触发条件时，数据库系统就会执行触发器中定义的程序语句。这样做可以保证某些操作之间的一致性。为了使新闻发布系统的数据更新更加快速和合理，可以在数据库中设计几个触发器。

1. 设计 UPDATE 触发器

在设计表时，news 表和 news_Comment 表的 newsID 字段的值是一样的。如果 news 表中的 newsID 字段的值更新了，那么 news_Comment 表中的 newsID 字段的值也必须同时更新。这可以通过一个 UPDATE 触发器来实现。创建 UPDATE 触发器 update_newsID 的 SQL 语句如下：

```
DELIMITER &&
CREATE TRIGGER update_newsID AFTER UPDATE
        ON news FOR EACH ROW
        BEGIN
            UPDATE news_Comment SET newsID=NEW. newsID
        END
        &&
DELIMITER;
```

其中 NEW. newsID 表示 news 表中更新的记录的 newsID 值。

2. 设计 DELETE 触发器

如果从 user 表中删除一个用户的信息，那么这个用户在 users_Comment 表中的信息也必须同时删除，这也可以通过触发器来实现。在 user 表上创建 delete_user 触发器，只要执行 DELETE 操作，那么就删除 users_Comment 表中相应的记录。创建 delete_user 触发器的 SQL 语句如下：

```
DELIMITER &&
CREATE TRIGGER delete_user AFTER DELETE
```

```
        ON user FOR EACH ROW
        BEGIN
            DELETE FROM users_Comment WHERE userID=OLD. userID
        END
        &&
DELIMITER;
```

其中，OLD. userID 表示新删除的记录的 userID 值。

第 21 章

开发网上订餐系统

PHP 在互联网行业也被广泛地应用。互联网的发展让各个产业突破传统的发展领域，产业功能不断进化，实现同一内容的多领域共生，前所未有地扩大了传统产业链。目前整个文化创意产业掀起跨界融合浪潮，不断释放出全新生产力，激发产业活力。本章以一个网上订餐系统为例来介绍 PHP 在互联网行业开发中的应用技能。

本章要点(已掌握的在方框中打勾)

☐ 了解网上订餐系统的功能
☐ 熟悉网上订餐系统的分析方法
☐ 熟悉网上订餐系统的数据流程
☐ 掌握网上订餐系统数据库的设计方法
☐ 掌握开发网上订餐系统的方法
☐ 熟悉运行网上订餐系统的方法

21.1　系统功能描述

　　本案例介绍一个基于 PHP+MySQL 的网上订餐系统。该系统的功能主要包括用户登录及验证、菜品管理、删除菜品、添加菜品、订单管理、修改订单状态等。

　　整个项目以登录界面为起始，在用户输入账号和密码后，系统通过查询数据库验证该用户是否存在，如图 21-1 所示。

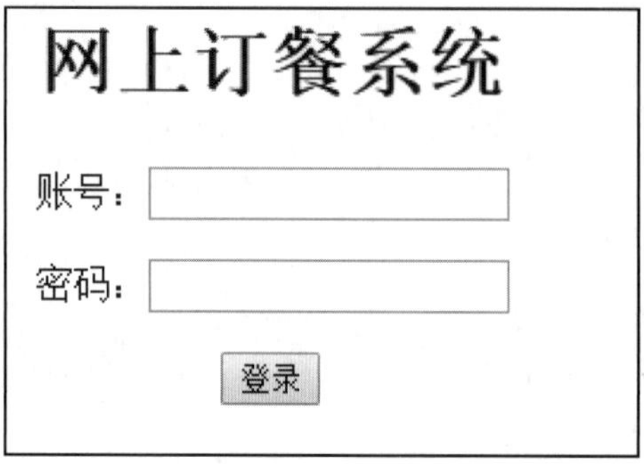

图 21-1　登录界面

　　若验证成功，则进入系统主菜单，用户可以在订餐系统进行相应的功能操作，如图 21-2 所示。

图 21-2　网上订餐系统主界面

21.2　系统功能分析和设计数据库

　　一个简单的网上订餐系统包括用户登录及验证、菜品管理、删除菜品、添加菜品、订单管理、修改订单状态等功能。本节就来学习网上订餐系统的功能以及实现方法。

21.2.1　系统功能分析

网上订餐系统的功能结构如图 21-3 所示。

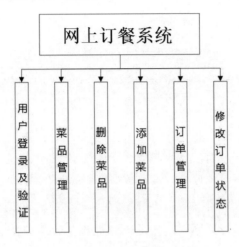

图 21-3　系统的功能结构

整个项目包含以下 6 个功能。

(1)　用户登录及验证：在登录界面，用户输入用户名和密码后，系统通过查询数据库验证是否存在该用户，若验证成功，则显示菜品管理界面，否则提示"无效的用户名和密码"，并返回登录界面。

(2)　菜品管理：用户登录系统后，进入菜品管理界面，从中可以查看所有菜品，系统会查询数据库显示菜品记录。

(3)　删除菜品：在菜品管理界面，用户单击【删除菜品】链接后，系统会从数据库删除此条菜品记录，并提示删除成功，返回到菜品管理界面。

(4)　添加菜品：用户登录系统后，可以单击【添加菜品】链接，进入添加菜品界面，从中可以输入菜品的基本信息，上传菜品图片，之后系统会向数据库新增一条菜品记录。

(5)　订单管理：用户登录系统后，可以单击【订单管理】链接，进入订单管理界面，从中可以查看所有订单，系统会查询数据库显示订单记录。

(6)　修改订单状态：在订单管理界面，用户单击【修改订单状态】链接后，进入修改订单状态界面，从中选择订单状态，进行提交，系统会更新数据库中该条记录的订单状态。

21.2.2　数据流程和数据库

网上订餐系统的数据流程如图 21-4 所示。

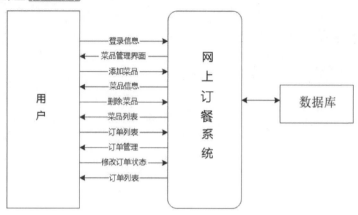

图 21-4　系统的数据流程

根据系统功能和数据库设计原则，设计数据库 goods。SQL 语法如下：

```
CREATE DATABASE IF NOT EXISTS goods;
```

根据系统功能和数据库设计原则，共设计 3 张表：管理员表 admin、菜品表 product、订单表 form。

各个表的结构如表 21-1~表 21-3 所示。

表 21-1　管理员表 admin

字 段 名	数据类型	字段说明
id	int(3)	管理员编码，主键
user	varchar(30)	用户名
pwd	varchar(64)	密码

表 21-2　菜品表 product

字 段 名	数据类型	字段说明
cid	int(255)	菜品编码，自增，主键
cname	varchar(100)	菜品名称
cprice	int(3)	价格
cspic	varchar(255)	图片
cpicpath	varchar(255)	图片路径

表 21-3　订单表 form

字段名	数据类型	字段说明
oid	int(255)	订单编码，自增，主键
user	varchar(30)	用户昵称
leibie	varchar(10)	种类

续表

字段名	数据类型	字段说明
name	varchar(20)	菜品名称
price	int(3)	价钱
num	int(3)	数量
call	varchar(15)	电话
address	text	地址
ip	varchar(15)	IP 地址
btime	datetime	下单时间
addons	text	备注
state	tinyint(1)	订单状态

创建管理员表 admin，SQL 语句如下：

```
CREATE TABLE IF NOT EXISTS admin (
    id int(3) unsigned NOT NULL,
    user varchar(30) NOT NULL,
    pwd varchar(64) NOT NULL,
    PRIMARY KEY (id)
);
```

插入演示数据，SQL 语句如下：

```
INSERT INTO admin (id, user, pwd) VALUES
    (1, 'admin', '123456');
```

创建菜品表 product，SQL 语句如下：

```
CREATE TABLE IF NOT EXISTS product (
    cid int(255) unsigned NOT NULL AUTO_INCREMENT,
    cname varchar(100) NOT NULL,
    cprice int(3) unsigned NOT NULL,
    cspic varchar(255) NOT NULL,
    cpicpath varchar(255) NOT NULL,
    PRIMARY KEY (cid)
);
```

插入演示数据，SQL 语句如下：

```
INSERT INTO product (cid, cname, cprice, cspic, cpicpath) VALUES
    (1, '八宝豆腐', 12, '', '101.png'),
    (2, '北京烤鸭', 89, '', '102.png'),
    (3, '炒木须肉',32, '', '103.png'),
    (4, '蛋花汤',8, '', '104.png');
```

创建订单表 form，SQL 语句如下：

```
CREATE TABLE IF NOT EXISTS form (
    oid int(255) unsigned NOT NULL AUTO_INCREMENT,
    user varchar(30) NOT NULL,
    leibie varchar(10) unsigned NOT NULL,
    name varchar(20) NOT NULL,
    price int(3) unsigned NOT NULL,
```

```
    num int(3) unsigned NOT NULL,
    call varchar(15) NOT NULL,
    address text NOT NULL,
    ip varchar(15) NOT NULL,
    btime datetime NOT NULL,
    addons text NOT NULL,
    state tinyint(1) NOT NULL,
    PRIMARY KEY (oid)
) ;
```

插入演示数据，SQL 语句如下：

```
INSERT INTO form (oid, user, leibie, name, price, num, call, address, ip,
btime, addons, state) VALUES
    (1, '张峰', '晚餐', '北京烤鸭',89,1,'1234567', '海淀区创智大厦1221',
'128.10.1.1', '2018-10-18 12:07:39', '尽快发货', 0),
    (2, '刘天一', '午餐', '炒木须肉',32,2,'1231238', 'CBD明日大厦1261',
'128.10.2.4', '2018-10-18 12:23:45', '无', 0);
```

21.3 代码的具体实现

该案例的代码清单包含 9 个 PHP 文件和两个文件夹，实现网上订餐系统的用户登录及验证、菜品管理、订单管理、修改订单状态等主要功能。

网上订餐系统中各文件的含义和代码如下。

1. index.php 文件

index.php 文件是案例的 Web 访问入口，是用户的登录界面。具体代码如下：

```
<!DOCTYPE html>
<html>
<head>
    <meta charset="UTF-8">
    <title>登录
</title>
</head>

<body>
<h1 align="center">网上订餐系统</h1>
<table width="100%" style="text-align:center">
<tr>
<form action="log.php" method="post">
<td width="60%" class="sub1">
<p class="sub">账号: <input type="text" name="userid" align="center"
class="txttop"></p>
<p class="sub">密码: <input type="password" name="pssw" align="center"
class="txtbot"></p>
<button name="button" class="button" type="submit">登录</button>
</form>
</td>
</tr>
</table>
</body>
</html>
```

2. conn.php 文件

conn.php 文件为数据库连接页面，代码如下：

```php
<?php
// 创建数据库连接
    $con = mysqli_connect("localhost:3308", "root", "a123456")or die("无法连接
到数据库");
    mysqli_select_db($con,"goods") or die(mysqli_error($con));
    mysqli_query($con,'set NAMES utf8');
?>
```

3. log.php 文件

log.php 文件是对用户登录进行验证，代码如下：

```php
<!DOCTYPE html>
<html>
<head>
    <meta charset="UTF-8">
    <title>验证</title>
<link rel="stylesheet" type="text/css" href="css/main.css">
<head>
<title>
</title>
<link rel="stylesheet" type="text/css" href="css/main.css">
</head>
<body><h1 align="center">网上订餐系统</h1></body>
<p align="center">
<?php
//连接数据库
require_once("conn.php");
//账号
$userid=$_POST['userid'];
//密码
$pssw=$_POST['pssw'];
//查询数据库
$qry=mysqli_query($con,"SELECT * FROM admin WHERE user='$userid'");
$row=mysqli_fetch_array($qry,MYSQLI_ASSOC);
//验证用户
if($userid==$row['user'] && $pssw==$row['pwd']&&$userid!=null&&$pssw!=null)
    {
        session_start();
        $_SESSION["login"] =$userid;
      header("Location: menu.php");
    }
else{
        echo "无效的账号或密码!";
        header('refresh:1; url= index.php');
    }
//}
?>
</p>
</body>
</html>
```

4. menu.php 文件

menu.php 文件为系统的主界面，具体代码如下：

```php
<?php
//打开 session
session_start();
include("conn.php");
?>
<!DOCTYPE html>
<html>
<head>
<meta http-equiv="Content-Type" content="text/html; charset=utf-8" />
<link type="text/css" rel="stylesheet" href="css/main.css" media="screen" />
<title>网上订餐系统</title>
</head>
<body><h1 align="center">网上订餐系统</h1>
<div style="margin-left:30%;margin-top:20px;">
<ul style="float:left;margin-left:30px;font-size:20px;">
<li ><a href="#">主页</a></li>
</ul>
<ul style="float:left;margin-left:30px;font-size:20px;">
<li ><a href="add.php">添加菜品</a></li>
</ul>
<ul style="float:left;margin-left:30px;font-size:20px;">
<li ><a href="search.php">订单管理</a></li>
</ul>
</div>
</div>
<div id="contain">
<div id="contain-left">
<?php
$result=mysqli_query($con," SELECT * FROM 'product' " );
while($row=mysqli_fetch_row($result))
  {
?>
<table class="intable" width="543" border="0">
  <tr>
    <td class="td1" >
     <?php
      if(true)
       {
         echo '<a href="del.php?id='.$row[0].'" onclick=return(confirm("你确定
要删除此条菜品吗? "))><font color=#FF00FF>删除菜品</font></a>';
       }
      ?>
    菜品名称: <?=$row[1]?></td>
    <td class="showimg" width="173" rowspan="2"><img
src='upload/<?=$row[4]?>' width="120" height="90" border="0" /><span><img
src="upload/<?=$row[4]?>" alt="big" /></span></td>
  </tr>
  <tr>
    <td class="td2">价格: ¥<font color="#FF0000" ><?=$row[2]?></font></td>
  </tr>
</table>
<TD bgColor=#ffffff><br>
</TD>
<?php
```

```
    }
mysqli_free_result($result);
?>
</div>
</div>
</body>
</html>
```

5. add.php 文件

add.php 文件为添加菜品页面，具体代码如下：

```php
<?php
  session_start();
  //设置中国时区
 date_default_timezone_set("PRC");
@$cname = $_POST["cname"];
@$cprice = $_POST["cprice"];
if (is_uploaded_file(@$_FILES['upfile']['tmp_name']))
 {
$upfile=$_FILES["upfile"];
}
@$type = $upfile["type"];
@$size = $upfile["size"];
@$tmp_name = $upfile["tmp_name"];
switch ($type) {
    case 'image/jpg' :$tp='.jpg';
        break;
    case 'image/jpeg' :$tp='.jpeg';
        break;
    case 'image/gif' :$tp='.gif';
        break;
    case 'image/png' :$tp='.png';
        break;
}
@$path=md5(date("Ymdhms").$name).$tp;
@$res = move_uploaded_file($tmp_name,'upload/'.$path);
include("conn.php");
if($res){
  $sql = "INSERT INTO 'caidan' ('cid', 'cname', 'cprice', 'cspic', 'cpicpath')
VALUES (NULL, '$cname', '$cprice', '', '$path')";
$result = mysqli_query($con,$sql);
$id = mysqli_insert_id($con);
echo "<script >location.href='menu.php'</script>";
}
?>
<!DOCTYPE html>
<html>
<head>
<meta http-equiv="Content-Type" content="text/html; charset=utf-8" />
<link type="text/css" rel="stylesheet" href="css/main.css" media="screen" />
<title>网上订餐系统</title>
</head>
<body><h1 align="center">网上订餐系统</h1>
<div style="margin-left:35%;margin-top:20px;">
<ul style="float:left;margin-left:30px;font-size:20px;">
<li ><a href="menu.php">主页</a></li>
</ul>
<ul style="float:left;margin-left:30px;font-size:20px;">
```

```
<li ><a href="add.php">添加菜品</a></li>
</ul>
<ul style="float:left;margin-left:30px;font-size:20px;">
<li ><a href="search.php">订单管理</a></li>
</ul>
</div>
<div style="margin-top:100px;margin-left:35%;">
<div>
<form action="add.php" method="post" enctype="multipart/form-data"
name="add">
菜品名称: <input name="cname" type="text" size="40"/><br /><br />
价格: <input name="cprice" type="text" size="10"/>元<br/><br />
缩略图上传: <input name="upfile" type="file" /><br /><br />
<input type="submit" value="添加菜品" style="margin-left:10%;font-size:16px"/>
</form>
</div>
</div>
</body>
</html>
```

6. del.php 文件

del.php 文件为删除订单页面，代码如下：

```php
<?php
    session_start();
    include("conn.php");
    $cid=$_GET['id'];
    $sql = "DELETE FROM 'caidan' WHERE cid = '$cid'";
    $result = mysqli_query($con,$sql);
    $rows = mysqli_affected_rows($con);
    if($rows >=1){
        alert("删除成功");
    }else{
        alert("删除失败");
    }
    // 跳转到主页
    href("menu.php");
    function alert($title){
        echo "<script type='text/javascript'>alert('$title');</script>";
    }
    function href($url){
        echo "<script
type='text/javascript'>window.location.href='$url'</script>";
    }
?>
<!DOCTYPE html>
<html>
<head>
<meta http-equiv="Content-Type" content="text/html; charset=utf-8" />
<link type="text/css" rel="stylesheet" href="include/main.css"
media="screen" />
<title>网上订餐系统</title>
</head>
<body><h1 align="center">网上订餐系统</h1>
<div id="contain">
    <div align="center">
```

```
    </div>
</body>
</html>
```

7. editDo.php 文件

editDo.php 文件为修改订单页面，具体代码如下：

```php
<?php
//打开 session
session_start();
include("conn.php");
$state=$_POST['state'];
?>
<html>
<head>
<meta http-equiv="Content-Type" content="text/html; charset=utf-8" />
<style type="text/css">
table.gridtable {
    font-family: verdana,arial,sans-serif;
    font-size:11px;
    color:#333333;
    border-width: 1px;
    border-color: #666666;
    border-collapse: collapse;
}
table.gridtable th {
    border-width: 1px;
    padding: 8px;
    border-style: solid;
    border-color: #666666;
    background-color: #dedede;
}
table.gridtable td {
    border-width: 1px;
    padding: 8px;
    border-style: solid;
    border-color: #666666;
    background-color: #ffffff;
}
</style>
<link type="text/css" rel="stylesheet" href="css/main.css" media="screen" />
<title>网上订餐系统</title>
</head>
<body><h1 align="center">网上订餐系统</h1>
<div style="margin-left:30%;margin-top:20px;">
<ul style="float:left;margin-left:30px;font-size:20px;">
<li ><a href="menu.php">主页</a></li>
</ul>
<ul style="float:left;margin-left:30px;font-size:20px;">
<li ><a href="add.php">添加菜品</a></li>
</ul>
<ul style="float:left;margin-left:30px;font-size:20px;">
<li ><a href="search.php">订单查询</a></li>
</ul>
</div>
<div id="contain">
    <div id="contain-left">
```

```php
<?php
if(''==$state or null==$state)
{
        echo "请选择订单状态!";
        header('refresh:1; url= edit.php');
}else
{
        $oid=$_GET['id'];
        $sql = "UPDATE 'form' SET state='$state' WHERE oid = '$oid'";
        $result = mysqli_query($con,$sql);
        echo "订单状态修改成功。";
        header('refresh:1; url= search.php');
}
?>
</div>
</div>
</body>
</html>
```

8. edit.php 文件

edit.php 文件为订单修改状态页面，具体代码如下：

```php
<?
//打开 session
session_start();
include("conn.php");
$id=$_GET['id'];
?>
<html>
<head>
<meta http-equiv="Content-Type" content="text/html; charset=utf-8" />
<style type="text/css">
table.gridtable {
    font-family: verdana,arial,sans-serif;
    font-size:11px;
    color:#333333;
    border-width: 1px;
    border-color: #666666;
    border-collapse: collapse;
}
table.gridtable th {
    border-width: 1px;
    padding: 8px;
    border-style: solid;
    border-color: #666666;
    background-color: #dedede;
}
table.gridtable td {
    border-width: 1px;
    padding: 8px;
    border-style: solid;
    border-color: #666666;
    background-color: #ffffff;
}
</style>
<link type="text/css" rel="stylesheet" href="css/main.css" media="screen" />
<title>网上订餐系统</title>
</head>
```

```html
<body><h1 align="center">网上订餐系统</h1>
<div style="margin-left:30%;margin-top:20px;">
<ul style="float:left;margin-left:30px;font-size:20px;">
<li ><a href="menu.php">主页</a></li>
</ul>
<ul style="float:left;margin-left:30px;font-size:20px;">
<li ><a href="add.php">添加菜品</a></li>
</ul>
<ul style="float:left;margin-left:30px;font-size:20px;">
<li ><a href="search.php">订单管理</a></li>
</ul>
</div>
<div id="contain">
<div id="contain-left">
<form name="input" method="post" action="editDo.php?id=<?=$_GET['id']?>">
  <p>修改状态: <br/>
    <input name="state" type="radio" value="0" />
    已经提交! <br/>
    <input name="state" type="radio" value="1" />
    已经接纳! <br/>
    <input name="state" type="radio" value="2" />
    正在派送! <br/>
    <input name="state" type="radio" value="3" />
    已经签收! <br/>
    <input name="state" type="radio" value="4" />
  意外，不能供应! </p>
    </p>
    <button name="button" class="button" type="submit">提交</button>
</form>
  </div>
</div>
</body>
</html>
```

9. search.php 文件

search.php 文件为订单搜索页面，代码如下：

```php
<?php
//打开 session
session_start();
include("conn.php");
?>
<html>
<head>
<meta http-equiv="Content-Type" content="text/html; charset=utf-8" />
<style type="text/css">
table.gridtable {
    font-family: verdana,arial,sans-serif;
    font-size:11px;
    color:#333333;
    border-width: 1px;
    border-color: #666666;
    border-collapse: collapse;
}
table.gridtable th {
    border-width: 1px;
    padding: 8px;
```

```
    border-style: solid;
    border-color: #666666;
    background-color: #dedede;
}
table.gridtable td {
    border-width: 1px;
    padding: 8px;
    border-style: solid;
    border-color: #666666;
    background-color: #ffffff;
}
</style>
<link type="text/css" rel="stylesheet" href="css/main.css" media="screen" />
<title>网上订餐系统</title>
</head>
<body><h1 align="center">网上订餐系统</h1>
<div style="margin-left:30%;margin-top:20px;">
<ul style="float:left;margin-left:30px;font-size:20px;">
<li ><a href="menu.php">主页</a></li>
</ul>
<ul style="float:left;margin-left:30px;font-size:20px;">
<li ><a href="add.php">添加菜品</a></li>
</ul>
<ul style="float:left;margin-left:30px;font-size:20px;">
<li ><a href="search.php">订单管理</a></li>
</ul>
</div>
<div id="contain">
  <div id="contain-left">
   <?php
   $result=mysqli_query($con," SELECT * FROM 'form' ORDER BY 'oid' DESC " );

     while($row=mysqli_fetch_row($result))
   {
     $x = $row[0];
   ?>

   <table width="640" border="1" cellspacing="0" cellpadding="3"
class="gridtable">
   <tr>
    <td width="116">
    编号:<?=$row[0]?></td>
    <td width="82">昵称:<?=$row[1]?></td>
    <td width="135">菜品种类:    <?=$row[2]?></td>
    <td width="160">下单时间:<?=$row[9]?></td>
   </tr>
   <tr>
    <td colspan="2">菜品名称:<?=$row[3]?></td>
    <td>价格:<?=$row[4]?>元</td>
    <td>数量:<?=$row[5]?></td>
   </tr>
   <tr>
     <td >总价:<?=$row[4]*$row[5]?></td>
    <td >联系电话:<?=$row[6]?></td>
     <td colspan="3" bgcolor="#EEEEEE">下单ip:<?=$row[8]?></td>
    </tr>
   <tr>
```

```
    <td colspan="4" bgcolor="#EEEEEE">附加说明:<?=$row[10]?></td>
  </tr>
  <tr>
    <td colspan="4" bgcolor="#EEEEEE">地址:<?=$row[7]?></td>
  </tr>
  <tr>
    <td bgcolor="#EEEEEE">下单状态: 已经下单<?
       switch ($row[11]) {
    case '0' :echo '已经下单';
        break;
    case '1' :echo '已经接纳';
        break;
    case '2' :echo '正在派送';
        break;
    case '3' :echo '已经签收';
        break;
    case '4' :echo '意外,不能供应! ';
        break;
    }?>
</td>
<td><?PHP echo "<a href=edit.php?id=".$x.">修改状态</a>";?></td>
</tr>
</table>
<hr  />
  <?PHP
  }
 mysqli_free_result($result);
 ?>
 </div>
</div>
</body>
</html>
```

另外,upload 文件夹用来存放上传的菜品图片。css 文件夹是整个系统通用的样式设置。

21.4　程 序 运 行

(1) 用户登录及验证:在数据库中,默认初始化了一个账号为 admin、密码为 123456 的账户,如图 21-5 所示。

网上订餐系统

账号: admin

密码: •••••

登录

图 21-5　输入账号和密码

(2) 菜品管理界面:用户登录成功后,进入菜品管理界面,显示菜品列表。将鼠标放在菜品的缩略图上,右侧会显示菜品的大图,如图 21-6 所示。

图 21-6　菜品管理界面

(3) 添加菜品功能：用户登录系统后，可以单击"添加菜品"链接，进入添加菜品界面，如图 21-7 所示。

图 21-7　添加菜品界面

(4) 删除菜品功能：在菜品管理界面，用户单击【删除菜品】链接后，系统会提示确认删除信息，单击【确定】按钮，即可从数据库删除此条菜品记录，如图 21-8 所示。

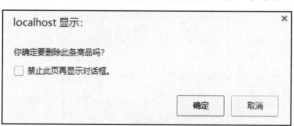

图 21-8　删除菜品

(5) 订单管理功能：用户登录系统后，单击【订单管理】链接，即可查看系统中的订单，如图 21-9 所示。

图 21-9　订单管理页面

(6) 修改订单状态：在订单管理界面，用户单击【修改订单状态】链接后，进入修改订单状态界面，如图 21-10 所示。

网上订餐系统

• 主页 • 添加菜品 • 订单管理

修改订单状态：
◉ 已经提交！
◉ 已经接纳！
◉ 正在派送！
◉ 已经签收！
◉ 意外，不能供应！

提交

图 21-10　修改订单状态页面

(7) 登录错误提示：输入非法字符时的错误提示如图 21-11 所示。

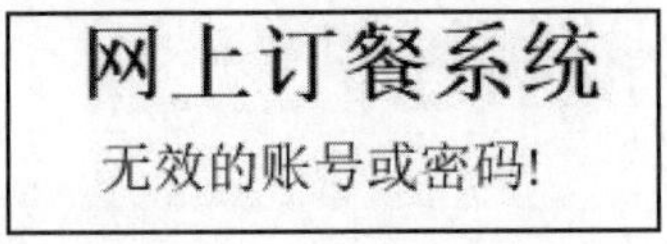

网上订餐系统

无效的账号或密码！

图 21-11　登录错误提示